當和尚遇到鑽石

一個佛學博士如何在商場中實踐佛法

20
週年金典
紀念版

The Diamond Cutter

The Buddha on Managing Your Business and Your Life

麥可．羅區格西／著
Geshe Michael Roach

項慧齡　賴許刈／譯

目錄

新增附錄

《當和尚遇到鑽石》二十週年紀念版序

二○○○年，也就是我在曼哈頓從零開始、幫忙了安鼎國際鑽石公司（Andin International Diamond Corporation）十九年之後，安鼎已躍爲全世界最大的鑽石珠寶公司，而我也功成身退，展開禁語閉關，思考我要拿餘生來做些什麼。

在前往僻靜中心的車程上，我完成了《當和尚遇到鑽石：一個佛學博士如何在商場中實踐佛法》這本書最後的修訂，並將書稿交給我的私人助理。接下來三年，我都在僻靜中心閉關，沒有外界的消息。

結束閉關之後，有一家報紙針對在世界貿易中心（World Trade Center）發生的悲劇來訪問我，因爲我是世上少數未曾聽聞此事的人。我也不知道《當和尚遇到鑽石》付印了沒，或讀者大眾喜不喜歡這本書。

我要很高興地說一聲：本書是個大熱門！我曾在搭機從紐約飛往倫敦的航班上，看到隔壁乘客在讀這本書。讀著讀著，這位讀友抬起頭來，恍然大悟旁邊坐著何許人也。我也曾在台北的計程車上，看到司機在等紅燈時從駕駛座底下抽出這本書的中譯版，趁著燈色轉綠之前讀個幾句。

《當和尚遇到鑽石》目前已翻譯超過三十五種語言、印量遠超過百萬冊，更重要的是，它成爲全球七十五座主要城市、無數人們的「每日成功指南」。

本書催生了金剛商業學院（Diamond Cutter Institute），截至寫稿此時，金剛商業學院每年爲二十個國家、三萬五千多名學員提供商務與個人成功相關課程。金剛商業學院進而又催生了聖多納國際管理學院（Sedona College of International Management），後者位於美國一棟高雅而繁忙的設施之中，提供爲期四年的金剛商業學院合格師資培訓課程，已有來自十九個國家、九十三位有志者完成前三年的課程。

《當和尚遇到鑽石》初版發行十年後，我從前在世界最大商業出版集團蘭登書屋（Random House）的編輯崔斯・莫非（Trace Murphy），提議我們可以出版這本書的「十週年增訂版」，納入一個新的主要單元，介紹運用本書獲致商務和個人成功的人士。

我雖有點懷疑誰會對這樣一本著作感興趣，但還是著手寫下三十八個精彩的成功故事，加進這本書裡。這些故事來自世界上許多國家，而全世界的讀者也再次予以熱烈的迴響，《當和尚遇到鑽石》又穩定銷售了十個年頭。

坦白說，針對那本增訂版，我其實覺得《當和尚遇到鑽石》書中提到的重點沒有任何修改的必要；就某方面而言，這本書旨在用永遠有效的辦法，解決人類永恆的需求，至今仍是如此。

所以，除了增添寥寥數語，你也不會在這本二十週年紀念版中看到任何大改特改之處。二十年前既有的內容就夠你用來改造接下來的人生，以獲致物質上和精神上不可思議的成功。

我主要在書末新增了兩個重要的篇章，旨在幫助你更快達到這些目標。在我看來，這兩個新的篇章就跟原版書本身一樣富有參考價值。

新增的第一篇叫做〈切割鑽石〉，是我最近爲《通往自在之道上的陽光》（*Sunlight on the Path to Freedom*）一書所寫的序言。那本書是一部英文全譯本，其原著爲兩千五百年前原版《金剛經》的論釋，無疑也是當地最重要的《金剛經》論釋之作，作者是西藏喇嘛邱尼卓帕謝竹（Choney Lama Drakpa Shedrup，一六七五年至一七四八年）。二十年前，我在《當和尚遇到鑽石》這本商業書中，就首度運用他的論釋來解說一些難懂的奧義。

〈切割鑽石〉這篇文章背後的故事是：每年（尤其是過去十年間）我有越來越多時間繞著地球跑，把你手中這本書的概念當面介紹給數以萬計的大眾。

所以，我自然而然發現了新的語言和新的技巧、有了新的辦法傳達本書的奧義，以符合不同國家不同人民的需求。也就是說，我和金剛商業學院的其他講師，必須找到普世通用的遣詞用字和表達方式，好讓全球的聽眾聽了一樣受用，一樣如沐春風。這包括墨西哥聯邦議會（Congress of Mexico）的天主教立法委員，在杜拜出席鑽石生產國世界大會的阿拉伯名流，有影響力的俄羅斯石油大亨和銀行家，哈薩克、印尼和馬來西亞清眞寺裡成千上萬的信眾，以及中國某些大型企業的主管。

爲了滿足此一需求，我們開發出三種特別的工具，藉以將《當和尚遇到鑽石》的奧義，持續不斷地傳達給各地的普世大眾。這些工具分別是：「筆」「四步驟」和「廚房裡的兩個丈夫」。

許多年前，我剛開始在香港做生意時，那裡的人有句話說：「如果在香港混了三年還不能成爲百萬富翁，那你一定有什麼問題。」我要斗膽說一句類似的話：任何一個學好這三件工具的人，如果沒有迅速迎來出乎意料的驚人成功，那他一定有什麼問題。

你會在本書讀到的第二篇新文，叫做〈五大洲五目標〉。回顧十週年增訂版所收錄的人生故事，我發現在運用《金剛經》而成功的人當中，多數人都已從第二代衍生出第三代，你會在這個二十週年紀念版讀到他們的故事。

我認爲如果讓這個新世代說出他們的故事，對讀者來講會很有幫助——不只是關於他們如何借助《當和尚遇到鑽石》獲致成功，他們也坦白談到在運用書中智慧時所碰到的困難，以及他們如何克服這些挑戰。

看在全世界已有無數金剛法則的成功故事，爲了不要讓這本書變得太長，我從全球五大洲各選了一個我最愛的成功故事，並設法在女性和男性、事業與家庭、外在物質與內在平靜的成功故事間取得平衡。

說到這裡，我一開始寫《當和尚遇到鑽石》這本書時，世人普遍抱著二元論，認爲一個人要嘛是厲害的生意人、擁有外在的成功，要嘛是一個深沉的智者、擁有內在的成功，但兩者不可兼得。

我畢生最大的滿足之一，就在於這本書對「內外皆可成功，兩者並行不悖」的觀念做出了小小的貢獻，希望這個新的版本助你踏上這段寶貴的旅途。

麥可．羅區格西

二〇二〇年二月

寫於美國亞利桑那州里姆羅克區彩虹屋

【前言】佛陀與生意

從一九八一到一九九八的十七年間，我很榮幸能有機會與安鼎國際鑽石公司的擁有者歐佛和爾雅．何茲瑞藍夫婦（Ofer and Aya Azrielant）共事，並與公司的核心幹部一起創立全世界規模最大的鑽石珠寶公司。

公司剛開始營運時，只有五萬美元的貸款，以及包括我在內的三、四名員工。到了我離開公司、全心投入設在紐約的訓練機構時，我們的年營業額已經超過一億美元，分布在世界各地的員工更已超過五百人。

最佳的實驗室

在我投身鑽石事業的這段期間，一直過著兩種不同的生活。在進入這行業的七年前，我以優等成績自普林斯敦大學畢業。我在就讀大學期間曾前往美國白宮，接受由總統親自頒發的總統學術大獎章，還曾接受由普林斯敦大學威爾森國際事務學院所頒發的麥肯奈爾學術獎。

這所學院給我的一筆獎學金，讓我有機會前往亞洲，向西藏喇嘛學習。就這樣，我開始接受西藏古老智慧的教育。到了一九九五年，我成爲第一位獲得「佛學博士」、也就是「格西」❶這個古老學位的美國人。

這個學位得之不易，必須花上二十年的時間接受嚴格的訓練與考驗。我從普林斯敦大學畢業之後，不管身在美國或是亞洲，就一直住在寺院裡，並且在一九八三年受戒成爲比丘。

當我的比丘訓練有了扎實的基礎之後，我的上師堪仁波切（KhenRinpoche，仁波切意爲珍貴的師父）便鼓勵我進入商業界。他說，雖然寺院是學習佛教智慧的理想場所，但忙碌的美國辦公室卻是能在眞正生活中去試驗這些智慧的最佳「實驗室」。

有段時間我無法接受這樣的想法，對於要離開小寺院的寧靜生活頗爲猶豫，對於一般美國商人貪婪、無情的形象更是耿耿於懷。然而有一天，師父對一群大學生做了一場特別有啓發性的開示，我聽完之後，便告訴他我願意依照他的指示找份商業界的工作。

在那之前幾年，我曾經在某次日常打坐中，有過某種靈視（vision）。從當時候起，我就知道我會選擇何種行業，必然和鑽石有關。那時我對寶石沒有什麼概念，珠寶對我來說眞的也沒有吸引力，家裡更是沒人從事過這行業。所以我必須開始一家家拜訪鑽石飾店，問他們願不願意收我當見習生。

以這種方式試著加入鑽石業，有點像是報名加入黑手黨。「天然金剛石」這個行業是個非常祕密而且封閉的圈子，傳統上都僅限於家族成員參與。在那些日子裡，比利時人控制著一克拉以上的大型鑽石市場、小型鑽石是以色列人的天下，而美國國內的批發市場，則是紐約四十七街鑽石區猶太教哈西德派教徒（Hassidic）的地盤。

之所以有這種傳統，是因爲就算是最大間鑽石飾店的所有鑽石加起來，也只消用幾個裝皮鞋的包裝盒子就能全部裝完：上百萬元的鑽石要眞被偷了，也根本沒辦法查得出來。你只要用手抓上一、兩把放口袋裡，連所謂的金屬探測器也無法查出。所以大部分的公司都只敢雇用親戚，更別談雇用一個只想玩玩鑽石的古怪愛爾蘭男孩。

跨進鑽石業門檻

我還記得我拜訪了差不多十五家的店鋪，應徵最基層的職位，結果沒有一家成功。附近的小鎮裡有一個老鐘錶匠，建議我先去紐約的一家美國寶石學院（Gemological

譯註：

❶ Geshe，在西藏傳統中，格西相當於佛學博士。

InstituteofAmerica）修幾門寶石鑑定的課程。有一紙文憑會比較容易找工作；而且說不定上課時，還能遇上貴人。

我就是在寶石學院裡遇見歐佛・何茲瑞藍先生，他也在那裡上課，學習如何鑑定一些所謂「投資級」或「證書級」的超高品質寶石。要能分辨出哪些是價值極爲昂貴的眞正證書級鑽石、哪些是假鑽或是加工品，就要能看得出針尖般大小的細微缺口或瑕疵；更麻煩的是，許多微塵常會附著在這些鑽石的表面甚至是顯微鏡本身，從而造成辨識上的困擾。所以實際上我和他可以說都在那裡學習如何平心靜氣。

歐佛所提出的問題，和他檢驗、挑戰每個既有觀念的方式，立時教我折服。我決定請他幫我找份工作或著乾脆要他雇用我，於是我刻意去認識他。幾個禮拜後，當我在寶石學院的紐約實驗室考完期末考後，我找了個藉口去他的辦公室找他，跟他要份工作。

幸運的是，那時他正巧有家分公司在美國開幕（本店在他的家鄉以色列）。我於是試著說服他讓我進他的分公司，並且拜託他教導我鑽石這門生意。我說，「只要給我一個機會，我願意遵照你任何的吩咐。我會把辦公室弄整齊，把窗戶洗乾淨。你怎麼說，我就怎麼做。」

他說，「問題是我沒有錢雇用你！這樣吧，我跟這辦公室的屋主談談。他名字叫艾力克斯・羅森豪爾（Alex Rosenthal），看看他可不可以和我分攤雇用你的薪水。如果可以，你就幫我們兩個做些雜務吧。」

我，一個普林斯敦大學的畢業生，就這樣從一個一小時七塊錢的小弟幹起。每天揹著一個普通的袋子，裡面裝滿了待鑄造或鑲戒的金銀珠寶，徒步從紐約熱得冒煙的夏日，走到時有暴風雪的寒冬。

歐佛的太太爾雅、一個安靜卻極爲聰明的葉門珠寶匠艾力克斯．蓋爾（Alex Gal）、還有我，會一起圍在租來的唯一一張辦公桌前，做鑽石分級歸類的工作、描繪新飾件，以及四處打電話找顧客。

我的薪水拿不到幾次而且還不時被拖欠。歐佛常得打電話給他的倫敦朋友，拜託他們多借點錢給他。儘管如此，我還是很快就攢夠了一筆錢，買到了我的第一套西裝。之後有好幾個月我每天都穿著這套西裝上班。

我們常常工作到深夜，下班後我還得走一大段路，回到位於郝威爾亞洲佛教社區（Asian Buddhist community of Howell）寺院裡的一個小房間睡覺。過不了幾個小時，我又得起床搭乘巴士前往曼哈頓上班。

在我們的生意小有進展之後，我們將公司搬到了上城，那裡比較接近鑽石區。我們很大膽的雇用了一位寶石工匠，在我們所謂的「工廠」、一個大房間內，鑲製出我們的第一批鑽戒。

過了不久，我獲得了足夠的信任，讓我如願以償能夠坐在一袋散鑽前做分級歸類；歐佛和爾雅還問我願不願意負責新成立的鑽石採購部門（那時這個部門除了我之外，還有另外一個員工），讓我非常興奮，馬上就投入了這份工作。

內聖外俗的生活

對於我的俗世工作，我的上師曾告誡過我，叫我不要張揚我的佛弟子身份。我得蓄著和常人一般長的頭髮（而非光頭），衣服也得穿得和別人一樣。而且不論應用何種佛教義理，都得悄悄地做，不可浮誇和虛張聲勢。內在雖然是個佛教聖者，外表卻必須和一般美國商人沒有兩樣。

就這樣，我沒有告訴任何人，便開始應用佛教的義理來經營我的部門。在這之前我已經和何茲瑞藍夫婦就責任問題達成共識：我負責管理這個部門的所有事務，以寶石來賺取穩定的利潤；相對地，就員工的聘用或解雇、薪資與升遷，以及工時與職責等問題，我也有絕對的決定權。我的責任是準時交貨並爲公司賺取可觀利潤。

這本書就是我如何擷取古老佛教義理，將安鼎國際公司的鑽石部門，從一無所有建立成一個年盈餘數百萬美元的跨國公司的故事。這家分公司不全然是我隻手建造的，它的政策也不完全只遵照我一個人的意思。但是我可以說，在我任職副總裁期間所做的大部分決定和政策，都是依據你即將在本書看到的佛教原則而來的。

那麼，到底我所說的是哪些原則？我們可以把它們分成三項來談。

第一個原則是，要做生意就要成功、就得賺錢。在美國及其他西方國家裡普遍存在著一個觀念，認爲追求精神生活的人總好像不應該賺錢、不應該事業順利。其實在佛教教義裡，錢本身並沒有罪過。何況擁有較多資源的人要比沒有的人更能多行善事。問題是，我們是用什麼方式賺錢，我們了不了解錢從何而來、如何能叫它源源不斷，以及我們是否以健康的態度去面對它。

整件事的癥結在於，要用乾淨誠實的方法賺錢；要清楚了解錢的源頭才能取之不盡；以及要用健康的態度來看待擁有金錢的這項事實。只要能做到這些要求，賺錢和修行這兩件事情絕對不衝突。事實上，「賺錢」也可能變成修行的一部分。

第二個原則是，我們應該能夠享用金錢。換句話說，我們應該學會如何能一邊賺錢，一邊還能保持身心的健康。創造財富的過程不應該讓我們身心俱疲，以致無法享用財富。一個爲了做生意弄壞了身體的商人，根本失去了經商原有的目的。

第三個原則是，一個人應該能在最後回顧自己的事業時，告訴自己這些年來的經營是有意義的。每個事業就好像每個人生，一定都會有盡頭。在我們事業裡最重要的時刻、也就是當我們最後回顧既有的成就時，我們應當能從經營事業與經營自己的方法中，看到一些永恆的意義，爲我們的世界留下一些好榜樣。

總之，無論是商業活動、古老的西藏智慧、甚至是人類所有的努力，都是爲了富裕自己的生命，達到自我內在與外在的豐盈。要能享受這份豐盈，就要能經常保持高度的身心健康才行。除此之外，我們更必須要時時刻刻設法擴大這份豐盈的意義。

這就是安鼎國際公司鑽石部門的成功所給予我們的啓示，任何人，不論背景、信仰，都能學會並應用之。

【第 1 部】

致富之道

1

智慧的來處

在印度的古老語言裡，稱這部經典為
《尊貴能斷的金剛大乘般若波羅蜜多經》；
西藏語則稱它為
《帕洛度　欽巴　多傑　初巴　謝嘉瓦　帖巴　千波　讀》；
英語則稱之為《能斷金剛者》。

在印度的古老語言裡，稱這部經典爲《尊貴能斷的金剛大乘般若波羅蜜多經》。[1]

西藏語稱它爲《帕洛度　欽巴　多傑　初巴　謝嘉瓦　帖巴　千波　讀》。

英語則稱之爲《能斷金剛者》（*The Diamond Cutter, a High Ancient Book from the Way of Compassion, a Book which Teaches Perfect Wisdom*）。這是一本遠古的典籍，源自於慈悲之道的教法，是一本教導圓滿智慧的經典。[2]

到底這本書和其他商業書籍有何不同？其獨特之處在於書中所探討的內容，是源自於一本充滿佛教智慧的古老經典《金剛經》。而上述的引文即是本書伊始。

《金剛經》所蘊含的古老智慧，讓安鼎國際鑽石公司成爲年營業額超過一億美元的大企業。爲了方便閱讀，我們有必要讓讀者先略爲熟悉這本重要經典，了解《金剛經》在整個東方歷史中所扮演的角色。

金剛經的歷史

《金剛經》現存版本並非以手抄寫，而是印刷史上可考的最古老典籍。大英博物館所藏的版本，據考證爲西元前八六八年所印，大約是在《古騰堡版聖經》（*Gutenberg*

Bible）出版前六百年左右。

《金剛經》記載兩千五百年前佛陀所作的開示。原先是透過口耳相傳，在書寫系統發明後，便記載於貝多羅葉（long palm leaves，即貝葉）上；人們先用針在這些耐久的葉片上刮寫出書的內容，再將炭粉用力塗抹在刮痕上。在南亞某些地區，我們仍然能發現用這種方式所寫出的書籍，上面的文字還算清晰可辨。要把這些零散的葉片編整起來有兩種方法：有些先用椎子在整堆的葉子中間鑽孔，再用細繩穿孔固定；有些則只用布來包裹。

《金剛經》本來是釋迦牟尼佛以梵文所作的開示，這個古老的印度語言有四千年的歷史。該佛典約在一千年前傳到西藏，並譯成了藏文。在之後的數個世紀裡，西藏人將其刻寫於（印刷用）的木版，再將油墨塗於版上，覆上手製紙張以滾筒壓出字型。印好的長條紙張最後以亮鮮的橘黃色或褐紅色布裹保存，這種方式讓人想起貝葉經典的時

---

❶ 依梵文 Arya Vajra Chedaka Nama Prajnya Paramita Mahayana Sutra，直譯應為《名為尊貴能斷的金剛大乘般若波羅蜜多經》。依中文習慣語法，求譯文通順故，於本文中暫將「名為」二字省略，以避免與前文同義語「稱為」重複。

❷ 即漢譯之《金剛經》，後文一律稱此名。

代。

《金剛經》也傳到亞洲其他大國，包括中國、日本、韓國、蒙古等。在過去兩千五百年裡，《金剛經》以這些國家的語言重複印刷過無數次，而其智慧也透過師徒代代相傳。

在蒙古，家家戶戶都會小心供奉一部《金剛經》，其重要性由此可見一斑。而每年中總有一、兩次，人們會恭請當地和尚來到家中，爲全家讀誦《金剛經》，期待能從中獲得智慧的加持。

《金剛經》中的智慧並非唾手可得。一如許多佛教經文，《金剛經》的原文奧祕難解，必須由法師依據流傳百世的論釋來解讀。在西藏，對本經所作的論釋尙存三部。論著時間約在西元一千六百年到一千一百年前之間。然而更重要的是，我們最近發現了另一部論釋。這部論釋不但著述時間更近，內容也更容易理解。

在過去的三十三年裡，包括我在內的一群同事，投入創立了「亞洲薪傳圖書館」（Asian Legacy Library），致力於保存載有西藏智慧的古老典籍。

在過去的千年裡，這些典籍由於喜馬拉雅山的屏障，得以免受戰火的洗禮與入侵者的掠奪，而保存於西藏的寺廟與圖書館內。然而隨著飛機的發明，這些全改變了，以及一九五〇年在西藏社會發生的劇變。

在這場變動混亂之中，保有偉大經典的五千多所圖書館與寺院亦遭摧毀，僅有極少數經典得以倖存於世界各地的圖書館中。想要了解這次災難的嚴重性，只消想像有某個強權席捲美國，放火燒毀所有大專院校和他們圖書館裡幾乎所有書籍的景況，就能知道。倖存的書籍是那些保存在墨西哥或加拿大圖書館的藏書。

邱尼來的喇嘛

透過「亞洲薪傳圖書館」的創立，訓練了世界各地村落的窮人，將這些瀕臨失傳的典籍數位化，還做成了線上資料庫，免費提供給全球使用者。到目前爲止，我們已經用此方法，保存了五百萬頁的木版原稿。也尋遍了世界各地，找出未曾流傳外地的典籍。

在蘇俄聖彼得堡，我們幸運地在一堆滿布灰塵的手稿中，找到一部《金剛經》的論釋。這部論釋是由早期的探險家從西藏帶回蘇俄，名爲《通往自在之道上的陽光》，作者是偉大的西藏喇嘛邱尼卓帕謝竹（Choney Drakpa Shedrup），生年約在一六七五到一七四八年之間。

巧合的是，這位喇嘛常住的寺院正是我畢業的地方：色拉寺。幾個世紀以來，人們爲這位喇嘛取了一個外號，叫做「邱尼喇嘛」或是「邱尼來的喇嘛」，因爲「邱尼」原本是西藏東部的一個地方。

在接下來的章節裡，我會不時引用《金剛經》及《通往自在之道上的陽光》。在本書中，這部重要論釋首次譯成英文。除了這兩部經典的引文，我還會引述透過口耳相傳的一些注釋。

這些注釋有兩千五百年的歷史，我的上師就是以此種方式傳法給我。最後，我還會加入我在國際鑽石事業的神祕世界裡，個人在生活上所遭遇的事跡，來說明如何能藉由這部古老典籍的智慧，成就自己的事業與生活。

2

金剛微妙義

梵文書名中每個字的意義是：
Arya 的意思是「高貴的」；vajra 指的是「金剛」；
Chedaka 是「能斷」；而 prajnya 代表「智慧」。
Param 意指「彼岸」，ita 是「到」，兩者合起來意為「圓滿」；
Nama 是「名為」；Maha 謂「大」，是就慈悲而言；
而 yana 指「道」；Sutra 則譯為「經」。

《金剛經》這部經的經名本身就含有高度的奧妙智慧。在說明如何運用這份智慧獲致成功之前，我們不妨先討論經名的含意。

讓我們先看看邱尼喇嘛自己對於這個長標題的解釋：

文章的開頭是這麼寫的：「在印度的古老語言裡，這部經典稱爲『尊貴能斷的』」。梵文書名中每個字的意義是：Arya 的意思是「高貴的」；Param vajra 指的是「金剛」；Chedaka 是「能斷」；而 prajnya 代表「智慧」。Param 意指「彼岸」，ita 是「到」，兩者合起來意爲「圓滿」；Nama 是「名爲」；Maha 謂「大」，是就慈悲而言；而 yana 指「道」；Sutra 則譯爲「經」。

就解釋如何獲得事業與生活的成功而言，這裡最重要的字就是「金剛」，也就是鑽石。在藏文裡，金剛代表萬物的潛能，通常以「空」來表示。**一個生意人若能清楚覺知到這種潛能，就能了解事業或生命的成功關鍵**。

在以下的章節裡，我們會進一步討論這種潛能的細節，但是目前我們只需先了解這萬物的潛能與金剛的相似性即可，這相似性表現在三個重要方面。

萬物潛能似金剛

首先，純鑽大概是最接近完全透明的物質。我們就拿玻璃、那種通往陽台的落地窗上的一大片玻璃來做比喻。從正面看，它完全透明、透明得幾乎看不見，以至於來拜訪的鄰居因爲不知情而撞破玻璃的情況時有所聞；然而從玻璃的上方往下看，你會發覺大部分的玻璃都有著深綠色，這顏色其實就是玻璃成分裡細微鐵屑層積的結果，在厚玻璃上尤其明顯。

純淨的鑽石就不一樣了。在我們這行裡，鑽石的價值首先是看它的顏色程度：顏色越重、價值越低，完全沒有顏色的鑽石最稀有也最珍貴。這種珍品鑽石我們目前用D來代表其評等，這大概是以往錯誤的一個反效果。

在現代的鑽石分級系統發明之前，已經有許多其他系統盛行著。字母A被廣泛用以代表非常精純、無色的鑽石，次等的則以B標等，其餘的就以字母順序類推。

不幸的是，以前不同公司對於A級或B級有著不同的認定標準，對消費者當然也會造成困擾——同樣一顆B級鑽石，甲公司鑑定爲幾近無色，乙公司卻可能認定爲中等帶黃。所以新系統的設計者決定用相反的字母順序來做評等，也就是用D來代表極品、幾無顏色的鑽石。

如果有像落地窗玻璃一般大的D級鑽石，看起來會像是完全透明一樣，就算是從上往下看，依然一般透明。這就是完全純淨事物的本質。如果在你和另外一個人之間有一道數尺寬的鑽石牆，而且牆面不會反射光線的話，你根本無法看到有面牆存在著。

在《金剛經》這部經裡所能發現的成功潛能就像是這面鑽石牆，它一直都在我們左右，圍繞在我們身旁的所有人、物都有這份潛能；**如果駕馭得當，它便會是讓我們獲致個人與事業成功的源頭。諷刺的是，雖然它充斥於我們周遭的人事物中，卻像是隱形的，我們就是看不見。**而《金剛經》這部經的目的，就是教我們看見這份潛能的方法。

宇宙最堅硬的物質

鑽石重要的第二個原因是，它是全宇宙最堅硬的物質。除了鑽石本身，沒有任何其他物質能夠琢磨鑽石。如果按照一種名爲「努普」（Knoop）的量表來測量硬度，鑽石要比硬度僅次於自己的紅寶石硬上三倍；而且就算要拿鑽石來琢磨另一顆鑽石，也要那顆被磨的鑽石有一面是所謂的「軟面」。

其實這就是琢磨鑽石的方法。雖然鑽石很難琢磨，卻可以像用斧頭劈木頭般沿著切面劈開。爲了能琢磨鑽石，我們得先蒐集其他鑽石在切割後所留下的碎鑽，或者找顆純度不足、不值得加工琢磨的生鑽，加以劈開、磨碎爲細粉。

這些粉末必須先用篩子或鐵製濾網重複過濾，一直到只剩下非常細微的粉末爲止，再裝入小玻璃瓶裡。我們得接著準備好一個厚重的鋼製平盤，在上面交叉刻出一條條細痕，再在圓盤上塗上一層好油。這油一般以橄欖油爲主要成分，不過每個人通常有自己不同的祕方成分。

鋼盤中會焊著一根輪軸，輪軸的另一頭接著一部馬達，馬達則固定在一個用堅實鐵架支撐的厚重桌面上。這是爲了避免鋼盤在開始旋轉後震動，因爲旋轉的速度快達每分鐘數百轉。跟著會在油面灑上一層鑽石粉末，形成一層灰色的糊狀物。

生鑽看起來不會比一般的石頭亮上多少，有點像是灰綠色的洗碗水裡夾雜著些許透明冰塊。萬一運氣不好，整塊生鑽可能內外都是這種顏色。果眞如此，這表示你鑽磨了半天，才發覺花了一大筆錢，購買了一顆毫無價值的生石。

生石會固定在一個稱爲「DOP」的小杯子裡，杯子上裝著像是留聲機唱臂般的提把。將生石固定在DOP裡面的是一種特別的膠糊，這種膠糊即使在鑽石切割加熱時也不會軟化。

當我跟著一位名字叫山姆·旭姆洛夫（Sam Shmuelof）的鑽石琢磨師傅見習時，他用一種石綿加水作成的膠糊來固定生石。生石一變熱，石綿就會乾燥縮水、把生石緊緊地鎖在DOP裡。原本我們會細嚼石綿來製作膠糊，後來才知道即使只是一小口石綿也會致癌。我記得有一位琢磨師傅就是因爲這樣子，在喉嚨附近長了一大塊腫瘤。

馬達一啓動、鋼盤開始旋轉後，就不容許任何一點點震動。有時光是將鋼盤裝上較老的鑽石鑽磨機定位，就得耗上好幾個鐘頭。定準了位之後，會把鑽磨機放在一張像兒童椅一樣的高椅上，鋼盤就懸在底下。師傅接著就會拿著裝有生鑽杯子的提把，輕輕地碰觸高速旋轉的鋼盤。

鑽石遠比鋼盤硬多了，所以如果鑽磨機太用力壓著有凸角的生鑽，結果將會使鋼盤本身遭受磨損。你必須要輕輕地拿生石划過鋼輪，然後將提把往自己眼睛的方向提起，另外一隻手裡則拿著稱爲「強力擴大鏡」的放大鏡。

有經驗的琢磨師傅會利用生石磨過鋼輪划向自己的時候，順勢檢視「切割」（其實是琢磨）的進度，生石即刻再往鋼輪划去，形成一個平順的週期，這樣子每分鐘可以有幾次來回——看起來就好像啦啦隊長揮舞著指揮棒一樣。

鑽石爆炸化爲塵沙

當你提起生石檢視時，還得順道拿著它往你肩上掛著的毛巾擦淨。這能去除掉黏著在生石表面的油漬和鑽石粉末。過了一、兩分鐘的處理後，鋼輪會在生石上磨出一個小小的平面，這就是你檢視生鑽內部的「窗戶」。

透過這個窗戶，你可以用強力擴大鏡檢視內部是否有任何斑點或裂縫。這是因爲你得設法在鑽石琢磨成形的過程中將這些瑕疵定位，以便於將它們磨除，或至少能盡可能無害的將它們放置於鑽石的邊緣。舉例來說，鑽石頂尖的一個黑點，透過底層鑽面的反射，會讓整顆鑽石看起來像是有一堆的黑點，即使實際上就只有單單一點。這會使得琢磨好的鑽石幾乎沒什麼價值。

透過窗戶檢視鑽石內部，想像成品到底會有何模樣的過程，與充分利用大理石的天然色澤和紋路，來構思雕像的過程頗爲相似。而決定一顆大型生鑽琢磨方式的過程，有時候會包括在生石上磨出幾門窗戶、花上數週甚至數月的時間研究生石，以及繪出數個幾何模型，期能從生石中琢磨出最大尺寸的成鑽。

你在鑽石內部偶爾看到的小黑點，通常是其他正在形成中的微小鑽石結晶、困在較大結晶內的結果。鑽石原本只是普通的碳，經過火山通管的極高溫融化，又因埋藏於地球深處承受極爲巨大的壓力，導致生碳產生原子變化而形成。

這些微小鑽石實際上可能在各種不同的環境下形成。舉例來說，可能因爲帶碳隕石撞擊地球，在地球表面撞出一個巨大的火山口，而微鑽就在這撞擊點的正中心產生。

這個可愛的「鑽中鑽」可能以前述的小黑點出現；如果位置恰巧位於軸線上，也可能在鑽石內部形成一個隱形的小凹洞。無論是以哪種方式出現，它們對於鑽石匠而言都是個大麻煩。它們會在鑽石內部形成有壓力的小區域，當鑽石匠按設計切割鑽面、拿生鑽依著鋼輪琢磨時，生鑽幾乎就會像抗爭似的不肯合作。

儘管抹著一層油，生鑽依著鋼輪琢磨時還是發出尖叫聲，像是復仇女神般嘶吼著。紐約四十七街鑽石區上的鑽石切割店鋪，通常座落於大廈的高樓層，在灰暗、燈光黯淡的房間裡。那裡成天有價值數十億的鑽石進出於鑽石製造商與美國之間。

且想像一排排的鑽石匠，每個人屈身對著鋼輪琢磨生鑽。一顆顆生鑽像是差勁的煞車尖叫著。在這個吵雜的暴風圈中心，鑽石匠們神色寧靜地坐著，全心融入工作，早已習慣這一切的混亂。

生石與鋼輪間的摩擦造成溫度急遽上升，使生鑽燒成一片通紅，像是火炭一般。當熱度傳到內部，帶著壓力的凹洞就會使整顆鑽石爆炸。鑽石碎片隨即會以極高速度飛向四面八方。如果這是顆大鑽石，你就只能眼睜睜的看著幾十萬美元化成一堆塵沙。

終極自性無物不具

爲什麼「鑽石是最堅硬的物質」這麼重要？最高、最短、最長、最大——**「最」這個字到底是什麼意思**？我們心裡面一直抗拒著這個觀念，因爲事實上沒有東西「最」高，高得你一寸不能再加；也沒有東西「最」短，短得你一絲無法再減。

我們前面所談的潛能卻是絕對的，這種絕對性是一般實體物質所難以達成的。它是任何物質的最高本質，也是所有人、物的終極眞實。鑽石的硬度是宇宙所有物質中最能接近絕對性的性質：它的硬度絕無僅有。所以鑽石的意義在於它對於終極眞實所能做的比喻。

現在讓我們回想那些爆裂後散落一地的鑽石塵末，因爲它們讓我想起鑽石的第三個重要特質。每顆鑽石的原子結構都很簡單：都只是純淨不摻雜質的碳。而一支鉛筆裡的鉛，實際上也含有和鑽石沒有兩樣的碳。

鉛裡碳原子的鍵結合有著鬆散的結構，一層層像是頁岩或鬆軟的糕點。當你用鉛筆在紙張上畫線時，鉛的碳原子就會一層層地剝下，散落在紙張的表面上。對你們而言，這叫做用鉛筆寫字。

鑽石的碳原子結合的方式就不一樣了。它的鍵結合不管在哪一個面向都是完美地對稱著，使結構不致鬆散，也讓鑽石成爲我們所知道的最堅硬物質。有趣的是，不論在哪裡、不管是任何一顆鑽石，它們都有著同樣的原子架構，同樣簡單的碳鍵結合。這表示每一顆鑽石、小至分子的階層，都和其他鑽石一樣有著相同的內部結構。

這和物質的潛能又有何關係？我們之前說過，宇宙中的所有物體，不論是小至石頭、大至行星的無情眾生❶或是螞蟻、人類等等的有情眾生，皆有自己潛在的能力、終

❶原文為 inanimate things。「衆生」意為「衆緣合和而生」，亦即此地的「生」非限定於有生命者。

極的自性。重點是，這裡所舉的潛能和終極自性無物不具。就這方面而言，**萬物的潛能就如同鑽石，能帶給人內心的德行與外在的成功**。

這就是書名中帶有「鑽石」二字的原因。鑽石清澈透明，透明到幾乎無法看見；我們周遭事物的潛能亦同樣難以見到。鑽石無與倫比的堅硬性近乎絕對；而萬物的潛能本質亦爲絕對。

宇宙裡任何一處的任一細片鑽石，和其他地方的鑽石都一樣是百分之百的純鑽。萬物的潛能亦是如此，潛藏在任何物質裡的能量，和所有其他物質同樣具有純淨與絕對的本質。

那麼爲什麼他們稱這部經爲《金剛經》呢？將這本經典譯爲英文的一些早期譯者，事實上把經名的第二部分給節略了，因爲他們不曉得這部分經名對整部經典的意義有多重要。

用心才能體會

這裡我們還是要簡短的說明，其實明白事物的潛能、其終極自性有兩種方法。第一種是藉由閱讀像本書一樣的解說以「明白」這種自性，然後坐著用心思考它的解釋，一直到能夠了解並且使用這份潛能爲止。第二種方法則是進入甚深禪定，以心靈的眼，親

「眼」目睹這份潛能。

依第二種方法親「眼」目睹潛能要有力量多了。然而任何人就算只能明白它的原則，也能成功地運用它。

曾經親「眼」直接目睹這份潛能的人，很快就了解他們所見到的正是事物終極的自性，於是他們在內心搜尋著可與之比擬的事物。世俗中最爲接近這份終極潛能的物體，正是俗世中最堅硬的物質——鑽石。

雖然鑽石是塵世中最接近自性的物質，但它其實很難與前面所提到的萬物潛能相提並論。這份潛能我們會在後續章節做更詳盡的介紹，因爲那才是萬物的終極自性。這麼說來，鑽石實在不是個非常恰當的比喻，因爲它還能被終極自性的力量所「斷」、所切割。這就是爲何這本載有古老智慧的經典被稱爲《能斷金剛者》的原因：因爲它教導的是一種比塵世中最堅硬、最接近絕對自性的鑽石更爲終極的潛能。

如果這聽起來有些困難，別擔心，《金剛經》的目的就是幫助你了解它。無論是事物運作的祕密，或是從日常生活中、事業經營的過程裡，獲取成功的祕訣都很深奧，需要用心才能理解。

3

《金剛經》的緣起

世尊。善男子。善女人。
發阿耨多羅三藐三菩提心。
應云何住。云何降伏其心。
佛言。善哉善哉。須菩提。如汝所說。
如來善護念諸菩薩。善付囑諸菩薩。
汝今諦聽，當為汝說。善男子。善女人。
發阿耨多羅三藐三菩提心。
應如是住。如是降伏其心。
唯然世尊，願樂欲聞。

我們即將展開一段重要的旅程，進入一個完全嶄新的領域；我們將探討一些前所未聞的方法，來管理你的事業和生活。我想，在開始說明之前，對這份智慧起源的時間與地點有些基本認識，會對讀者有些許助益。

從經典本身開始

讓我們先從《金剛經》這部經典本身開始。時間發生在兩千多年以前，地點在古老的印度。有一位富有的悉達多王子擄獲了全國人民的心，那景況就如基督教的耶穌一般，只不過時間早了五百年。他在奢華富裕的宮廷中長大。但是在目睹人民受苦，了解任何人遲早都會失去他們所愛親人與一切所有的必然性之後，他毅然地拋棄了奢華的生活，獨自開始找尋眾生受苦的原因以及解決的方法。

他找到了苦受的根本原因，並且開始教導人們離苦得樂的方法。許多人離家跟隨他，出家成爲比丘，願意從此過著樸質的生活，不再拘於身外物，思考也因少了人事的煩惱而變得清澈。

多年以後，有位弟子記述《金剛經》首次宣講的緣由。他稱呼佛陀爲「世尊」：

如是我聞。一時佛在舍衛國祇樹給孤獨園。與大比丘眾千二百五十人俱。❶

「如是我聞。一時……」是經文常用的起始句，因爲多數經典都是佛陀滅度之後許久才做集結。當時的人們善於當場記誦師父所做的開示。

「一時」這兩個字意涵豐富。首先它指的是古印度的樸實人們所擁有的高度智力：他們能夠在聽聞佛法的同時，記誦並且了解其深意；其次它也指出《金剛經》說法只有一次的事實，說明經中所含的萬物運行法則，是世上稀有而珍貴的智慧。

邱尼喇嘛解說經文時，也對經典的緣由做了說明。底下引文中括號內的字代表《金剛經》中原有經文：

這些字代表著佛陀說法的時空；經文敘述者即爲以文字記載本經者。他首先說明底下的經文是「如是我聞」。「一時」，意思是某個時候；「佛在舍衛國祇樹給孤獨園」這個地方，「與大比丘衆千二百五十人俱」，也就是在一起。

那時候在印度有六大城邦，包括這裡所提的「舍衛國」。這地方是波斯匿王的領土，風景秀麗的「祇樹給孤獨園」就是位於這個國度內一座極精緻的花

❶此段經文之意是：「我曾聽到佛陀如此說。那時，世尊與一千二百五十名大比丘住在舍衛國的祇樹給孤獨園。除了一千二百五十名大比丘之外，也聚集了無數具備菩薩品質、修持慈悲之道的弟子。」

園。有一次，在世尊成道的幾年後，有一位名爲給孤獨的長者下定決心要建造一座宏偉雄觀的寺廟，以供佛陀及其弟子常住。爲了這個目的，他找上祇陀太子，用足以鋪滿整座花園的數千枚金幣向他購買花園。

祇陀太子也把原本作爲該地產管理人宿舍的一筆土地獻給了世尊。給孤獨長者藉由舍利弗的能力，指導人天兩界的工匠把該筆土地建造成一座無與倫比的花園。

當這座花園完工時，世尊了解祇陀太子的心意，便將園中主要寺廟以其名名之。而另一位主角給孤獨長者其實是位聖者，刻意選擇自己的出生以護持佛陀。他能透視水中或土裡的寶石與金屬礦物，隨心所欲地運用這些天然資源。

《金剛經》的起頭字句有其深意。佛陀當時正準備作開示；聽經的群眾是一群類似於基督門徒、決心要離家全心學道的僧侶。然而，之所以有此機緣親聞佛陀法音，都靠這些有錢有勢的護法挺身護持。

優雅王子的智慧

古印度的君主制度是該區域政經生活的主要推動力量，說他們是現代西方社會的翻版一點也不爲過。今天當我們一談及佛陀和佛教思想時，浮上心頭的印象往往是（如果恰巧看到的是一尊中國佛像）一個相貌奇特、頭頂上長著肉髻、臉上掛者微笑、挺著個大肚皮的東方人。其實我們心裡面該想到的，應該是一位高挺而優雅的王子，從其智慧、自信與慈悲中發出言語，讓人們得以在生命中受用，教生命有了意義。

對於跟隨他的弟子，也不要認爲他們只是坐在地上盤著腿、念著經的光頭托缽僧。在古代有些偉大的法師也許還是皇室成員，個個有著治理國家與經濟的才幹呢。舉個例子來說，有名爲「時輪」（Kalachkra，Wheel of Time）的佛陀教法，在過去的數百年間，一直在西藏最高階喇嘛的特別法會裡代代相傳著。其實剛開始時，這些訓誨是由佛陀傳授給古老的印度國王們，以及一些天賦異稟與深具遠見的弟子們，這些弟子再將這些訓誨傳給其他國王，就這樣傳了好幾代。

我之所以提出這件事，目的是爲了說明人們對於佛教經常產生的誤解，以及一般人對於內在精神生活的錯誤認知。佛教一向教導，每一個人都可以在適當的時機出家成爲僧侶，因爲出離世間，才能夠學習如何服務眾生。然而，**我們必須服務衆生；而爲了服務衆生，我們必須置身滾滾紅塵之中**。

在我任職於安鼎國際鑽石公司期間，幾個頂尖的商界人士顯露出非凡深刻的內在精神生活，令我深受感動，特別是來自印度孟買的鑽石交易商狄如・沙（Dhiru Shah）。

如果你在紐約的甘迺迪機場瞥見沙先生步下飛機，你對他的第一印象可能是：一個身形矮短、膚色黝黑的男人，戴著眼鏡，頭髮稀疏，臉上掛著靦腆的微笑。他穿過擁擠的人群，領取一只破舊的小行李箱之後，搭乘計程車前往曼哈頓的一家普通旅館。他在下榻的旅館之中，吃著幾片妻子凱琪親手烘焙、深情地安置於袋中的麵包，做爲他的晚餐。

沙先生是世界上最有權勢的鑽石採購商之一，每一天爲安鼎國際鑽石公司收購數千顆鑽石；而他也是我所見過心靈最深邃的人之一。數年來，他悄悄地向我揭露了他內在生活的充裕富足。

「歌劇院」

沙先生是耆那教徒（Jain）。耆那教（Jainism）是印度的古老信仰，在兩千多年以前，與佛教在同一個時期誕生。沙先生與我曾經在靜謐的傍晚，一起坐在他住所附近寺院的沁涼地板之上。那座寺院是造型簡單、但結構精美的石造建築；它在孟買的擾攘喧囂之中，尋了一個僻靜的角落安身立命。在幽暗涼爽的內部聖堂裡，耆那教教士在神壇前靜靜地移動著；他們在神面前點燃的小小紅色油燈，照亮了他們的臉龐。

身著輕軟絲質服飾的婦女默默無聲地進入寺院，帶著敬畏之心碰觸地面，然後靜靜地坐著祈禱。當孩子們經過一尊尊的塑像之時，他們輕聲耳語，仰望著一千尊聖者的塑像。商人在通往寺院的階梯之處放下公事包，脫下鞋子，懷著虔敬之心抵達寺院大門，步入寺院，然後坐下，靜靜地和摩訶毘羅❷交流。

在寺院之中，你可以心神貫注地坐著；在那裡，你可以完全忘了時間，忘了今夕何夕，忘了何時該起身回家，忘了當天上千筆的交易，忘了「歌劇院」（Opera House）。

「歌劇院」代表印度的鑽石業界；大約有五十萬人在泥磚造的家中，以及耗資數百萬美元的辦公室大樓之中，辛勤地切割琢磨全世界大多數的鑽石，供應美國、歐洲、中東以及日本的客戶。事實上，「歌劇院」只是兩幢破舊不堪、瀕臨倒塌的老舊建築，其中一幢有十六層樓高，另一幢則有二十五層樓；之所以把它們命名爲「歌劇院」，靈感是來自於它們所在位置的附近、也就是孟買市中心，有一座老舊斑駁的歌劇院。

要造訪這兩幢建築，還得花一番工夫。通常你得駕著一輛老爺車，駛入人山人海的停車場——一大群新進的鑽石交易人員互相大聲地討價還價，手中揮舞著只裝了幾顆小鑽石的破舊紙袋；出價的人面對彼此，用代表最高成交價格的手勢比劃著。你必須突破人潮，把車駛入停車位。

停車還算小事一樁。接下來，你得奮力穿過人陣，搭上今天唯一能夠搭載乘客的

---

❷ Mahavir，摩訶毘羅為耆那教之開祖，約與佛陀同時代，三十歲出家，經十二年苦行而大悟。

一部老舊電梯。（人生總是有各種不同的選擇：你可以選擇搭乘電梯，甘冒電力突然中斷、被困電梯數小時的風險；或是在孟買的燠熱和濕氣之下，爬上二十段左右的階梯，嶄新的襯衫被汗水浸溼地抵達你的樓層。）然後，你得打開古色古香的印度大鎖，通過電子偵測器以及精密的聲音感應器的偵測，才得以登堂入室。

鑽石的旅程

在此處，原本破敗不堪的面貌完全改觀。在較大的辦公室中，地板鋪了大理石，牆上鋪了大理石，浴室裡全是大理石，還有從比利時的分公司運送回來、置放在大理石台座上巧奪天工的雕刻名作。馬桶上的裝置似乎是鍍金的，而馬桶本身則是一個奇妙的組合：保留了西式馬桶座，並在馬桶座旁邊多做了一對瓷製的翅膀，如此一來，人們可以隨著自己的喜好而攀上馬桶座，用印度舊有的方式蹲伏其上如廁。

在由內反鎖的門後面，是一間間安靜、有空調設備的房間。在每一個房間之中，坐著一長排一長排年輕的印度小姐；她們身著流傳了數千年的印度婦女傳統服飾「紗麗服」。她們靜靜地坐在發出柔和螢光、具有特定波長的燈光之下，在她們每一個人面前，放著一堆大約價值十萬美元的鑽石。

那一雙雙從紗麗服伸出的手上，握著尖端精密細緻的鑷子，從那一堆鑽石中夾起一顆，放在用另一隻手緊貼著她們眼睛的珠寶強力擴大鏡之前，然後輕拋鑽石，以優美的弧度越過一疊白色便條紙簿，落在五種不同的鑽石小堆之中。這五種不同的鑽石堆，代表了不同的鑽石等級與價格。

鑷子觸碰紙張刮擦聲，以及鑽石分級落入小堆的啪答聲，是房間中唯一的聲響。在世界各地的鑽石分級室中，無論是在紐約、比利時、俄羅斯、非洲、以色列、澳洲、香港或巴西，這景象都一再上演。

有一次，我們離開市中心，前往鄉間去實地了解鑽石是如何切割琢磨的。大量的鑽石在鄉人的家中進行切割琢磨，過程由一大家子的人共同協力完成。每一天，未經切割琢磨的鑽石圓粒，透過由隨身攜帶小背包的信差所組成的綿密網絡，用搭乘火車、公車、騎乘腳踏車，或徒步的方式，從孟買輸送至鄉間。每一天，完成切割琢磨的鑽石也以相同的方式，從鄉間返抵孟買某處的鑽石揀選分級室，然後放置在一個金屬盒中，在寶力克保全公司快遞的層層護衛之下，搭乘當天夜航班機前往紐約。

在孟買北方，位於古哈拉省（Gujarat State）境內的拿撒里（Navsari）是一個典型的鑽石切割城鎮，擁有最密集的鑽石工廠。在印度，鑽石切割這個行業，算是幾個比較穩定的工作之一，因此工人從印度的各個角落蜂擁至拿撒里，希望能夠謀得一份差事。這些工人訂下六個月的工作契約，而且通常訂在重要的宗教假期屆臨之前為限，然後他們領取假期津貼，於隔天出城，趕回千里之外的家，探望妻兒數個星期，把工作賺來的薪資投資鄰人的農作。之後，他們打包了一個小小的行囊，返回工廠再進行爲期六個月的工作。

攀越內在的聖山

迴異於世界其他各地，在拿撒里選購鑽石別有一番風情。你不妨想像一下，在這個印度小城中央，塵土飛揚的村道上滿是人潮，足足綿延了一、兩英里。人潮之中的每一個人都高聲叫喊著，手裡抓著一個小小的紙包；紙包內，裝著一、兩個僅僅比放在文句末的句點稍稍大一點的鑽石。那些鑽石的外層仍然包覆著切割琢磨所使用的油脂，呈現單調的灰色；由於在大太陽下，無法判斷它究竟是一顆價格高昂的純白鑽，抑或是一文不値的黃鑽，因此只有笨蛋，或是一個訓練有素的印度鑽石交易商才會掏腰包購買。

車輛從村道的兩端試圖通過密實的人群，喇叭聲大作。毒辣的太陽直貫你的頭頂。你的襯衫覆滿了細細的塵土，混合了汗水之後，轉爲褐色的泥糊。街童在人群中爬來爬去，更白地說，他們是在交易商的兩腿之間爬行，希望能夠尋獲不小心掉落地面的碎鑽，有如雞隻上下來回搜尋穀物一般。

在印度的鑽石王國之中，最偏遠的邊陲之地接近一個名叫巴納迦（Bhavnagar）的地方，緊鄰著西部海岸以及阿拉伯海；此處也是拉迦斯坦（Rajasthan）沙漠，以及綠寶石交易商活躍的粉紅沙岩城市迦布爾（Jaipur）的起始之地。沙先生曾經帶著我一起乘坐一架搖搖晃晃的飛機抵達此地，然後再駕車前往耆那教教徒心中最神聖的聖地：利塔那聖山（Palitana）。

我們在最後一座鑽石工廠停了下來；從外觀看來，那工廠只不過是座落於沙漠邊緣的一幢住宅。我們喝著氣味濃郁厚重的印度香料茶時，孩子們和婦女們從磚牆後面、從頭紗後面偷偷地窺視打從此地經過的第一個白種人，那著實讓他們咯咯發笑或瞠目結舌了好一陣子。我們離開那座工廠的時候，彷彿也把世俗生活遺留在身後，去尋覓我們的內在生活。

我們在位於山腳下一間設備普通的旅館下榻過夜。這旅館是鑽石工廠的工作人員建造的，專供朝聖者使用。拂曉之前，沙先生靜悄悄地帶著我前往一個特別的庭院，即是通往聖山路徑的起點；在庭院的石牆上，雕刻著兩千五百年來的祈禱文。我們把腳上的鞋子脫下，留在此地。爲了表示對聖地的敬畏，我們必須赤腳走上山。

在黎明前的黑暗之中，我們和數千名的朝聖者一起行走；周圍的空氣沁人心脾，腳下被磨得凹陷的石子述說著許許多多世紀以來，每一天早晨，數百萬雙腳掌就是這麼以相同的方式、相同的路徑攀上聖山。攀爬耗時數小時，然而，我們被如腳下岩石般鼓舞人心的心念和祈禱文環繞著，絲毫不覺時間之漫長。

終於，我們抵達了山巔，進入一個由石雕的寺廟、聖堂以及神壇組成的網絡之中；置身其中，比外面漆黑的夜色還更加幽暗。我們盲目地摸索前進，直到我們感覺對了，便隨遇而安地席地而坐，在涼爽的石地上冥想禪修。此時，沒有一絲光亮，但幾近無聲的吟唱聲暗暗浮動著。你感覺自己被數千人的呼吸和心跳給環繞，你也感覺了數千人的殷殷期待。

商人印象今非昔比

我們所有人面向東方，眺望印度平原。在我們閉著雙眼冥想禪修之際，漆黑的夜色開始細微的轉變；很快地，天空被染爲玫瑰紅，接著轉爲橙黃，最後金黃色的太陽升起。我們留在那裡，所有人都沉浸在冥想之中，每一個人思考著自己的人生，以及返回世間之後，該如何度過人生。

沒有人攜帶水或其他任何食物；在這聖山之上，攜帶水和食物幾乎是一種褻瀆。時候到了，我們起身、向聖山致敬，開始半走半跳地下山。此時，整個氣氛從肅穆轉爲歡樂，孩子們在前頭又跑又笑。當你的雙腳開始腫脹龜裂的時候，你生平頭一遭感謝發明鞋子的奇蹟與美好。

正是在此時，我才知道沙先生這位身形短小、膚色黝黑、幸福快樂的鑽石交易商，早年曾經在同一座山上追隨他心靈的上師。後來我才知道，他每一次前往紐約參加國際主管會議的時候，等於是展開了一段心靈的齋戒之旅；他在小小的旅館房間內，面對著時代廣場耀眼的燈火祈禱，直至深夜。他在孟買的辦公室裡散發著熱情強烈的家庭溫暖；他關愛每一個人如同自己的親生子女，不論婚喪喜慶，他都慷慨相助。每一天，他經手數百萬美元的交易，但他絕對小心謹慎，分文不取。

他也用相同的態度持家。在我和沙先生緊密合作的數年期間，沙先生一家居住在位於三樓的安靜小公寓之中。沙太太在嫁給沙先生之前即出身富裕，現在沙先生和他的兒子維克瀾（Vikram）則錦上添花，使家庭更加富裕，因此周圍的人不斷慫恿他們換更大的住所。那些人說，孩子們越來越大，需要自己的房間。然而，他們一大家子仍然待在小公寓裡。爺爺住在廚房邊的舒適房間，受到所有人的敬重與關愛；其他人在就寢時間，則全部到陽台上，把床並排在星辰之下，享受夜晚的空氣，聞嗅著樹花綻放的芬芳。即使他們在孟買的高級地段買下有著許多房間的大套房，但他們最後仍然全都睡在一個小房間裡。他們很幸福、很快樂。

此處的重點十分簡單。在美國，包括我自己在內的人們，對於「商人」這種動物向來存有憤世嫉俗的想法。在我成長的六〇年代，指稱某人為商人幾乎是一種侮辱。人們對於商人的刻板印象是：一頭披著光鮮西裝外套的狼，說話速度很快，只為了錢而活，爲達目的不擇手段，忽視周遭人的需要。

然而，毫無疑問地，現今的商業界人才薈萃，全國最優秀、最具才華的人皆聚集於此。他們具有衝勁，也具有爲人所不爲的能力，去完成必須完成的任務，以成就其他的事業。他們像上緊發條的裝置一般，大量生產價值數億美元的商品與服務，持續地改良產品，持續地縮減製造的時間與資本。創新與效率是一種生活方式；沒有其他的行業比從商更需要創新與效率。

商人深思熟慮、精力充沛、爲人仔細、具有深刻的洞見。若非如此，便無法在商場上生存，因爲商場自有其揀選淘汰的過程：在任何公司之中，如果你不事生產，沒有人能夠容忍你太久。如果你沒有任何貢獻，無法從事生產，你的老闆與資方，甚至你的同事都將把你排除在外。對我來說，這種過程已經司空見慣，它正如同你的身體會排斥外來的抗體一般。

爲商人量身訂做的法門

最偉大的商業家具有深刻的內在能力，如我們所有人一般，都渴望眞正的精神生活，只不過他們的渴望更加強烈。商人們比我們多數人見識過更多世間的大風大浪、風風雨雨；**他們知道，世俗世界能夠給予什麼、也知道不能夠給予什麼。**他們要求具有邏輯的精神生活，要求方法以及清晰可見的結果，如同商業交易的條款一般的條理分明。

商人們經常從活躍的精神生活中半途而退，不是因爲他們貪婪或是懶散，而僅僅是因爲他們沒有找到一條通往目標的道路。《金剛經》正是爲了這些才華洋溢、不屈不撓、具有悟性的人們所量身訂做的。

千萬不要以爲，你置身商場，你就沒有機會、或沒有時間，或沒有從事眞正心靈生活所必須具備的人格特質；你也不要認爲，擁有深刻的內在生活與經營事業之間有任何衝突抵觸之處。《金剛經》的智慧指出，深受商業活動吸引的人們，正是具有內在力量、能夠理解並且實行更深奧修行法門之人。

《金剛經》的智慧可以利益大眾，不害臊地說，對於從商也大有利益。這完全符合佛陀的法教。在美國，商業社團正靜靜地引領變革，使用古老的佛教智慧經營人生、經營事業，以達成現代生活的目標。

因此，在本章末尾，讓我們看一看佛陀在宣講《金剛經》的那一天，如何起身，開始一天的工作：

> 早晨，世尊穿上他的僧袍和披巾，執起托缽，走入舍衛大城，挨家挨戶地乞食。他在城中乞食完畢之後，返回住處享用食物。

當佛陀吃完食物，會把托鉢和披巾放置一旁，因爲他遵循過午不食的戒律，以保持心的清晰明澈。他清洗他的雙足，然後坐在鋪好的坐墊之上。他雙腿交盤呈蓮花坐姿，挺直背部，把心思專注於冥想。

然後，一大群僧人走向世尊，當他們走到世尊身旁之時，他們躬身頂禮，以頭觸世尊的雙足。他們恭敬地繞著世尊行走三次，然後在一旁坐定。此時，世尊的弟子、年輕的僧人須菩提也坐在這群僧人的旁邊。

然後，須菩提從座位上站起來，稍稍解下僧袍，露出一邊肩膀以示尊敬，並且右膝著地。他面對世尊，合掌恭敬地向世尊行禮。接著，須菩提對世尊說：「喔，世尊，佛陀——如來、邪念摧毀者、全然證悟者，曾經給予修持慈悲之道的善男子善女人，以及諸菩薩許許多多殊勝的開示。佛陀，你給予我們的所有開示，都有巨大的利益。無論你給予什麼開示，喔，世尊，都是非常好的。喔，世尊，那是非常好的。」

接著須菩提提出了以下疑問：

「喔，世尊，那些修持慈悲之道的善男子善女人應該如何生活？他們應該如何修行？他們應該如何保持正念？」

然後世尊說了以下的字句，以回答須菩提的問題：

「喔，須菩提，很好，很好。喔，須菩提，正是這樣的，正是這樣的：如來一向給予具有利益的開示，以愛護垂念菩薩們。如來的確用最清晰明白的開示，指引他們方向。

「既然如此，喔，須菩提，你現在就注意聽我說，而且務必將我所言謹記在心，因為我將宣講那些修持慈悲之道的善男子善女人應該如何生活、他們應該如何修行、他們應該如何保持正念。」

「是的，應該如此，」年輕僧人須菩提回答。他坐著聆聽世尊的開示。世尊用以下的字句做為起始。❸

❸鳩摩羅什譯本（以下所引之經文，皆出於此譯本）為：

爾時世尊食時著衣持缽。入舍衛大城乞食。於其城中。次第乞已。還至本處。飯食訖。收衣缽。洗足已。敷座而坐。

時長老須菩提。在大眾中。即從座起。偏袒右肩。右膝著地。合掌恭敬。而白佛言。希有。世尊。如來善護念諸菩薩。善付囑諸菩薩。

世尊。善男子。善女人。發阿耨多羅三藐三菩提心。應云何住。云何降伏其心。

佛言。善哉善哉。須菩提。如汝所說。如來善護念諸菩薩。善付囑諸菩薩。

汝今諦聽，當為汝說。善男子。善女人。發阿耨多羅三藐三菩提心。應如是住。如是降伏其心。

唯然世尊，願樂欲聞。

4
萬物的潛在可能

爾時須菩提白佛言。世尊。
當何名此經。我等云何奉持。
佛告須菩提是經名為金剛般若波羅蜜。
以是名字。汝當奉持。所以者何。須菩提。
佛說般若波羅蜜。則非般若波羅蜜。
須菩提。於意云何。如來有所說法不。
須菩提白佛言。世尊。如來無所說。

現在是我們認眞面對事實眞相的時候了。承認吧，你希望事業有成、人生順遂，但是在你的內心也有一個強烈的直覺告訴你，除非擁有充實的心靈，否則人生就了無意義——你想要掙得百萬財富，也渴望禪坐修行。

「空」之中有其深意

事實上，爲了獲致事業的飛黃騰達，你將需要伴隨靈修生活而來的能力：一份深刻觀察的洞見。如此一來，兩全其美，既能坐擁物質的財富，又能兼具心靈的豐足。在此一章節中，我們將探討萬物的潛在可能，也就是佛教徒所謂的「空」，但是現在請先不要理會「空」這個陌生的名詞，也不要急著理解它的含意。所謂「空」，完全不是字面所暗示的那般；簡而言之，它是獲致各種成就的祕訣。

在佛陀及其弟子須菩提（Subhuti）❶之間所發生的一段精彩對話，倒很適合做爲探討「空」之含意的起點：

須菩提懷著極大的恭敬心對世尊說：

「喔，世尊，這特殊教授的名稱爲何？我們應該如何看待它？」

世尊回答須菩提：

「喔，須菩提，這是關於『圓滿智慧』的教授，你應該如此看待它。

「何以如此，喔，須菩提，因爲如來所教授的圓滿智慧從不存在，而事實上，正因爲它從不存在，所以我們能夠稱它爲圓滿智慧。

「告訴我，須菩提，你認爲呢？如來可曾給予任何教授？」

須菩提恭敬地回答，

「喔，世尊，沒有，完全沒有，如來從未給予任何教授。❷」

這一段從《金剛經》節錄的對話，似乎讓人產生「世間一切事物皆無意義」的感受。很不幸地，這也正是西方社會對於佛教的觀感。然而，事實並非如此。

讓我們再仔細研究世尊和須菩提這段對話的內容，以及世尊和須菩提之間爲什麼出

❶佛陀十大弟子之一，以論證「諸法皆空」著名，故又叫「解空第一」。諸法皆空之「法」，意指「事物」，故諸法皆空意指萬事萬物皆空幻不實。

❷爾時須菩提白佛言。世尊。當何名此經。我等云何奉持。佛告須菩提是經名為金剛般若波羅蜜。以是名字。汝當奉持。所以者何。須菩提。佛說般若波羅蜜。則非般若波羅蜜。須菩提。於意云何。如來有所說法不。須菩提白佛言。世尊。如來無所說。

現這樣的對話。然後，我們再努力嘗試，是否能把對話所闡釋的意義應用於商場之中。事實上，這段對話確實蘊含了獲致成功人生的祕訣。上述的對話可以用另一種方法來做解釋：

須菩提：「我們該如何稱呼這本書？」

世尊：「我們稱它為《圓滿智慧》。」

須菩提：「我們應該如何看待這本書？」

世尊：「把它視為圓滿智慧。如果你納悶何以如此，那是因為我所撰述的圓滿智慧從不存在。這也正是我決定把這本書命名為《圓滿智慧》的原因。須菩提，你認為這本書是一本書嗎？」

須菩提：「當然不是。我們知道您從未寫過這本書。」

「你可以稱此書為一本書，你也可以把此書視為一本書，因為它從來就不曾是一本書。」這段陳述是上述對話的要點，也是說明萬物潛能的關鍵。這段陳述包含了一個非常具體實在的意義，並非莫名其妙的胡言亂語，而你想要獲致人生、事業成功所必須知曉的事物也盡在其中。

創業維艱樂趣多

讓我們從商場中擷取一個十分常見的例子，來闡釋潛能的含意。這是一個關於房地產的例子。

當我們剛剛著手成立安鼎國際鑽石公司的時候，我們向位於帝國大廈附近的一家珠寶公司，承租了一間大辦公廳之內的一、兩個房間做爲辦公場所。公司擁有者歐佛和爾雅坐鎭於一個小房間之中；緊鄰在小房間隔壁，有一個稍微大一點的隔間，則是我、鑽石匠烏迪、珠寶匠艾力克斯，以及專司電腦的雪萊女士的辦公室，我們四人圍坐在一張大桌子旁一起工作。鑽石被分級歸類地擺放在桌子邊緣；在另一個角落，雪萊女士把帳目輸入電腦。在此同時，我則坐在桌子的另一角忙著打電話，試圖找出城內大珠寶採購商的祕書的姓名，如此一來，我們就能夠直接向買主接洽，做出買賣的決定。

安鼎一整個系列的產品大約包括十五種造型的戒指，每一種造型的戒指都會拍攝成照片、一頁一頁地裝訂成冊，如此一來，歐佛和爾雅可以隨身攜帶，向客戶展示。爲歐佛和爾雅工作是一件愉快有趣的事情，因爲他們對美國的商業活動一無所知。但是，正也因爲他們不知道在美國的商場有哪些事情根本行不通（後來卻被他們弄得有聲有色），有哪些事情不能做（例如，穿著印有達拉斯牛仔隊字樣的足球T恤，去會見全世界最大百貨連鎖公司的高級主管），他們反而比其他人更富創意。

歐佛會走進我們的辦公室，詢問我們關於美國的古怪問題，例如，「日曆上寫著明天是土撥鼠節，那是國定假日嗎?你們那天該放假嗎?我們應該付你們那天的薪水嗎?」有時候，我們告訴歐佛，「是啊，在美國，那是一個『非常重要』的節日。」

另一方面，他們無法理解爲什麼有人想要在晚上十一點以前回家，因爲我們大部分時間都工作到十一點，有時候甚至更晚。我通勤往返寺院與公司之間，來回各需將近兩時的車程，因此我回到寺院大約是凌晨一點左右，然後於清晨六點起床，動身進城。

鑽石和珠寶從位於以色列的工廠輸入美國，然後直接送交客戶。我想，人們可能認爲我們擁有自己的生產設備；其實，我們經常得跑到座落於第五大道和四十七街的寶力克保全公司，把剛剛從台拉維夫運抵紐約的包裹上的標籤撕下，貼上寫有客戶姓名的標籤之後，再把包裹送到保全公司樓上一層的辦公室。

我記得一次驚險的意外。那一次，我必須打開如前面所敘述、從以色列運來的一個包裹，再將包裹中的鑽石珠寶分裝給兩位客戶。我打開包裹之後，看到包裹內有一大堆紅銅鑽戒；我帶著那只包裹從四十七街跑回三十街的辦公室，弄得大家急如星火地頻頻致電中東。問題就出在製作十四K金，有太多不同的方法了。在表示金子純度的開拉系統中（karat，簡稱K；鑽石系統則以「克拉」爲單位），二十四K金代表純金，因爲質地太過柔軟，而無法用來製作珠寶；在一般穿戴的情況下，一只二十四K金的戒指戴一戴就會損壞了。因此，我們混入其他的金屬，增加金子的硬度。

如果在金子與其他金屬的混合比例之中，其他金屬佔了四分之一的比例，那枚戒指就成爲十八K金戒，以此類推。在美國，合法的K金單位包括十八K金、十四K金以及十K金。爲了使戒指更加堅硬而混入的金屬，也決定了戒指最後的顏色：如果加入的是鎳，那麼金子就會呈現較淺的黃色；如果加入的是銅，金子就會呈現錚亮的紅色。各種混合產生不同的濃淡色度。美國人偏愛中間至較淺的黃色；一般來說，亞洲人偏好深濃的金色；而歐洲人則喜愛幾近紅銅的顏色。我們收到的那箱鑽戒被誤鑄爲歐洲人偏愛的顏色。

汗水交織的成長期

以下的故事是安鼎創立的最初幾年，最令我珍愛的記憶之一：我們三、四個人一起衝到一家位於市區、雇用非法移民、工作量重但工資低廉的電鍍工廠，試圖說服工廠廠主趕工，在帶紅色的金子外面再鍍上一層昂貴的黃金。我和這些未來的千萬富翁，以及大約十五名波多黎各籍的女孩圍著一張桌子坐著，歐佛和爾雅用希伯來文大聲交談，那些波多黎各女孩高聲用西班牙文一來一往，沒有人能夠理解爲什麼我們要以金鍍金。很快地，我們所有人達成共識，肩並肩坐在一起、弓著背，在那些鑽戒外層、不需要鍍上黃金的部分漆上特殊的化學藥品，做爲防護措施。

然後，我們孤注一擲，開始經營屬於自己的工廠。這個工廠的設施和三十街的辦公室幾乎如出一轍：那是一個小房間，座落於曼哈頓的一條街上，地面砌著陰冷的水泥，有著一大片一大片的鐵閘門，還有我們第一個存放貴重物品的保管庫。從老地點遷移至新工廠的期間，也有許多愉快的回憶：搬離老公司的那個晚上，我們把地毯撕成碎片，雙手雙腳地在地上爬著，搜索過去幾個月工作期間，掉落地面的細小鑽石碎片（這些碎片加起來，總共有好幾百片）。一名員工不小心把自己鎖在新的保管庫中，鎖了一整夜；她的丈夫納悶我們究竟可以工作到多晚。而我自己則在熱氣蒸騰的紐約夏日，大汗淋漓地穿著一套羊毛西裝，因爲我的上師堅持，我必須衣著得體，稱職扮演我的工作角色——我必須每天穿著它，絕不能脫下西裝外套，或是鬆開領帶。

在我考慮六個月之後，該是決定從這個新成立不久的小工廠搬到其他地方的時候了。我們是否應該冒險搬到鑽石區？如果我們租了一個大場地，到時候訂單下滑該怎麼辦？如果我們租了一個小地方，結果大宗訂單湧入，我們又該怎麼按時出貨？

因此，我們就在鑽石區外圍的一幢破舊寒酸建築中，承租了一個小樓面的一半——這是在承租較大空間的風險和較便宜租金的穩當之間，所做的折衷辦法。我獨自地坐在稱爲「鑽石部門」的小房間辦公；有時候，我在「系統部門」工作（那是極小的房間，面積只有一間等候室的兩倍），要不然就是在保管庫（它是直立式的小東西，可以容納兩名工人，有點像一具石棺葬著兩具木乃伊）。而所謂的工廠則是一個較大的房間，一名抛光匠孤零零地坐在廠房的一角。

大約在一年之內，我們的銷售額雙倍成長（大約有十年的時間，幾乎每一年都有如此的銷售成績），當初擔憂承租大空間會面臨的風險、因而決定租賃較小的場地，如今則成爲不利條件。毫不誇張地說，我們是手肘頂著另一個人的手肘在工作著。有一個笑話說，你每領一千美元的薪水，你的辦公桌的空間就增加一英寸；如此計算的話，當時我的辦公桌大約有十五英寸了。

擴張經營版圖的潛在危機

爲了安全起見，我們不能領著生鑽供應商進入辦公室，因此我們只能站在介於門廳（稱之爲「人阱」）與等候室之間的走道進行交易，如此其他的鑽石交易商就聽不到我們所開出的價錢。你不妨想像如此景況：你站在一條狹小、昏暗朦朧的走道上，在自己滿是數千顆細小鑽石的手上握著一張小紙頭，身後的工廠傳來陣陣嘈雜的聲響，你努力扯著嗓門說話，但又不想讓坐在你前方等候室的人聽到你們的談話內容；你們計算著購買不同等級鑽石的總金額、利率，以及物價順應率（sliding payment arrangements，將工資、稅等配合物價指數的高低適當予以調整時的用語），好像兩名劍客擠在一個衣櫥裡面進行一場決鬥。

順便一提的是，所謂「人阱」是指鑽石公司裡面的一塊特別區域，內部人員見有外來訪客，噠的一聲開啓第一道門。訪客進入，第一道門關閉之際，電視攝影機開始監測，或由公司內部的人員透過一面防彈玻璃監看來者何人，然後再由公司內部按下電鈕，開啓第二道門，訪客才算眞正「登堂入室」，進入公司重地。一個電子機械裝置可以防止第一、第二道門同時開啓──當你在晚上最後一個離開公司，通過了內門、也就是第二道門，卻忘了帶打開第一道門的鑰匙時，這可就好玩了。

當公司的營運到達此一階段，我們採取穩當的措施，向房東租下另一半的樓面。當我們的辦公桌寬度大約又多了二十英寸的時候，我們租下另一個樓面；兩層樓之間架了樓梯做爲連接。之後，我們的辦公桌又寬了二十英寸，銷售成績總是雙倍成長，我們又租了另一層樓，不過可惜的是，那個樓面和先前租的兩個樓面之間隔了兩層樓。

接下來，到了我們需要更多空間的時候，然而同一幢樓之中，再也沒有閒置的樓層可用。我們立刻查看隔壁樓層數較少的建築，但一無所獲。因此我們租下距離兩幢樓遠的一個樓面；那幢樓的高度足以不受介於兩個辦公地點之間較矮樓層的干擾，我們可以把完全違規的電線懸掛於兩層樓之間的半空中，來連結電腦網路。這些懸在半空中的電線，看起來就像懸掛在布魯克林區廉價公寓之間的曬衣繩一般，只不過這一次是發生在曼哈頓市中心的鋼筋玻璃帷幕高樓之間。

此時，我們面臨了一個棘手的情況。爲了在分別位於兩幢樓的寶石分級室做揀選分級的工作，我們必須經常帶著一大箱一大箱的鑽石、紅寶石、藍寶石、紫水晶，以及其他許多寶石在街道上來回穿梭。這種做法非常危險，而且鑽石區的範圍已經擴張到我們承租樓面的區域，租金不停地上漲。我們必須決定如何解決公司地點的問題。此時安鼎每年的營業額已達數百萬美元，大約擁有一百名員工。因此，我們又回到房地產和萬物潛在可能的問題。

相同行動，不同結果

在紐約有一種商人，每天早上必定買一份《華爾街日報》，不論他讀或不讀（我覺得，幾乎很少有人眞正地把那份報紙看完），對於許多在公司工作的人而言，每天早上讓其他人看到你臂下夾著一份《華爾街日報》，神采奕奕、步履匆忙地步入公司大門，是很重要的一件事。更好的是，每天都有一份《華爾街日報》直接派送到你的辦公室——每天早上九點左右，報紙就塞在你辦公室門縫底下，而且還要塞得恰到好處，讓從走道經過的人都能看到《華爾街日報》這幾個字。另外，爲什麼得在九點塞報紙呢？

因爲報紙可以一直躺在門縫底下，直到你在九點三十分左右步履從容地步入公司爲止。在九點三十分之前，每一個職位較低的員工經過你的辦公室門口，都會看到那份《華爾街日報》。那份報紙不僅證明你確實還沒有進公司，也提醒他們：你是老闆，不需要在九點五分之前打卡。

有極少數的幾次，我的的確確把《華爾街日報》讀了一遍，那種經驗一向非常驚異。在頭版右邊的版面上（因爲從這個版面一直到左邊的版面，都被美國本土新聞及國際新聞的摘要佔據），總會刊登一篇大力推崇諸如索羅斯（George Soros）之流商界人士的文章。索羅斯曾經大膽從事風險較大的投資，名利雙收，成爲商界翹楚。凡是登上此一版面的商界人士，都被推崇爲「具有遠見卓識的人物」——他洞燭機先，遠遠走在其他人前面；當缺乏企圖心，較爲保守的商人裹足不前的時候，他具有勇氣與自信迎頭向前，獲取較高的利潤。

大約在《華爾街日報》第四版的地方，則會刊登一篇文章，是關於一家企業因爲管理方式老舊過時、不思突破，而面臨失敗瓦解的命運；董事會叫所有的副總裁捲鋪蓋走路，總裁也由新的人選擔任。

一個星期或一個月之後，我會再拿一份《華爾街日報》來瞧一瞧（事實上，我過去時常偷偷地把塞在另一位副總裁辦公室門縫下的報紙拿走，在他進公司之前，再放回原處）。這時候，在頭版就會有一篇文章讚美一家經年遵循舊制的公司，在這一季締造了巨額的利潤。他們是一家「績優股」公司，由一個具有忠於過去經營智慧的領導人物掌舵。接著在第四版，有一篇文章激烈批評一名愚蠢的資本家，輕率魯莽地以公司的股票做爲投資的賭注。

《華爾街日報》讓我印象深刻的是，在某個月，被稱爲投機天才的人物，幾個月之後，卻被譏爲投機白癡；在某個月，被認爲是守舊笨蛋的人士，幾個月之後，卻受人讚美爲作風穩健傳統的英才。或許投機天才仍然繼續飛上雲端，或許行事保守的傻瓜仍然每況愈下。無論如何，**似乎沒有人注意到，同樣一個人或同樣一家公司所採取的相同行動，幾乎產生各種不同的結果**。

房地產的抉擇

我們如何把這個道理應用於房地產？它又如何展現「潛能」？想一想，當安鼎經歷了數年租或不租、擴展經營或不擴展經營的不確定之後，開始仔細考慮擁有一幢屬於我們自己的辦公大樓時，我們會思考什麼問題？我們是否應該大刀闊斧地採取如此重大的行動？

面對此一問題，每一個生意人都有自己的考量與盤算，並且評估其中的利弊。一幢嶄新的大樓將使我們的顧客感到耳目一新，同時加深顧客與供應商對我們的印象。或許，他們將認爲，我們擴展的程度超過我們的能力範圍；或許，客戶們會擔心，我們將提高價格來支應新的開銷；或許我們的供應商將認爲，他們以前賣給我們的寶石價格太過低廉，他們金錢上的損失反而讓我們買了新大樓。

如果我們遷離鑽石區，當我們需要寶石的時候，或許會增加寶石供應商運送貨品的困難，也提高許多風險。或許我們承租辦公室所省下的費用，可以讓我們支付供應商更高的價格，也將吸引更多的交易商，賺取更多的利潤。

或許遷移新址將使員工上下班更加麻煩；或許多了半個小時的通勤時間，將促使優秀的員工離職，在靠近鑽石區的地點另謀高就。也或許，人們會喜歡新公司的環境；它座落於西格林威治村（West Greenwich Village，指紐約或其他城市的文人、藝術家等的聚居區），比較安靜清幽，擁有許多精巧雅緻的店舖，餐廳供應的食物分量也比市區來得多。

或許，在我們搬遷至西格林威治村之後，當地房地產的價值將迅速飆漲，我們投資房地產的報酬率也隨之提高。也或許，紐約的房地產將經歷另一次的劇跌重挫，使我們無法負擔高額的抵押借款。

或許從經濟的角度來看，把所有的生產製造過程全部集中在一幢大樓之中，將使我們得以降低產品的價格，在市場上攻城掠地，大發利市。或許，維持一個大規模製造工廠的開銷將逐漸壓得我們喘不過氣來，尤其在生意淡季的時候，更是嚴重。

在商場上打滾多年、眞正誠實面對自我的人都明白，在這個節骨眼上，正反好壞兩種情況都可能發生。如果你買下大樓，一切蒸蒸日上，那麼你就是個天才，買下大樓就是非常棒的決定。如果你購置大樓，結果事業走下坡，那麼你就成爲冒險投機的糊塗蟲。如果你沒有買下大樓，公司營運仍然穩定健全，或是你沒有購置大樓，結果公司運轉不良——這下子，你可知道其他人會怎麼說你了吧。而你也明白，不管其他人讚美你是天才或批評你是白癡，你都是同一個人。

這個道理將謹愼穩當地帶領我們通往「空」（也就是萬物潛能）的境界。

是好是壞全憑個人觀點

如同安鼎國際鑽石公司，在曼哈頓西區添置一幢九層大樓的房地產交易，即是說明潛能，或佛教徒所謂的「空」的良好示範。此處必須了解的重點是，不論是那幢大樓本身或是添置那幢大樓，都同時包含了各種變好或變壞的潛能。

如果我們購置了那幢大樓，然後突然之間，紐約的房地產價格下滑（在我們買下那幢大樓之後，我的擔憂果然成眞），那麼對於我們的老闆歐佛和爾雅來說，添置大樓就成了一件壞事。

如果我們購買那幢大樓，所有的經理人員一下子比以前多了許多辦公空間，那麼對於經理人員來說，買下大樓就是一件好事。

如果我們添置那幢大樓，所有從紐澤西州來紐約上班的員工，通勤時間又得多上半個小時，對他們而言，添置大樓就是一件壞事。但是，對於所有住在布魯克林的人而言，可是美事一樁，可以省下許多通勤往返的時間。

如果我們購買那幢大樓，而使我們的供應商認爲，我們擁有雄厚的財力，那麼對我們來說，購買大樓是有利的。相反地，如果供應商因此認爲我們剝削了他們的利潤，對我們而言，購買大樓就是不利的。

然而，如果我們不考慮「對我們而言」或「對他們而言」，那又如何呢？如果我們試圖評估那幢大樓或購買那幢大樓本身是好是壞，那又如何呢？如果你仔細考慮，甚至只消思考片刻，你就可以得到一個顯而易見的答案：購置大樓本身既不是一件好事，也不是一件壞事；是好是壞全憑個人的觀點。對於從中獲益的人來說，它是一件好事；對於購置大樓而招致損失的人來說，它就是一件壞事。購買大樓本就沒有「天生的」好處或壞處，它本身不具有如此的特質，它缺乏如此這般的特質。

這正是「空」的含意：所有的事物都有利有弊、有好有壞，而大樓本身則沒有好壞利弊，全憑我們看待那幢大樓的觀點而定。這正是事物的潛能。

空白的螢幕

此外，這個世界上的每一件事情都是如此。前往牙醫診所，接受根管治療手術是一件壞事嗎？如果它是一件壞事，那麼對每一個人而言，根管治療都是一件壞事。但是，你仔細想一想，無論根管治療對我們來說有多麼糟糕，對其他人而言，它可能是有益的。一個沒有醫德的牙醫師可能認爲，替病人施行根管手術，是爲就讀大學的孩子賺取一季學費的絕佳機會。對於爲病人安排診療時間的祕書而言，它可能代表了診所有新生意上門、進帳充足，確保她可以繼續受聘。對於銷售牙醫醫療器材的業務員來說，它可能代表了銷售另一盒皮下注射器的機會。根管手術甚至不是一個令人疼痛難耐、具有任何好或壞等「天生」特質的治療過程。不論人們對於根管手術有多麼不同的看法，根管手術本身沒有好或壞的本質；它既不好也不壞，它是空的或中性的。簡而言之，它擁有「空」；而根據深奧的西藏古老智慧典籍所言，「空」是隱藏的無上潛能。

在我們周遭的人們也是如此。想一想在你的工作場所，最令你惱火的人；他們似乎擁有一種「令人惱火、令人厭惡」的特質或天性。他們似乎把他們的「惱火」往你的身上傾瀉。仔細思考這個問題。或許某個人（另一個同事，或他們的家人、妻子，或兒女）認爲令你惱怒的人非常慈愛，非常討人喜歡。當他們（另一個同事，或家人、妻子，或兒女）看著令你惱怒的人，甚至在同一個房間和你一起看著那些人做著或說著相同的事情，他們會認爲那些行爲、話語是令人愉悅的。

很明顯地，那些討厭鬼沒有投擲任何不愉快到另一個同事、家人、妻子或兒女的身上；這也證明了，那些人沒有「令人惱火」的特質。他們本身沒有如此的特質，而特質本身也不會自動地在他人面前展現出來。或許應該說，他們如同空白的螢幕，不同的人從螢幕之中看見不同的事物。這是一個非常簡單、證明「空」或「潛能」之無可否認的明證。世界上的其他事物亦是如此。

現在，我們可以回過頭去了解佛陀所說的話：「你可以稱此書爲一本書，你也可以把此書視爲一本書，因爲它從來就不曾是一本書。」針對購買大樓而言，「你可以說添購大樓是一件好事，你也可以認爲添購大樓是一件好事，因爲購買大樓本身從來就不是一件好事，也不是一件壞事；也就是說，好壞與否，全憑我們如何看待它。」

然而，「空」和事業之間有何關聯呢？這種潛在可能如何能夠成爲通往成功人生與事業之鑰呢？因此之故，我們必須明白運用潛在可能的原則。

5
潛能運用原則

須菩提。
若菩薩作是言。
我當莊嚴佛土。
是不名菩薩。
何以故。
如來說莊嚴佛土者。
即非莊嚴。是名莊嚴。

在上一個章節，我們討論了萬物的潛能，也就是佛教徒所謂的「空」。我們清楚地了解，我們所遭遇的每一件事，就事件本身而言，沒有所謂的好或壞，因爲如果它是一件好事（或是一件壞事），那麼其他人對於此一事件，也會有相同的感受。舉例來說，在工作場所，那個令我們感到不愉快的人，也同樣會惹得公司其他同事惱怒不堪。然而，幾乎總是會有一個人認爲那個人十分良善討喜。

事實上，這個例子蘊藏了兩個重要的含意：

(1)那個人既不具備「令人不愉快」的特質，也不具備「美好宜人」的特質。他本身是「空白的」或「中性的」或「空的」。

(2)那個人之所以讓我們產生惱怒的感受，必有其他的原因。

那麼，令我們惱怒的原因從何而來？這個問題的答案在於揭開萬物潛能的某些原則，以及運用潛能獲致人生事業成功的原則。在《金剛經》中，世尊（即佛陀）曾說了一段話，關於創造一個理想的事業，以及一個圓滿的人生——一個完美的世界，一個極樂世界。

世尊說道：

「喔，須菩提，假若一些修持菩薩慈悲之道的弟子說：『我正在設法創造一個完美無瑕的世界。』那麼，他們所言不實。❶」

針對上述含意深奧的字句，偉大的上師邱尼喇嘛做了如下的闡釋：

佛陀希望藉由以上的字句指出，爲了使一個人企及我們先前所說的最高境界，那麼他或她必須先創造一個完美無瑕的世界，在此一完美無瑕的世界之中，成就最高的境界。因此之故，世尊對須菩提說道，假若一些修持菩薩慈悲之道的弟子說或自認：「我正在設法創造一個完美無瑕的世界。」而在此同時，如果他們也相信，完美無瑕的世界是存在的，是自生的，那麼，他們所言不實。

❶須菩提。若菩薩作是言。我當莊嚴佛土。是不名菩薩。

在《金剛經》中，佛陀繼續解釋道：

「何以如此？因爲如來曾經明言，這些完美無瑕的世界，我們設法創造的完美無瑕的世界從不存在，這也正是我們能夠稱之爲『完美無瑕的世界』的原因。❷」

在本書之中，你可以把「完美無瑕的世界」視爲「理想的事業」。此處必須說明的第一個要點是：「理想事業本身是存在的」的說法是錯誤的。不論是一本書、購買一幢大樓，或工作場所、坐在你旁邊的討厭鬼等等，就其本身而言，沒有一個是好的或是壞的。如果它（他）是好的（或壞的），那麼每一個人之於它（他）都會產生相同的感受。

但是，人們的感受各異。因此，這些事物是空白的，是中性的，或是佛教徒所謂的「空」。然而，我們確實認爲某些事物是好的，也確實認爲某些事物是壞的，如果好與壞的感受並非來自事物本身，那麼從何而來？如果我們能夠解開此一謎團，或許我們就能夠「心想事成，萬事如意」。

心之銘印

顯然，我們只要自我觀照片刻就會明白，**我們看待事物的方法其實源自我們本身**。不論我們把某某同事看做討厭鬼或是開心果，都繫於我們自身的觀感。這一點，從其他同事以不同的角度、甚至完全相反的觀點看待你眼中的討厭鬼（或開心果），就可以獲得證明。

事物的好壞利弊源於我們自身又怎麼樣呢？我們如何能夠運用此一現象，做爲我們的優勢呢？

我認爲，首先要討論、也最重要的事情是：爲什麼事物的好壞並非源自我們本身。要說我們看待人事物的方法，源自我們的心（mind）或觀感，十分容易，但非常明顯的是，這不表示我們只要許下願望，我們就能夠控制自己看待事物的方式。在這個世間，沒有一個商人「想要」失敗、想要破產、想要感受希望破滅的員工、欠收帳款的供應商、心灰意冷的伴侶子女所承受的痛苦。

從某種角度來看，破產倒閉的想法來自我們的心，或許是眞的，但並不表示只要我

---

❷何以故。如來說莊嚴佛土者。即非莊嚴。是名莊嚴。

們希望不破產，它就不破產。無論是什麼原因使我們用某種方法看待事物，那個原因正迫使我們用那種方法看待事物。

從這個段落開始，我們必須探討「心之銘印」（imprint）的佛教觀點，即「業」的眞實意義。不過，由於人們對於「業」充滿了許多誤解，所以我們就使用「心之銘印」的概念來做討論。❸

把你的心想成一台錄影機，你的雙眼、雙耳，以及身體其他的部分是錄影機的視窗。幾乎所有決定錄影品質的旋鈕和開關全繫於你的動機——你想要錄下什麼，以及你爲什麼要錄影。那麼，影像是如何記錄下來的？事業成功或失敗的印記是如何烙印在你的心中？

讓我們先探討心之銘印的整個概念。把心看成一塊非常敏感的油灰（混合了白堊粉和亞麻籽油的軟糰，有一點類似黏土），無論何時、無論那塊油灰接觸了什麼事物，那件事物都會在油灰上留下印記。除此之外，油灰（即心）還擁有其他驚人的特性。第一，它清澈透明，不具實體——它完全不像我們的身體，完全不是由血、肉、骨所構成的事物。

雖然在某些方面，心（識，意識）屬於腦的一部分，但佛教不接受腦即是心的概念。心（識）的範圍也擴展至指尖，例如你可以察覺某個人觸碰你的手指，而正是你的心察覺了那個人的觸碰。此外，如果我問，在你家的冰箱裡面，有沒有什麼好吃的東西，你的心之眼就回到家中，也就是說，你從記憶之中拉出幾件從今天早晨到現在，可能仍然留在冰箱中的物品。就某種意義來說，你的意識經由推理與記憶的媒介，已經遠遠穿越了身體的束縛，到達你身處之地以外的另一個處所。如果我說，想一想天上的星辰或更遙遠的地方，那麼你的心會在何處呢？

心的油灰具有另一個有趣的特質。把心的油灰想成一個長條，然後像從袋中拉出一條義大利麵一般，記錄了你生命的最初時刻，一直到生命的最終時刻。（或許它的長度更長，包括了過去的生生世世（前意識），以及未來的生生世世（後意識），但在此我們不做討論。）換句話說，它的長度隨著時間延展。在你讀一年級的時候，你所學的注音符號、英文字母銘印在心，然後一直跟著你上了二年級；這也是為什麼你到了二年級，也包括現在，你就能夠讀字了。

❸業即行為，有身的行為、語的行為、意的行為三種，即身業、語業、意業。每一種行為皆有善、惡、捨（即不善不惡）之分。本書原是針對西方人士所著，故作者用心之銘印來解釋，以方便西方讀者理解。本地的讀者可以把銘印想成種子。

身語意的種子

在西方國家，我們不習慣把學習稱爲「蓄意植入印記」，但如果你仔細思量，那正是我們送孩子去學校的原因。我們希望一年級的老師能夠在孩子的心中烙下一些印記，也希望到了孩子上了醫學院，那些印記仍然存留不退，如此一來，我們就不必單單仰賴社會福利所提供的保障來養老了。雖然我們極少思考整個心理銘印的過程是如何運作的，但我們都相信心理銘印的概念。舉例來說，爲什麼隨著年齡的增長，我們的腦子裡裝了各式各樣的東西，卻不見腦袋越來越大？

讓我們來談一談那些迫使我們把「中性」「空白」的事物做了好壞區分的銘印。（截至目前爲止，我相信各位讀者已經對「空」這個字有了足夠的認識；「空」不代表「了無意義」，它和「黑洞」毫無關聯，也不是「努力不去想任何事情」；諸如此類的想法都不是「空」。「空」表示的意義只不過是：我們遭遇了一些好事或壞事，但那些事情本身並無好壞的特質。）

這些「好」「壞」感受的銘印有三種不同的植入方式：無論何時，當我們行動（身）、說話（語）、甚或思考（意）的時候，就植入了銘印（身、語、意的種子）。那台嵌裝在我們內部的錄影機，也就是我們的心，全天候開機；心的某一個層面持續地錄下經由我們的眼睛或耳朵，以及包括思想本身等身體其他部分的「鏡頭」所感知的每一件事情。當你看見自己伸出援手幫助陷入困境的員工，一個好的銘印就烙進你的心中；當你看見自己對客戶或供應商撒了一個小謊，你的心中就留下一個壞的印記。

錄影機上的「動機旋鈕」是決定銘印深淺強弱的最重要因素。如果你幫助員工，不是因爲你非常關心他們、在乎他們，而是因爲他們面臨的難題將影響你的產量、利潤，那麼良好的銘印幾乎沒有在你心中留下痕跡。如果你伸出援手是因爲你察覺到，那個難題使員工非常不快樂，那麼良好銘印的痕跡就深刻許多。如果你提供協助，是因爲你認清劃分「你」「我」之間的那條界線是人們自設的，那個傷害我們其中一人的問題，將傷害我們所有的人（簡而言之，你看見自己迎戰人類共同的敵人，爲人類的不快樂而奮戰），那麼，那將是你所能植入最強而有力的銘印之一。

另有幾個因素也決定了銘印的深淺強弱。首先是情緒。舉例來說，如果你出於強烈的憤怒，而對供應商撒了一個善意的謊言，則惡劣的銘印在你心中留下的痕跡就非常深刻。

其次，如果你誤讀了電腦螢幕顯示的商品價格，而向顧客收取超額的費用，相較於明知價格有誤、仍然將錯就錯的情形，前者所製造的惡劣銘印就弱了許多。

當你對某個人採取行動時，那個人所面臨的情勢或環境也是決定銘印強弱深淺的重大因素。

鑽石商的化名與招牌

大約在我進入大宗熟鑽（指已經完成切割琢磨的鑽石）貿易這一行的頭兩、三年，我暗自思量，如果我明白鑽石的切割過程，我就會更懂得評鑑鑽石。因此，我挨家挨戶地拜訪隱密的切割鑽石小店，試圖找到一個人教授我鑽石切割的技術。在這些小店工作的鑽石切割匠個個身懷絕技，琢磨鑽石的技術遠遠超過在四十七街兜售鑽石的小販。

我找到一個非常出名的鑽石切割匠，我記得，他當時正在切割全世界最大、已經被切割過的鑽石。那是一顆超過四百克拉、「Fancy」的淡黃色鑽石，由薩爾絲珠寶連鎖店收購。那位鑽石切割匠跟我說有空可以過去瞧一瞧後，就不了了之了。（「Fancy」是一種鑽石的名稱，專指帶有天然色彩的鑽石，例如亮黃色或褐色的鑽石，或如命名爲「希望之鑽」（Hope Diamond）的藍色鑽石。）

我偶然發現幾個南非籍的鑽石切割匠，並且花了幾天的時間向他們求教學習，只不過他們工作的地方實在太嘈雜了。另一個問題是，當時我們仍然每天瘋狂地工作到晚上十一、二點，以擴展安鼎的營運，因此我必須找一個人願意在大半夜教授鑽石切割的技術。於是，我在無意中碰見了山姆．舒繆洛夫（Sam Shmuelof）。

我們都稱呼他「舒繆」。在鑽石交易圈中，舒繆是另一個具有紳士風度的正人君子。他的妻子瑞秋是我在安鼎不可或缺的得力助手，也是我們部門營運如此出色的大功臣。舒繆答應在夜間以及星期日教授我鑽石切割的技術。

在紐約，之所以有相當多鑽石交易商是正統教派的猶太人，原因之一是同業尊重猶太教安息日的傳統（Shabbat，從星期五晚上開始，於星期六晚間結束，期間必須停止工作）。在四十七街上，如果有人是虔誠的教徒，沒有人會強迫他（或她）在星期六上班。

我第一次踏進舒繆的鑽石切割店時，有點像義大利詩人但丁被維吉爾（Virgil）領進地獄一般。舒繆拉著我的手臂，帶我走進擠在四十七街兩幢大理石外牆的摩天大樓之間、一個極不顯眼、幾乎令人察覺不出的出入口，然後領著我進入一部小小的電梯。那電梯吃力地上到十樓左右；電梯門外是一條燈光昏暗的狹窄通道，通道的兩側是有著一道道窄門的房間。每一道門都是一種奇異的組合：斑駁的油漆、破舊的外觀，卻配上一把把閃亮簇新、又大又沉、外國進口的鑰匙和門閂。大多數的門上都掛著五到六個價格便宜、手寫的小招牌，後來我才知道，小招牌是同一個小鑽石商的不同「化名」。例如，名叫班尼．阿希塔的人，他的門上可能掛著以下不同公司的招牌：

「**阿希塔國際鑽石股份有限公司**」（他所謂的國際鑽石股份有限公司，可能只是一個小鞋盒，盒子裡裝滿了過去幾個月進行切割所剩餘下來的散鑽，以及數年前某個人付不出欠款，爲了抵債所留下來、醜得賣不出去的寶石。）

「**班——阿希全球珠寶製造公司**」（這個珠寶製造公司可能只生產了幾個用寶石做成的古怪耳環。他聽說，珠寶製造商比做鑽石這一行更容易賺錢，而且賺得更多。當然啦，他那些奇奇怪怪的珠寶一個也沒能賣出去。）

「**賽澤國際鑽石切割暨修補工廠**」（這可能是他的正業。工廠的擺設就是一張有著鑽石切割輪的桌子。工廠的名稱不外乎是用兩個孩子賽門和澤瓦的名字命名，儘管如此，每一個人還是稱之爲班尼的鑽石切割店。）

「**班哲明奇石異寶有限公司**」（這可能只是兩公斤、呈立方體的粉紅合成鋯（zirconium），或俗稱的「粉紅冰塊」。一九九三年，粉紅合成鋯風行一時，他被人勸說打動，買了兩公斤。粉紅合成鋯只流行了六個月，但是班尼囤貨囤了七個月，希望粉紅合成鋯的價格繼續上揚。如今，保險人員一直抱怨那袋粉紅合成鋯佔了保險箱太多空間，他應該把它扔了算了。）

苦痛與混亂中的珍寶

當我們兩人走在那條奇異的通道上，我們開始聽到聲量越來越大的尖銳嘎嘎聲響，有如接近一個困了幾百萬隻蚊子的巨大山洞，洞中的蚊子瘋狂地飛繞打轉。那道門是一塊巨大、暗灰色的金屬玩意兒，門上沒有號碼，也沒有任何招牌。在天花板的角落、距離門的遠遠上方，一架監視錄影機往下盯著我們。

舒謬按了按門鈴。

我們等著，但門內沒有動靜。

舒謬又按了一次門鈴，再按了一次，總算從門內傳來一聲叫嚷：「欸，是誰呀？」（那台監視錄影機老是故障。你瞧，沒有人有閒工夫或有那個興致去把它修好。）

「我是舒謬啦！」

「好啦，來了，來了。」你聽到一個接著一個門閂被打開來，然後解下幾條鏈條，最後門咯吱咯吱地開了。

噪音迎面炸了開來，你的頭、耳被嘈雜的聲響團團圍繞——你在紐約街頭散步半個小時所聽到尖銳刺耳的聲音、警笛呼嘯而過的聲音，以及手提電鑽鑽鑿地面所發出的聲音，這下子全壓縮在幾秒鐘之內爆開。在店主上下打量之下，舒謬在前面一邊帶路一邊說著「他沒問題，他跟我一道來的」，並且拉著我通過同樣也失靈的人阱，進入店內。

有一、兩個人從噪音的暴風圈邊緣，探出頭來查看究竟發生了什麼事——沒有搶匪、也沒有未來潛在的客戶，然後立刻把頭縮了回去，看看剛才把頭伸出去的時候，切割輪切下來的一微米鑽石是否切了太多了。

在房間之中，大約有五張長桌像肋骨排列的方式一樣地擺放在一起。每一張桌子嵌入三、四個金屬轉輪；每一個轉輪面前坐著一個切割匠；切割匠坐在一張高椅上，弓著身子切割鑽石。爲了節省全世界房價最昂貴地段的寶貴空間，每一張桌子的兩側都安置了座椅，因此每一個切割匠面前都坐著另一名切割匠，而與坐在身後的切割匠之間的距離也只不過幾英寸而已。如果你一天坐在椅子上工作十到十四個小時，抬頭看到的就是坐在你對面那位老兄的臉，那麼你可眞會希望他是一個風趣的人。

鑽石工廠內的燈光獨一無二，再也找不到任何一個地方有類似的燈光。當磨下了未經雕琢之鑽石的褐色外層、而露出水晶般清澈透明的鏡面之後，隨著金屬切割輪的轉動，鑽石的細小微粒剝落、與金屬切割輪上純淨無雜質的油脂混合在一起。以極高速度轉動的切割輪，把混合了鑽石細小微塵和輪上油脂的微粒甩入空氣之中；這些膠黏微粒隨著空氣漂浮到距離最近的牆面，或距離最近的人身上，然後附著在上面。

因此，鑽石工廠內的每一寸地方都是灰色的，而且是昏暗單調的灰色。牆壁是灰色的，地板是灰色的，燈具是灰色的，切割匠的手和臉是灰色的，襯衫、褲子、鞋子是灰色的，甚至連窗戶也是灰色的。你可以把工廠設在一千英尺的地面下，或是矗立於紐約市、一幢有著晶亮玻璃帷幕的摩天大廈的第四十層樓，但是從灰色晦暗的窗子看進去，你根本看不出其中有任何分別。

每當我看見這些幽暗如地底王國的工廠所製作的、巧奪天工的寶石，往往讓我眼睛爲之一亮；這種心情有如我在印度寺院附近的一方池塘，看著一朵粉紅色的蓮花從唯一能夠滋養它的一團爛泥和垃圾中亭亭而立。佛教徒十分珍愛此一隱喻：**我們能夠如同蓮花一般嗎？我們能夠接受生命中的苦痛與混亂、在其中成長茁壯，進而成爲世間稀有的珍寶——一個眞正慈悲的人嗎？**

絕無僅有的傑作

舒謬先說明了幾個要點，然後要我坐在一張搖搖欲墜、嘎吱作響的高椅上；坐在我對面的是切割匠納丹，另一邊則是霍格斯（Jorges，即西班牙文的「George」）。納丹是來自布魯克林哈西德教派的猶太人，他每天搭乘一輛特殊的公車來上班；公車上，女人坐一邊、男人坐一邊，走道中間用一個布簾隔開。當那台老舊、大黃色、原本載送學生上下學的公車穿過布魯克林橋，上行至中國城、抵達鑽石區的路上，車上分坐兩邊的男女各自做著禱告。

納丹很幸運，他有一紙合約，固定爲一家大規模的珠寶製造廠商切割二十五分的寶石或四分之一克拉的鑽石。通常來說，這不是一個能夠賺大錢的差事（他切割寶石所投入的時間和技術成本，幾乎接近或多過完成切割之寶石的成本），但珠寶製造商做的是精緻珠寶的生意，同時提供穩定的切割數量，納丹也開出一個合理的價格。因此，如果納丹工作得夠勤快，溫飽就不成問題。

霍格斯的境遇則截然不同。在鑽石切割琢磨這個行業之中，有許多波多黎各籍的工匠，霍格斯也是其中之一。他傲慢自大，反覆無常；有時候出去縱飲狂歡，好幾天不見人影，有時候回波多黎各好幾個星期，然後突然回工廠上班，好像他只是出去喝個咖啡一般。但是，他的才華眞是令人激賞！沒有人的手如他這般靈巧，如蜻蜓點水般輕巧地穿梭在切割輪之下，把最難處理、未經加工的寶石切割成一件絕無僅有的傑作。人們把全世界品質最佳、未經琢磨的寶石交託給霍格斯。此刻，他正不慌不忙，以平穩的手法把一顆十二克拉、發出緋紅色光芒的鑽石對著不停呼嘯的切割輪。一旦完成切割，那寶石可以賣到超過五萬美元的價格。

舒謬從他的工作檯邊緣拿了一把老舊、但絕對經用的鑽石抓撐器給我。那張工作檯的邊緣有數個孔洞，插滿了各式各樣奇特的工具；工作檯的年代可追溯至鑽石切割業的初期，還眞是一個古董，或許舒謬就是坐在這張工作檯前學習鑽石切割的技術。那把鑽石抓撐器的握臂是用上好的硬木製成的；在握臂的末端有一塊頸狀的厚銅，頸狀厚銅的另一端是一個鉛球。舒謬把一盞小酒精燈放置在他的手肘上方，然後把鉛球的一緣放在小酒精燈上加熱，直到鉛軟化爲止。接著，舒謬迅速地把一塊未經加工的生鑽放在鉛上，再用指甲快速地把生鑽往下壓緊固定。

鑽石完美無缺的原子結構不僅使它成爲宇宙中最清澈透明的物質之一，也使它成爲傳導熱與電流的最佳導體。把一小塊正方形的鑽石置於一個敏感的電氣接頭上，例如衛星的一個小開關，可以確保電氣接頭不會過熱，也不會故障失靈，因爲沒有其他任何物質如鑽石般具有吸收熱源的功能。

事實上，在美國航空暨太空總署的眾多產品之中，都能發現鑽石的蹤影。我記得，美國航空暨太空總署曾經向附近一家公司購買了一顆巨大的鑽石（它必須幾近完美無瑕，其直徑的大小必須恰到好處）用來覆蓋送往火星的衛星攝影機的鏡頭，因爲鑽石幾乎可以阻擋任何種類的酸性物質或其他的腐蝕物質。他們甚至切了另一塊鑽石做爲備份，以免第一塊鑽石出了差錯。我無法想像，這兩塊鑽石花了太空總署多少經費。無論如何，舒謬必須快速移動，因爲鑽石傳導熱源的功能甚至比金、銀之類的金屬更好，可以在你手上留下一塊小小的嚴重灼傷。

親手琢磨不簡單

舒謬交給我一塊沉甸甸的「圓粒金剛石」（boart），做爲我生平第一次切割的金剛石。圓粒金剛石是大自然創造鑽石的失敗產品之一，其生成是因爲構成鑽石的原料沒有完全結晶化，使鑽石的內部像一塊混濁、呈坦克綠的果凍，而不像一塊冰。這些圓粒金剛石的唯一好處就是磨成粉末，用在切割輪上；或者當切割輪的鐵輪被一塊「難以駕馭」的鑽石鑿出一道刻痕，就可以把圓粒金剛石放在刻痕之處，做成一個平坦的面。那塊未經處理的圓粒金剛石重一、兩克拉，但價值不超過十美元，因此如果我把每一個角度都切壞了，也不會對我們造成任何損失。

鑽石切割的角度必須完美無瑕。在宇宙的自然生成物質之中，鑽石具有最高的折射率（或折光率）；此一特性同樣歸因於鑽石完美的原子結構。所謂「折射」是指物質讓光線進入，再把光線從一個琢面或內鏡曲折穿過正對面的琢面，然後折射回到觀者眼睛的能力。如果鑽石底部的角度或鑽石尖端太窄，那麼光線將從鑽石背面或側面折射出去，使鑽石顯得單調呆板，連外行人都看得出來。如果鑽石的底部切得太平，那麼光線將一路從鑽石的頂端穿過底部，如同穿過一只玻璃水杯的平板底部一般，鑽石根本閃耀不出任何光芒。對於初學者來說，最困難的切割技巧之一，就是把鑽石底部琢面的角度切得分毫不差，即四十又四分之三度，不能多也不能少。

此時，鑽石切割名家舒謬根本不打算讓我使用可以自動設定角度的儀器；我只能把圓卵形的金剛石固定在一個銅柄末端的鉛塊上。爲了取得正確的切割角度，我把銅柄彎了一彎，然後把它定定地置於切割輪下。幾微米的鑽石被刮了下來，接著我必須迅速地把金剛石移到珠寶放大鏡（寶石或鐘錶商人所使用的強力擴大鏡）下，用一個形似鐵蝴蝶的奇特工具查看角度是否正確。

那只強力擴大鏡的焦距大約一英寸，也就是說，大約有半天的時間，我都必須把我的臉貼著我的手掌工作。我用我的鼻頭維持支撐強力擴大鏡的指狀物的穩定；如此一來，即使沒有用手支撐，在你使用強力擴大鏡檢查金剛石內部的碳斑的時候，也足以保持穩定、避免晃動。這有點像地震發生的時候，你把自己關在一個小櫥櫃之中，用顯微鏡尋找跳蚤一般。

大約過了半個小時我才發現，我看了半天，看的竟然不是金剛石內部的碳斑，而是我手指皮膚上的毛孔。我支撐著角度測量儀、強力擴大鏡以及固定金剛石的儀器，努力試著不讓我的手指抖動；我從正確的角度查看光線；我屏住呼吸，努力不去聽周圍切割輪所發出尖銳刺耳的聲音——這還眞有點強人所難。我用一隻眼睛的餘光瞧著鐘面的指針滴滴答答、緩慢地向下班的時間移動；指針越接近下班時間，它似乎走得越慢。

落下一顆鑽石

突然之間起了一陣小騷動，我看見霍格斯（倒不如說我看見霍格斯的臀部，他有點圓圓胖胖的），雙手雙腳連同鼻子貼在地面上到處爬行。我後來才知道，在鑽石業，當某個人把鑽石掉在地上的時候，就會出現像霍格斯四處爬著找鑽石的動作。在其他地方不會有如此的景況：一屋子的大人，他們之中有許多是上流社會的千萬富豪，雙手雙腳地在地面上爬著，把地毯上的每一個小毛球扯下，小心翼翼地撕開毛球，試圖找到從切割輪下彈出或從某人的鑽石鑷子落下的一顆鑽石。

在鑽石分級學院，如果有一顆鑽石不翼而飛，我們非得找到不可，否則誰也甭想回家。有一次，我們足足留在學校三個小時。那顆璀璨美麗的大鑽石像子彈一樣飛過教室，落在任課教師的講台一角；我們一次又一次地搜尋每一寸地板，最後才在講台上找到了它。

霍格斯原本是靜悄悄地趴在地上四處尋找，然後搜尋的聲音漸漸大了起來，並且開始用西班牙文輕聲地詛咒著；接著納丹也趴在地上，加入搜尋的行列。此時，霍格斯情急地看了舒謬一眼，意思是說：「我們這兒出了狀況，你可不可以過來幫幫忙？」幾分鐘之內，店裡的每一個人都發揮兄弟同胞之情，放下手邊的工作趴在地上，留著幾顆價值數十萬美元的鑽石在高速轉動的切割輪下等待切割。霍格斯弄丟了一顆鑽石、一顆十二克拉的鑽石，是店裡難得接手的最大鑽石。

我們一直搜尋至深夜。剛開始，我們趴在地板上一寸寸地找，然後是窗台（幸好那些窗子已經好幾年都沒打開了，因此我們不必擔心那塊鑽石從窗户飛了出去，落入某一個幸運的寶石交易商手中；過去在四十七街，類似的情況屢見不鮮）。接著是每一個人的襯衫口袋（一個鑽石最喜愛的藏身之所），然後是褲腳的翻邊、鞋子、襪子，再來是皮帶底下、褲子裡、內衣裡、袋子裡、盒子裡以及裂隙破洞裡。

我們甚至檢查每一個人的頭（如果他頂上有毛的話），因爲小顆的寶石通常會卡在頭髮裡面，然而還是一無所獲。然後，我們又把每一個地方重頭找了一遍，然後又一遍。店裡的每一個人都留下來幫忙搜尋，也清查了每一個角落、每一處口袋，仍然不見鑽石的蹤影；每一個人都摸不著頭腦，納悶鑽石怎能不翼而飛。在我們放棄搜尋之前，幾乎已經快要天亮了。

這件鑽石失蹤記是一個例子，說明一個人亟需旁人援助的時候，你所付出的慈善寬容或落井下石的行爲，可以在你的心中留下多麼強大的銘印。在鑽石界，諸如此類的意外發生時，你可以運用一些保險政策來賠償意外所造成的損失，但是幾乎沒有人能夠負擔得起。霍格斯可能得花一整年的時間去清償丟失鑽石所欠下的債務，而你也大可以放心，他絕對會清償債務，因爲那是每一位鑽石切割匠所奉行的規範。在這個意外之中，每一個人放下手邊的工作，尋找失蹤的鑽石，幫助一個亟需援助的人；如果我們停下來伸出援手，或忽略他的需要，那麼銘印（好的或壞的）就深強多了。

誠信繫於一心

隔天早晨，那間鑽石切割店的店主接到一名切割匠打來的電話。那名切割匠的店面位於隔幢樓的樓下；他問我們有沒有丟了一顆大鑽石？他在地板的一個角落發現了那顆鑽石。這是我第一次見識到，在鑽石切割業，幾乎每一個人都光明磊落、正直誠實，使我深深動容。

我們認爲，那個鑽石大概是從切割檯的金屬包角彈跳了出去，平飛穿過地板，鑽入一個裝飾板條的細小裂縫之中，一路穿過牆壁底下的一個缺口，從裝飾板條另一端的裂縫中冒了出來。不用說，霍格斯自然是感激萬分。

當你出手協助或忽視一個亟需援助的人，你的心中將留下較強烈的銘印（好或壞的銘印）；同樣地，當你幫助或忽視的對象是一個曾經鼎力支持過你，或是一個性格特殊的人物，銘印也因此而增強。輕率無禮地開除一名只在公司服務一段很短時間、沒有特殊貢獻的員工是一回事，但是解雇一個長期以來胼手胝足一起擴展公司業務的員工，只因爲他即將屆臨領取特別退休福利的工作年限，又是另外一回事。遲繳電話帳單是一回事，但是某個人出自一片良善眞誠之心，把一箱價格高昂的鑽石交託予你，而你卻違反了你們之間的口頭約定，又是另外一回事。

在寶石這個行業，立下了許多協定。在傳統上，整個鑽石大盤交易商圈奉行「嗎左」（mazal）這個概念。「嗎左」是意第緒語（Yiddish，猶太人使用德語、希伯來語等的混合語言）「mazal un b'rachah」的縮寫，意指「健健康康地過活」。在鑽石商之間，「嗎左」是指「成交」。在鑽石行業最高層級之中的大多數人，把「嗎左」或口頭承諾的概念發揮得淋漓盡致。他們透過電話買賣交易價值數百萬美元的寶石；有時候買賣雙方素未謀面，光憑「嗎左」這一個字，就完成交易。一旦「嗎左」說出口，無論買賣價格高低，你就得保持信譽，兌現這筆交易。

重信守諾是鑽石業界的核心精神。在鑽石業界，違背諾言之事聞所未聞。在經過一場強硬激烈的談判協商之後，買賣雙方都說「嗎左」，那麼交易就拍板定案，誠信全繫於一心。買賣雙方之間沒有契約，也沒有簽字畫押。你將支付當天你所同意，並且承諾支付的金額，因爲你說了「嗎左」。

你可以想像，當你漠視「嗎左」的精神，或反對一個具有優秀卓越人格的人，那銘印在你心中留下的痕跡就深強許多。關於這一點，有一個稱爲「掉包」、違反鑽石業另一個神聖傳統「寄賣」系統的例子。

假設鑽石交易商A君，遞送了一個裝了三百顆一克拉鑽石的包裹或小紙盒給交易商B君寄賣。B君花了幾天的時間，小心翼翼地檢查每一顆鑽石，決定是否買下所有的鑽石，或只買一部分，或一顆也不買。如果他或她決定買下所有的鑽石，肯定希望能拿到一些折扣；而他或她所希望的折扣將成爲雙方你來我往、談判協商持續發燒數星期的焦點。

如果B君決定只買一部分A君提供的鑽石，那麼依照慣例，A君有權力針對B君打算購買的鑽石，索取更高的價格。這是因爲在一個盒子裡最好鑽石的價格，通常比在同一個盒子裡面、最難看的鑽石高出許多。因此，當你從盒子裡面挑選出最好的鑽石，你自然得多付一點。

如果B君是一個寡廉鮮恥、不講道義的人，他可以在幾天之後打電話給A君，並說：「我剛剛抽空看了看你送來的鑽石，我眞不敢相信，你竟然送給我這種垃圾（drek）。立刻叫你的保全人員過來，把它們帶回去。把這些爛貨放在我的珠寶裡，眞是丟人現眼。」（在意第緒語中，drek意指垃圾。如果你找碴的對象是一個印度籍鑽石交易商，你就得用karab這個字眼。如果對方是俄羅斯人，你要說musor。不論是用哪一種語言都不打緊，反正你已經明白這中間是怎麼一回事了。當你向其他人購買鑽石的時候，那些鑽石就是「垃圾」。相反的，當你出售鑽石給其他人的時候，即使那些鑽石跟今天早上某人提供出售的「垃圾」一模一樣，它們就是品質優良、物超所值的鑽石。）

在那幾天之中，B君檢查了A君的鑽石，而且是十分仔細地檢查。他從中挑出一、兩顆最有價值的鑽石，再從他自己的存貨裡面揀選幾顆品質較差、但重量相等的鑽石放進盒中，魚目混珠。那一盒子的鑽石如雪片一般，沒有任何兩顆鑽石是一模一樣的，也沒有人有那種記性，可以分毫不差地記住每一顆鑽石的模樣，尤其像安鼎所擁有的鑽石存貨，就拿二十五萬顆鑽石來說吧，根本沒有人會注意到哪幾顆鑽石被調包了。

心如同敏感的底片

我們確實得想出幾個法子，來查出我們是否成了騙人把戲的受害者。由於鑽石硬度的關係，我們無法在鑽石表面留下任何刮痕；它可不像拿一只別針，在石頭上刻下你的姓名縮寫般輕鬆容易。如果你眞想在鑽石上留下記號，鑽石業界已經發展出極爲精準細膩的雷射技術，可以在鑽石的一面烙下一個微小的識別號碼（但是此一手續十分昂貴，除非是更有價值的物品，才值得投下這筆花費）。我們也使用X光去鑑識僞鑽和用來濫竽充數的鑽石。我們的廂型車裡也放了一台可攜帶式的X光機，在不同的地點即可隨車檢驗，一次能夠鑑識數千顆鑽石。

事實上，把鑽石調包的交易商少之又少；鑽石調包之類的事做多了，遲早會露出馬腳，讓人發現他們的欺騙行徑。（不誠實和愚蠢常常伴隨出現，如同鑽石和石榴石（深紅色寶石）的存在一般，當採礦者看見紅寶石之際，就知道附近可能開採得到鑽石。）

而且這種消息傳得很快，一、兩天之內就人盡皆知了。當他再要求其他的交易商遞送鑽石包裹的時候，他所得到的答覆千篇一律，肯定都是：「沒有，我們今天沒有這類的鑽石。」

此處的重點是，B君褻瀆了A君神聖莊嚴、全心信賴的對待：B君傷害了一個信任他的人，他踐踏蹂躪了重信守諾（mazal）所代表的榮譽體系。而他的所作所爲也在他的心中留下更深的銘印。

行善作惡的方式也影響了心之銘印的強弱程度。例如，你不僅沒有及時付清鑽石供應商所應獲得的款項，你還編造了一連串的藉口做爲搪塞。在商場上，我聽過幾個出名的推託之辭：

「支票上星期已經寄出去了；你也知道紐約的郵遞系統嘛！」

「我們處理帳目的經理搬到大樓的另一間辦公室去了；不知道，我們還不知道他的分機號碼。」

「我們更動了會計軟體，支票只有在隔週的星期五才能做出來。」

「我知道期限是九十天，但我們以爲是我們完成鑽石的分級歸類之後的九十天。」（鑽石的分級歸類工作可以拖個幾星期才做得完。）

「即使像可口可樂這種大公司都得多花個幾天的時間，這有什麼大不了的？」（多花幾天是沒什麼大不了的，只不過你說這話的時候，其實已經晚了兩個月了。）

「我們現在眞的忙不過來；我們會在一、兩天之內把你的支票準備好。到時候你過來一趟怎麼樣？午飯過後好嗎？」（意思是說，我們的會計部門已經接到指示，在星期五下午銀行關門之後十分鐘，再把支票交給你，如此一來，我們又可以多賺三天的利息。）

當然，最出名的方法就是「避而不見」：把會計部門的電話線全部拔掉，或如果你夠狠的話，就在電話裡加裝一段聲音甜美嬌柔的錄音：「你的來電對我們十分重要！敝公司的主管正在服務其他重要的客戶，請稍後幾秒鐘！」每隔三十秒左右就重新播放一次，並且錄一段令人厭惡的音樂做爲背景音樂。由於你所使用的方法如此不堪，這個負面行爲所留下的銘印就深強許多。

最後一個影響銘印如何植入心中的因素，與思想（意）、語言（語）、行爲（身）的結果有關；也就是說，**你慶幸自己做了那件事嗎？你會再做一次嗎？你執著於它嗎？如果答案是肯定的，那麼無論你是作惡或行善，銘印的作用都因此強烈許多。**

這些都是心理銘印的原則。我們的心如同一張非常敏感的底片，無論我們拍攝了什麼（特別是無論我們看見自己善待或惡待他人）都會在底片上留下影像（在心中留下銘印），如同一隻鴿子或一匹狼走過剛剛下了新雪的雪地上所遺留下來的痕跡。

這些銘印如何影響我們的生活？我們能夠善用這些銘印嗎？我們能夠讓所有的事物依照我們所想望的方式發生嗎？爲了讓讀者了解，我們必須在潛能的原則和潛能本身之間做一聯繫。

6

如何善用自性潛能

須菩提。於意云何。

若人滿三千大千世界七寶。以用布施。

是人所得福德。寧為多不。須菩提言。

甚多。世尊。何以故。是福德。

即非福德性。是故如來説福德多。

若復有人。於此經中。

受持乃至四句偈等。

為他人説。其福勝彼。

此刻，我們已經掌握了解開謎題的所有線索，也擁有了將古老西藏的深奧知識運用於生活事業所必須通曉的每一件事情。現在我們只需要把它們融會貫通即可。

首先，我們已經了解每一件事物都蘊含了一種潛能，一種成就各種結果的易變與無常。在我們所遭遇的人群之中，沒有一個人本身是令人不悅的，因爲總是有某個人認爲他們具有迷人的風采。無論在我們眼中，他們是充滿魅力或討人嫌惡，這種印象的好壞都非來自他們本身，那麼是從何而來呢？顯而易見地，印象的好壞來自我們本身，來自我們的心。

將銘印轉成優勢

如果每一件事物的好壞都源自我們的心，那麼我們是否能夠就此決定，把所有降臨於自身的厄運都看成好事？把每一筆吃虧的交易視爲有利的交易？你明白這種做法根本行不通。你無法光靠「希望」去買一幢房子或送孩子上大學。很明顯地，不管是什麼因素影響我們看待事物的方式，我們都不斷地受到那個因素的支配左右；也就是說，無論是什麼因素促使我們認定事物的好壞，那個因素都會一直強迫我們用那個方式看待事物的好與壞。

這所有的一切，全都源於前一章節所探討的心理銘印。而佛教智慧的藝術就在於把心理銘印轉而成爲你的優勢。爲了達到此一目的，你必須先了解銘印運作的方式。讓我們回頭向《金剛經》請益。

世尊說，

「喔，須菩提，你認爲呢？如果有善男子善女人以盛滿三千大千世界❶的七種珍寶來行布施，那麼，這般的善男子善女人將因如此的布施而獲得大量的福報？」❷

佛陀的開示有些深奧難解，或許我們最好請邱尼喇嘛就每個偈誦加以闡釋說明：

在《金剛經》中，佛陀希望藉此段文字說明一個確鑿無疑的事實。在先前的段落之中，我們已經討論了企及最高境界的行爲，以及傳授他人此一法教的

❶三千大千世界簡稱大千世界，泛指世界萬物。七寶又稱七珍，指供佛的七種珍貴的寶玉，其說法不一，一般指金、銀、瑪瑙、珍珠、琉璃、硨磲、水晶等。布施，有財布施、法布施與無畏布施。

❷須菩提。於意云何。若人滿三千大千世界七寶。以用布施。是人所得福德。寧為多不。

行爲等等。

事實上，這些行爲，以及宇宙的其他任何事物，都不存在。但是，它們的確確存在於我們的觀感之中。因此之故，任何行布施之人確實創造了善業，積聚了福德。但任何細察這些事物背後原則（即《金剛經》所傳布的法教）的人，任何精進思維、進而修行的人，則創造了更偉大無限的善業，累積了更多的福德。

爲了傳達此一要點，世尊問了須菩提以下的問題做爲起始：「你認爲呢？如果有善男子善女人以盛滿三千大千世界的七種珍寶來行布施　　」

針對此段經文中的「大千世界」，《俱舍論》（*Treasure House of Higher Knowledge*）一書有以下的描述：

每一千小世界爲一「小千世界」，

每一小世界由四大洲組成（即東聖身洲、南贍布洲、西牛貨洲與北俱盧洲），世界中央有一座山系（即須彌山），

每一界居住著特殊的眾生，

一域淨土在此世界之上。

每一千「小千世界」爲一「中千世界」，
每一千「中千世界」爲一「大千世界」。

佛陀進一步宣說，「如果有善男子善女人以盛滿三千大千世界的七種珍寶來行布施，即金、銀、水晶、琉璃、珍珠、瑪瑙、硨磲七寶。那麼，這般的善男子善女人將因如此的布施而獲得大量的福報嗎？」

讓我們回到《金剛經》：

須菩提回答，

「喔，世尊，是的，福報甚多。這般善男子善女人由於這種布施的因緣，所得到的福報是很多的。喔，世尊，他們所得到的福報是很多的。何以如此？喔，世尊，因爲這些福德不具實體，從不存在；因此之故，如來便說『福德甚多，福德甚多』。」❸

❸須菩提言。甚多。世尊。何以故。是福德。即非福德性。是故如來說福德多。

邱尼喇嘛解釋此段經文：

須菩提回答，福德甚多，而這些福德僅僅存在於我們的觀感之中，僅僅如夢幻般存在：這些福德本身是不存在的。就事物的表象而言，如來所說的「福德甚多，福德甚多」，就不是眞正的福德，所以才名之爲福德。

這段文字包含了各種不同的論點。過去所行的善業與惡業，以及未來將行的善業與惡業，即是在過去已經終止的善業與惡業，以及未來尚未造作的善業與惡業。

每一件事都是中性的

因此之故，這些善業與惡業並不存在。然而，以更廣義的角度來看，它們確實存在。我們也必須承認，這些善業與惡業留存在造業者的意識之中，未來將產生善或惡的業果。在上述的經文之中，包含了這些以及其他難懂的議題。

《金剛經》又指出，

世尊說，

「喔，須菩提，如果有善男子善女人以盛滿三千大千世界的七種珍寶來行布施。又如果有善男子善女人遵循維護這部經典，哪怕只念四句偈，並正確地爲他人解說，正確地教授他人，那麼這種人所得的福報，將遠勝於那些布施的善男子善女人。這種人將成就無量無邊的功德。」❹

邱尼喇嘛針對此一偈頌的解釋如下：

首先，我們應該先談一談「偈頌」的含意。雖然藏譯本的《金剛經》不是以偈頌的方式呈現，但《金剛經》的原始梵文版本卻是以偈頌的方式寫成。遵循維護這部經典的「遵循維護」，意指「將這部經典的教授謹記於心」或「背熟記住」，也可以解釋爲「手中握住一部《金剛經》，大聲朗讀經文」。

「正確地爲人解說」意指念誦經文，並且正確地解釋清楚經文的含意。「正確地教授他人」意指正確地教授經文的含意，這也是最重要的一部分。

❹若復有人。於此經中。受持乃至四句偈等。為他人說。其福勝彼。

> 假若有人遵循維護這部古老的經典，正確地爲人解說、正確地教授他人，而非只以盛滿三千大千世界的七寶來行布施，那麼這種人將成就無量無邊的功德。

因此就某種意義來說，**我們所遭遇、經歷的每一件事都是「中性的」或「空的」**。換句話說，**無論我們從事件中獲得令人愉悅或令人厭惡的感受，感受並非來自事件本身；更確切地說，那些感受來自我們本身，而且非我們所能控制**。

心理銘印的奧祕即在於此。如我們先前所述，當我們行善或作惡之時，心理銘印透過我們的自覺，被植入於心。心理銘印植入於心的強弱程度，依各種不同的因素而定，包括我們的動機、情緒的強弱、我們對於自身行爲的覺知程度、我們的行爲方式、我們對於自身行爲的執著程度，以及我們採取行動之對象的背景：他（她）亟需援助、他（她）曾經對我們施予慷慨的協助，或他（她）擁有特殊的人格特質。

在心的跑道等待起飛

接下來我們要討論心理銘印如何左右我們對周遭事物的認知。根據佛教的古老經典，心的錄影機在一彈指之間，可以記錄大約六十五個分離、不連續的影像或銘印。你可以說，這些銘印進入了我們的潛意識之中；它們在潛意識之中停留數天、數年或數十年，並於心緣起生滅的每一個剎那之間一再地重現，如同電影一格格的畫面一般，因爲放映的速度之故，使我們誤以爲原本分隔的影像是連續的影像。

如同自然界的種子一般，種子植入心中之後，呈指數般不斷成長。心理銘印植入心中第一個月之後，到了第二個月，其強度增加爲兩倍；到了第三個月，其強度增爲四倍；到了第五個月，其強度已是原先強度的十六倍。

如果你仔細思考，此一原理並無驚人之處。把一粒幾公克重的橡實，對照於幾公噸的成熟橡樹，每一公噸的橡樹，其實就是一公克的橡實。西藏的古老智慧指出，心的種子也是如此。同樣地，如果你把現今美國聯邦政府龐大的官僚體系，對照於西元一七〇〇年代美國開國元勳心中所構思的新政府，其實是相同的。你不妨想一想，從你小時候第一次了解金錢爲何物開始，一直到之後的歲月中，你花了多少時間、多少心思追求財富。

我們接下來所要談論的一個概念，西藏人稱之爲「堪延千波」（kenyen chenpo），意即同時兼具獲得利益的大潛能和招致損失的大風險。我們之於他人所做的行爲，即使再微不足道、再無心，都會在我們的心中播下種子；待種子成熟開花之時，原本微不足道的行爲已經長成巨大的經驗感受。那麼，種子是如何成熟開花的呢？其中運作的規則爲何？

我們的心如同一個巨大的容器，容納成千上萬個心理銘印。這些心理銘印就像在機場跑道上排成一列、等待起飛的飛機一般。根據我們先前所討論的原則，較強的銘印先起飛，較弱的銘印則遠遠落後、等待起飛。然而，當較弱的銘印在心的跑道上等待起飛的時候，其強度每一分每一秒都在增強。無論何時，當我們又對某個人做出某種行爲，而該行爲在心中所植入的銘印比先前存在的銘印更強烈的時候，這個新植入的銘印就移到等待隊伍的前面，如同機場的控制塔台呼叫一架飛機先行起飛一般。

當銘印的飛機起飛時（也就是說，位於潛意識的印記到達了意識層面），無論當時我們正在從事何種行爲，它都影響左右（甚至決定）我們的整個觀感。例如，在你的面前出現了一個油桶狀物體，其上有著四條不停移動的肉色圓柱體，然後一個銘印從潛意識層面到達意識層面，要求你把這個全新的物體當做一個「人」。

在油桶形物體上方的蛋形物體中央，出現一個粉紅色的橢圓形物體；然後在粉紅色橢圓形物體之內，有一個紅色閃亮的圓柱形物體開始快速地前後顫動。在紅色閃亮圓柱體周圍的分貝強度迅速改變，夾雜著以特定方式混合的音節和母音。在此同時，於過去幾天植入潛意識層面的負面銘印升至意識層面，指示你把眼前的新情境解釋爲「老闆對著我大呼小叫」等等。

銘印如何開花成熟

有四個規則影響著過去的銘印如何在心中開花成熟，從而左右你看待事物的方式：

(1) **經由銘印所生成的感受，必須與銘印的內容相符。**

換句話說，經由一個負面行爲（你傷害他人）所植入心中的銘印，最終只能夠促使你把傷害他人的行爲視爲不愉快的經驗。同樣地，經由一個正面行爲（你幫助他人）所植入心中的銘印，最後只能夠促使你把幫助他人的行爲視爲愉悅的經驗。簡而言之，負面的行爲只能導致負面的結果，正面的行爲也只能導致正面的結果。我們可以假設，當耶穌基督說出「葡萄絕不會從刺中生長，無花果也絕不會從蘄中生長」這句話的時候，祂心中也有相同的想法。

(2) **銘印停留在潛意識的時候，其強度持續不斷地增強；直到它茁壯成熟，迫使我們經歷一些好的或壞的感受。**

我們已經探討此一現象。其要點在於，即使是十分微小、幾乎出自無心的行爲，都能夠在未來引發巨大的經驗感受。

(3)從來沒有任何感受的存在，除非引發感受的銘印已經先植入心中。

重點在於，我們所經歷的每一種感受，都是由先前的銘印引發出來的。我們周遭發生的每一件人事物，甚至我們自己的思想，都起於從潛意識升至意識層面的銘印作用，使我們意識到人事物的發生。

(4)一旦銘印植入於心，必會產生一種感受；沒有一個銘印是白白不起任何作用。

第四條規則有點像第三條規則的反題。的確，從來沒有任何感受的發生，除非先前的銘印引發了感受；同樣眞確的是，一旦銘印植入於心，必定導致一種感受。銘印從來不會被白白浪費，它們向來產生作用，總是使我們產生一些感受。

順便一提的是，第二條規則引自本章節一開頭節錄的《金剛經》片段；而在本書所提出的所有要點之中，這是獲致事業成功、人生圓滿的最重要規則——如果我們了解銘印使我們對原本「中性的」「空的」世界產生錯誤的觀感，那麼我們所造的業即使微不足道，也將導致巨大的後果。

自覺的創造

爲了說明此一眞理，佛陀告訴他的弟子須菩提，與其給予一個人整個世界，甚或十億個覆滿珍貴珠寶的世界，倒不如閱讀《金剛經》，哪怕只是念四句偈。這是因爲我們如果仔細了解銘印如何影響自己看待世界的方式，那麼我們就能夠有自覺地創造一個圓滿的人生，一個完美無瑕的世界。我們越是了解銘印作用的過程，植入心中的種子會越圓滿有力——即使是無足輕重的行爲（身）、語言（語）、思想（意）的種子，則改變我們周遭世界與內心世界的效力也就越強大。

我們目前要做的就是確定我們所追求目標的種類，然後運用第一條規則去辨識可以使我們達成目標的特定銘印，我們稱之爲「相互關係」，意思是說，**如果你渴望達成特定的結果，你可以反向運作，找出可以使你看見結果的特定銘印**。

大體而言，爲了創造人生或事業的特定目標所需的特定銘印，往往與人性的本能相反。舉例來說，假設你的公司在市場上奮力掙扎，資金短缺已成了一個問題。幾乎任何一個陷入此一困境的人或公司，出於本能的反應，都會削減開支：公司致贈的禮品首當其衝，其次是短期出差搭乘商務艙機票的津貼。

接下來遭到削減的不完全是津貼，也不完全是薪資的項目，例如載送加班晚歸員工回家的服務；然後是休假津貼；接著是加薪的幅度調降；最後完全不加薪，而且還拿福利開刀——「我們發現了一個更好的健保計畫」是一家陷入困境的公司所做的宣告，讓資深的員工感到不安，因爲這通常意味著現有的福利即將遭到刪減。這種漸進削減支出的方式，也削弱了公司從上層主管至基層員工的士氣，引發各種缺乏寬容慈善的話語：

「目前資金十分吃緊，因此我們必須停止加薪幾個月。」

「公司甚至不給我們加薪，我們爲什麼要做牛做馬地加班？」

「沒有一個人認眞工作，我們這一次仍然不加薪。」

「如果他們一直不替我們加薪，我們爲什麼要努力替公司省錢？」

「我們能夠刪減的開支都已經毫不留情地刪減了，但資金短缺的問題似乎更加嚴重。」

因此，當你面對困難的時候，提防你的本能反應是很重要的。本能的反應可能只會使問題一直存在，無法解決。在藏文之中，這種現象被稱爲「擴瓦」，或「永不停息的惡性循環」。你的公司銀根吃緊，因此你開始採取行動，拒絕給予他人所需要的援助，你也開始削減開支；而最重要的是，你的想法從開創轉變爲守成。

寬容大度的心態

這每一個反應都在你的心中植入新的銘印，而且是負面的銘印。每一次你拒絕給予資金或拒絕提供援助給仰賴你的人們，你就等於植入了一個銘印；該銘印將使你看見自己和公司被拒絕給予資金和援助。這個現象逐步增強擴大，因爲根據銘印的第二條規則：銘印在潛意識停留的時間越長，銘印的力量越大（業力）。接著，當先前資金短缺的問題引發另一波新的財務問題之際，你的反應甚至比之前更強烈，更加一毛不拔，因而製造了第三波的問題。在營運陷入窘境的公司之中，這種每況愈下的情境屢見不鮮。

在我們目前所探討的內容之中，蘊藏了一個顯而易見的含意：面臨財務壓力的時候，我們應該避免刪減開支以及小氣吝嗇的想法。對此，我必須多做解釋。我們先前提及，植入銘印有三種不同的方法：透過行動、語言以及思想本身。截至目前爲止，在上述三種方法之中，最重要的是透過思想植入銘印；也就是說，**光是「態度」就可以製造最深刻的銘印**。

總而言之，當我們面對財務壓力（無論是公司或個人）之時，必須避免吝嗇的心態。或許公司眞的無法像以往一般，可以提供資金做爲員工津貼；或許公司眼前確實沒有資金，而必須刪除津貼補助。但極爲重要的是，千萬不可思想淺薄，滿腦子都是錢；不可失去創造力；也不可在財務困難的局限之中，喪失了寬宏大度的眼界。

如果你的心態沉淪，眼界狹窄，即使在目前的財務狀況之下，仍然有能力幫助他人，但你卻拒絕提供協助，那麼你所製造的強大銘印將影響你的事業是否能夠起死回生。

此刻，我們應該提出另一個重點。我們不是在談論態度（意，思想）如何影響你對財務狀況的觀感。更確切地說，我們正在把一個過程的細節攤開來；而事實上，這個過程將決定你對周遭事物的觀感。我們不是在討論你無法支付帳款的感受，而是在討論你的感受實際上決定了你是否能夠支付帳款。此一前提十分深奧，但將之放在如何經營事業的系統之中，卻空前的簡單直率：**金錢本身是經由維持寬容大度的心態所創造而來的**。

找尋鑽石礦脈

讓我們隨便舉一個例子。

平心而論，鑽石根本一文不值。那些醜陋變形的小鑽石、褐色和黑色的圓粒金剛石，或工業用鑽石不比碎石來得高級，卻在經濟的世界中扮演了舉足輕重的角色。諸如汽車引擎、飛機的重要零件，都必須用碳鋼製成。碳鋼本身必須被削尖磨利，而鑽石是世界上唯一的、也是最佳的削磨工具。

因此之故，人們過去把鑽石、鈾、鈽等物質一起視爲戰略上重要的礦物，也是現代工業絕對必需的礦物。許多年來，美國政府儲備工業用鑽石，以因應戰爭或類似大災難發生時所需的用量。當時，只有在非洲少數國家的河底礦床之中，才找得到工業用鑽石。

在冷戰期間，美國政府甚至採取行動，以確保工業用鑽石不再輸入類似蘇聯等東歐聯盟國家。諷刺的是，美國此舉迫使俄國人在蘇聯境內全面搜尋，以尋找屬於自己的鑽石礦脈脈管。

鑽石礦脈脈管有如一條巨大的胡蘿蔔，其範圍可以從礦脈脈管露出地表之處，往下延伸數英尺至數百碼。我們在鑽石礦脈脈管上向下鑽挖數百英尺、數千英尺，越挖越深，鑽石礦脈脈管也隨著深度越來越窄，也越難開採鑽石。事實上，鑽石礦脈脈管是古代熔岩從地心衝上地表的管道；在熔岩往地表上衝的同時，也攜帶了尚未生成的鑽石。這些管道之中充滿了名爲「kimberlite」的綠色礦石；你可能必須挖出一噸綠色礦石，才能找到如鉛筆頂端那塊橡皮擦大小的鑽石。因此，與一般人所認爲的相反，鑽石之所以價格高昂，是因爲眞的需要投入許多成本去開採提煉。

在地球上，鑽石礦脈脈管的分部位置也是支持五大陸曾經連結在一起的證據之一，而分隔各大陸的海洋，則是大陸板塊漂移之後所形成的裂隙。如眾人所知，第一流的鑽石礦脈脈管分布於南非，世界知名的狄畢爾（DeBeer）礦脈脈管即是一例。當時，人們在一對赤貧的波爾（Boer，波爾人，即荷裔南非人）農人狄畢爾兄弟擁有的田地中央發現了狄畢爾礦脈脈管；在同一塊土地上，還有一片金柏利礦區（Kimberley Mine）。

大約在一八七〇年左右，狄畢爾兄弟以極低廉的價格出售農地之後，狄畢爾礦脈脈管至今已經開採了數百萬克拉的鑽石。而狄畢爾礦場也將其名號出借給全球知名的狄畢爾鑽石聯合企業（DeBeer diamond cartel）；該企業是一個握有權勢、作風強硬的組織，一百多年以來，掌控了大部分的生鑽市場。

關於鑽石，有一件十分有趣的事。當熔岩從地心攜帶尙未形成的鑽石衝出地表的時候，在地表形成一個圓錐形的熔岩小丘，有如從皮膚底下冒出來的青春痘一般；圓錐形的熔岩小丘需要歷經一兩百萬年風吹雨打、熱脹冷縮的作用，才逐漸地侵蝕磨平到與周圍地面同等的高度。此時，未經琢磨的生鑽從「藍岩」（blue rock，或礦層）中「破岩而出」，大量湧入小溪流之中，然後隨著小溪流進入河川，最後流入海洋。

鑽石的傳奇之旅

在所有的礦物之中，鑽石和金擁有同等的重量，是最重的礦物之一。由於鑽石比一般的石頭堅硬許多，很容易從河底的床岩中掘起一個個小小的礦囊。無可避免地，有一些鑽石衝破河底床岩，隨著川流進入大海。只有最精純的鑽石（甚至連最微細的裂隙或裂痕都沒有）才能從數十億年的旅程中留存下來。在所有發現鑽石的地區之中，最爲人津津樂道、最富傳奇色彩的，或許是位於非洲西岸、橘河（Orange River）流入大西洋的區域。

當鑽石從鑽石礦脈湧入橘河、出了海洋之後，經過幾個世紀強大洋流的推動，那些鑽石被推上了海灘；如同爆米花般散落海灘的鑽石，全是品質最優良、最精純的鑽石。在一九〇八年，一群德國探勘人員發現了這批鑽石。最深得我心的照片之一，就是德國探勘人員雙手雙腳地爬在後來稱爲「禁區」（Sperrgebeit or「Forbidden Zone」）的海灘上，撿拾巨大、完美無瑕的鑽石。

在南美的巴西，也有幾個地區的河床布滿豐富的鑽石，例如靠近岱門提那（Diamantina）的荷昆丁霍納河（Jequitinhonha River）流域；岱門提那是一個充滿瑞士風貌、精巧雅緻的小城，位於米納斯格瑞斯省（Minas Gerais）境內。然而在巴西境內，根本沒有鑽石礦脈，那麼這些分布於河床的鑽石從何而來？同樣的情形也發生在印度西部的沖積層或河川的礦床之中。早在人們發現非洲的鑽石礦床之前，印度已經出產了歷史上最初幾顆品質優良的大鑽石，其中經典之作包括「科—依—諾爾鑽石」（Koh-I-noor，獻給英國維多利亞女王之後，成爲英國國寶）以及歐洛芙鑽石（Orloff）。

拿一張世界地圖過來，把南美洲和印度的末端兜在一起，兜成大陸板塊尚未漂移分離的模樣（當時南美洲和印度分別連接著南非的兩側），則蘊藏於河床礦床的鑽石從何而來，就一目了然了：位於非洲底部邊緣的巨大礦脈，歷經了日曬雨淋等侵蝕作用之後，穿出礦層，並且在各大陸尚未漂移分離之前，散落至巴西境內的河川之中，以及印度的德干高原。

在許多方面，南非巨大鑽石礦脈周圍土地的地質，與西伯利亞地區的地質相類似——這正是在美國居中搞鬼，使得蘇聯難以取得非洲供應的工業用鑽石的那幾個年頭，俄國傑出的地質學家伏拉狄米爾·蘇伯列夫（Vladimir Sobolev）發現了此一事實。在蘇伯列夫的帶領之下，一組組的地質學家被派遣至天寒地凍的西伯利亞凍原，尋找鑽石礦脈。

可惜的是，當時幾乎沒有可以在空中探測鑽石礦脈位置的工具，也沒有其他的辦法。你必須得站在一個礦脈上方，才能知道底下蘊藏了鑽石；雪上加霜的是，礦脈可能被覆蓋在經過數世紀堆積而成、好幾碼的泥土之下。

在鑽石界流傳著一則傳說，一名女性地質學家在了無人跡的西伯利亞凍原上，四處尋找蘇伯列夫夢想中的鑽石礦脈；有一天，女地質學家出外打獵，看看能不能打到一些新鮮的野味，讓同組的地質學家嚐嚐鮮、打打牙祭。

她看到遠方出現了動靜，一隻紅狐隱入灌木叢之中；她舉起來福槍，用槍上的望遠鏡對準了紅狐。然而，有如天助般幸運的是，她沒有觸動板機。她瞥見紅狐身體一側的皮毛上沾滿了青色的斑點，而那青色正是出自鑽石礦礦脈的顏色。女地質學家一路追蹤至紅狐棲身之洞穴，並且發現洞穴一路延伸至一處鑽石礦脈——這是俄國人發現的第一座礦脈，俄國人將此一偉大的發現命名為「和平礦場」。

凍原上的礦城

四十年之後，俄國人成為鑽石世界中最強大的勢力之一。在北方浩瀚無垠的西伯利亞凍原內地，布滿了新發現的鑽石礦脈。在凍原上有許多「礦城」，整座城市的居民都是礦工，他們居住在懸浮於永久凍土層上方的平台上；平台下方則巧妙地運用打樁的方式，把樁基深深打進凍土之中，用以支撐平台。而空氣調節裝置必須持續地把刺骨的冷空氣吹送至平台城鎮和下方凍原之間的空隙，以防止凍原的冰雪融化，也避免平台上的城鎮塌陷至半凍半融的泥濘之中。

當俄國人首度把鑽石傾瀉至全球鑽石市場之際，全世界鑽石商的心頭不禁湧起一陣驚恐。我在普林斯敦大學念書的時候，曾經研究過俄國的國情，再加上得自於英國倫敦附近從事研究的狄畢爾工業部門人員的協助，以及時了解俄國鑽石的最新發展狀況。從一九七五年開始，我就對所有關於鑽石的事物充滿了貪戀不已的興趣，亟欲了解鑽石市場的每一個環節，因此我自願把各種俄國科學期刊上關於鑽石的文章翻譯出來。

我們深感不安，因爲我們明白，俄國人已經知道如何在實驗室中製造完美無瑕的鑽石。在此之前，這項技術已搶先被美國奇異公司的科學家研發出來。他們利用巨大、異乎尋常的活塞，使一小片一小片的石墨（鉛筆芯）長期保持在高壓狀態之下，同時進行加熱；整個過程如同鑽石在地底深處的脈管中形成一般。

幸好，利用這種方式生產一克拉生鑽所需要的電量，相等於供應一個小城鎮幾個小時的電力；用這種方法製造鑽石，比起從一噸綠色礦石中提煉鑽石來得昂貴許多，因此一般認爲，人工生產鑽石太不划算。鑽石界也可以鬆一口氣，免於完美假鑽的威脅：一顆人造合成或實驗室製造出來的鑽石，無論在哪一方面，都和眞鑽一樣精純美麗。

或許俄國人已經找出一種方法，可以便宜地生產人造合成鑽石——如果我們了解鑽石礦脈的開採過程，那麼這似乎是唯一的說法，可以解釋爲什麼突然之間，大量的生鑽會從西伯利亞傾瀉至全球鑽石市場。根據我們所知的技術，把生鑽從青色礦石中釋出的過程，需要大量的水。傳統的做法是，利用巨大的齒輪把鑽石礦壓碎成特定大小的石塊（往往也把難得的大鑽石連帶壓成小塊）。

然後，把壓碎的較小礦石混入水中，混成一大團軟糊、散在一張覆滿類似輪軸潤滑油的厚厚油膏的寬桌上。同樣地，由於鑽石完美的原子結構之故，鑽石容易黏附在覆滿油脂的表面上，沒有其他的礦石具有此特性。那團水和鑽石礦混成的泥漿落在油脂上之後，鑽石會附著在油脂上，剩餘的泥水則從桌邊流走。接下來，人們把那一層輪軸潤滑油刮取下來，集中放置在一個大容器中加熱，使潤滑油融成液體，如此一來，生鑽就集中在容器底部。

然而，我們知道，在北極圈的內陸地區根本無法取得儲存如此大量的水，因爲一旦水接觸了冷空氣，馬上就會結冰。由於鑽石是製造汽車、飛機、飛彈、坦克等產品不可或缺的物件，因此在當時，關於蘇聯鑽石工業的詳情，被列爲國家機密，洩漏機密的人依法會判處死刑。

鑽石恆久遠，人卻不行

因此，我們無法得知，在西伯利亞的凍原之下，確實蘊藏了鑽石礦脈；我們也無法得知，俄國人已經研發出一種聰明精巧的新方法，用來分離鑽石和剩餘的廢礦。你瞧，大部分的鑽石在X光的照射下，散發出微弱黯淡的光芒；有時候，即使只有一點點的太陽光，都能夠讓鑽石發出螢光，因而產生了關於「藍白」鑽石的神話。壓碎的礦石攤放在一張布滿小孔的桌面上，每一個小孔下方，都有一個強力的空氣噴嘴。X光一波波地掃過礦石，感應器測出發出微弱光芒的鑽石，並且啓動空氣噴嘴，砰的一聲把它射進下方收集鑽石、有著玻璃托盤的特製箱槽之中。當然啦，他們有非常精良的鎖，可以鎖住托盤；一名警衛也坐在附近，保衛鑽石的安全。

由於人們對於俄國鑽石工業的發展一無所知，鑽石商一方面非常疑慮，一方面又非常擔心俄國人已經獲得突破性的進展，可以大量製造人造鑽石。我們知道，這個結果可能引發鑽石價格的暴跌；在鑽石業界，我們稱此爲「全世界經過切割處理之鑽石的累積總數的價格暴跌」。

尤其在過去六十年之間，已開發國家的中產階級形成了一種風氣，用足夠的錢購買鑽石戒指，做爲訂下婚約、承諾共度一生的象徵。而在全球各地新發現的鑽石礦脈，則增加了鑽石的供應量，得以跟上中產階級成長的需求。

你不妨想一想，一旦鑽石從青色礦石中開採出來，製作成一顆光彩奪目、擁有五十八個璀璨琢面的寶石，那麼它在一個家族宗譜中的地位就確立了。沒有人會把一顆鑽石給扔了；人們寶愛它、呵護它，把它一代一代地傳承下去。人們可能因爲流行時尚的演變，而把鑽石重新鑲在不同的戒指、或垂飾、或其他珠寶首飾之上，然後交送給女兒或孫女兒。鑽石做爲宇宙中最堅硬的物質，似乎注定生生世世地在人間流轉。西藏智者開了個玩笑說，鑽石是一種故主老死之後，遲早都要被迫出門尋找新主人的東西。鑽石能夠恆常久遠，但我們人卻不行。

微妙棘手的賭博遊戲

相對於在工業界的超級大哥大鑽石而言，一般用做珠寶首飾的老鑽石根本沒有任何價值。讓我們面對現實！有許多玻璃珠子，其美麗的程度與鑽石不相上下，甚或比鑽石更加漂亮；而且鑽石的價格完全依照市場的需求而定。目前一般大眾大量持有的鑽石價值，只是一個認知的價值，是消費者相信鑽石稀有珍貴所創造出來的價值。

如果俄國人真的發展出便宜的人造鑽石（在實驗室生產製造的眞鑽石），勢必發生鑽石價格暴跌的情況：全世界私人收購的鑽石突然之間大量湧入市場，鑽石的持有人驚惶失措，希望趕在鑽石變得如糖果一般稀鬆平常之前，至少把祖母留下來的鑽石戒指賣個幾塊錢——這是鑽石交易商的夢魘，幸好從未成眞。

對於散鑽市場而言，這尤其是一個敏感的議題。一家像安鼎這樣的公司，可能在任何特定的時候，提供數千種不同的珠寶設計，而每一種款式設計的鑽石配置都有些許的不同，例如一只手鐲，中間鑲了一顆一克拉的鑽石、旁邊綴著幾顆二十五分的鑽石，然後再鑲上足夠的星星點點的碎鑽，以使整件手鐲符合兩克拉的法定最低限額。

但是，你從來不知道哪一天會從諸如潘妮百貨、梅西百貨等大公司手中接到什麼樣的訂單。潘妮百貨公司和梅西百貨公司是我們的兩大客戶。類似潘妮百貨公司的客戶，可能會突然訂購一千件先前所描述的鑽石手鐲，並且要求在十五天內進貨，上架至百貨公司的專櫃。然後我們公司鑽石部門的採購人員便開始玩一種微妙棘手的賭博遊戲，一種比試膽量遊戲的另一個版本。在我青少年時期，這種比試膽量的遊戲在我的家鄉十分風行。兩個瘋狂愚蠢的孩子在路的兩端各駕一台車，車頭對著車頭，以全速衝向對方，直到其中一個人膽怯手軟，把車掉頭爲止。

在這個遊戲之中，我們必須製造一種印象，讓鑽石供應市場認爲我們不需要進購鑽石，或讓他們認爲我們不急著購買鑽石，如此一來鑽石交易的價格就不會被抬得離譜。鑽石供應市場則必須採取觀望的態度，不立即進行交易，直到確定我們亟需孔急，而且會在當天以最高的價格買進鑽石爲止。然而，如果兩造雙方僵持過久，遊戲就會到此結束，鑽石不再具有任何價值，因爲此時購買的一方可能已經取得鑽石，或供應市場的鑽石價格高得離譜，令人罷手卻步。

現在這個年頭，一家鑽石公司必須提供客戶各種不同款式的珠寶，因此根本不可能有如此多種鑽石的存貨，以備客戶的不時之需。昨天，我們或許不需要任何特定大小、特定品質的鑽石來製作那只手鐲；但此刻，我們卻需要兩千顆左右的鑽石，而且時間極爲緊迫。

如此大的鑽石需求量，全世界沒有一個鑽石供應市場可以一次供足。因此我們必須通知分布在全球各地的工作人員，在我們需要特定鑽石的風聲走漏之前，悄悄地收購鑽石。如果消息走漏出去，鑽石的價格就會竄升；而我們已經和潘妮百貨談妥手鐲的價格，沒有任何漲價的空間。

潛能和心理銘印的力量

有一個非常眞實的例子，可以說明潛能和心理銘印的力量。這個實例，我已經親眼目睹幾百次幾千次了，你可以相信其眞實性。我們在紐約一個名叫齊山的採購人員嗅出了這筆訂單別有苗頭；他福至心靈地從紐約市眾多的鑽石交易商中挑了一個，並且撥了一通電話給對方。

因緣巧合的是，這家公司剛剛才收到從香港分公司運抵的一大批鑽石，其大小、品質恰巧符合我們的需要。事實上，那位鑽石交易商下星期也需要一大筆款項，向位於倫敦的狄畢爾公司購買一批未經處理的鑽石；而另一家座落於四十九街的珠寶公司剛剛才打電話進來說，他們尙未收到某某百貨連鎖公司的帳款，所以手邊的現金有些吃緊。因此那位鑽石交易商就對齊山說，「今天下午你可以過來把這批鑽石帶走，大概有兩、三千顆，我會給你一個很好的價錢。」

在另一個大陸、另一座城市的採購人員（我們在印度孟買的朋友沙先生）也撥了幾通電話。在沙先生那一邊，事情進行得不如齊山這邊順利，但每幾個小時，就有小批小批的鑽石從孟買市內的鑽石交易商手中湧入沙先生的辦公室。沙先生費了九牛二虎之力，以及你來我往的激烈討價還價之後，很快地購齊了他負責收購的部分。另外，在紐約的總公司已經運用了手邊大部分的現金，支付購自紐約的鑽石，因此經過了這場勞心勞力的採購過程之後，沙先生還得等一段時間，才有足夠的現金支付孟買的鑽石交易商。

在以色列台拉維夫的採購人員約瀾先打了幾通電話給固定有生意往來的鑽石供應商。但由於全球時差的關係，在約瀾連絡供應商之時，他們在紐約的分公司早已經對以色列方面發出通知「安鼎正在尋找特定的鑽石」突然之間，鑽石的價格上揚，且約瀾越是打電話四處詢問，鑽石交易商們越是覺得約瀾急著收購鑽石。他們可以嗅得出來，約瀾接到了一筆訂單、必須在極短的時間內出手交貨，因此他們再次抬高鑽石價格，心想約瀾遲早會投降就範——不論他們價錢出得多高，他都會收購，好及時出貨。

如此一來，約瀾方面的訂單就遲了、價格也高了，他也得等上好一段時間才能收到紐約方面支付的帳款。更別提潘妮百貨公司在週末打電話到安鼎老闆歐佛家中，詢問歐佛說宣傳促銷那只手鐲的廣告已經如火如荼地打了兩天，爲什麼百貨公司裡還看不到那些手鐲之後，約瀾年終獎金才有著落。

此處關鍵的問題在於：爲什麼三個採購人員有如此不同的結果？爲什麼紐約的採購

人員齊山毫不費力地完成任務？他比較有技巧嗎？他運用了什麼策略？他需要收購特定大小的鑽石數量比其他大小的鑽石充裕？或只是誤打誤撞的好運氣？針對上述的問題，潛能與心理銘印原則所做的回答是：跟這些因素都扯不上關係。

不錯的一天

在任何一天、任何一座城市的任何商品的市況行情，都只不過是另一個說明事物本身無好壞之分的範例。如果事物本身有好壞之分，那麼在那一天、那座城市的每一個交易商、每一個採購人員都將同樣輕而易舉地買賣商品，或同樣費力地進行交易。但是你知道事實並非如此。

有一些鑽石交易商會說，今天是「不錯的一天」（即英文中的「okay day」，是鑽石業界的一個委婉的說詞，代表「今天棒透了」。之所以如此委婉，是因爲沒有人願意在任何一個人面前承認，當天的生意十分興隆，否則在一個星期之內，城內每一個和他有生意往來的人，都會提高交易價格。）有一些鑽石商人則會說，今天是一年當中運氣最背的一天，其實他們的情況還算不錯。

因此，市況行情是「中性」的；以佛教用語來說，它是「空」的。市況行情本身沒有所謂的好壞；它是好是壞，完全出自鑽石商人本身的觀點。市場對我們仁慈或殘酷，幾乎是隨機的。然而事實在於，**對於任何具有正確心理銘印的鑽石商人而言，他們眼中的市況行情是好的，則市況行情就會是好的**。

兩名鑽石交易商可能在同一天、在同一個市場替相同的公司尋購相同的鑽石，但最後的結果可能天差地別。如此迥異的結果不是因爲在同一天同一個時間、有兩個市場分別在兩個不同的世界，而是兩位鑽石交易商既有的心理銘印，驅使他們用兩種截然不同的方式看待市場。而這兩種不同的方式，都是眞實不虛的。一個鑽石交易商將完成他或她的訂單，另一名交易商則否。

這個結果也帶出了本書的關鍵要點：我們如何運用此一事實，獲致人生和事業的成功？答案顯而易見：**我們只要植入一個正確的銘印，一個可以讓我們「看見」充滿利潤的市場的銘印**。而銘印的植入，主要取決於保持某種心態，持續某種特定的行爲，以及如何祈請「眞誠行爲」的力量。

7
走出商場的黑暗森林

聞是章句。
乃至一念生淨信者。
須菩提。
如來悉知悉見。
是諸眾生。
得如是無量福德。

在前一章節的結尾部分，我們探討了市場的「空性」。三名採購人員在市場上收購特定大小、特定品質的數千顆鑽石：一名採購人員「福至心靈」，撥了一、兩通電話，就輕而易舉地達成使命；另一名採購人員必須多打幾通電話，多費一些力氣，但最後還是完成任務；第三位採購人員基本上是失敗了。在這個範例之中，三名採購人員分別位於不同的城市，但即使三人身處同一座城市，其結果也不受影響。

跟隨本能直覺

根據古老西藏的思維，帶領成功商人走過市場交易之黑暗森林的「福至心靈感受」或「本能直覺」，正是心理銘印成熟茁壯的直接結果。這種類型的人在面對商業困境時，能夠迅速地、清楚地知道應該採取哪些正確的行動；在他們的心中，沒有絲毫猶豫，沒有任何疑問。此刻，你或許已經獲得了一個概念，了解一個強烈的銘印從潛意識進入意識層面的時候，究竟是什麼樣的狀況了。

人們認爲這類型的人「聰明絕頂」或「擁有深刻的洞見」或「具有神來之力」，例如有些人在商場上叱吒風雲，賺進大筆財富；而經常擊出全壘打的棒球選手說，就在他揮棒猛擊之前，那顆棒球看起來像西瓜一般大。沒有什麼事比成爲這類型的人更精彩有趣的了；然而，也沒有一件事比曾經擁有正確的本能直覺，如今卻不復存在來得令人沮喪失望——這比一開始就沒有福至心靈的感受還糟糕。不論如何，如果我們知道如何獲得這些本能直覺，可是美事一樁。

讓我們再回到《金剛經》，尋找關於本能直覺的見解：

喔，須菩提，假若有人一聽到經中的話語章句，而在一念之間生起信心，喔，須菩提，如來確知這般之人，喔，須菩提，如來見到了如此這般之人，喔，須菩提，這樣的人已經積聚了不可思量的福報與功德。❶

本能直覺從何而來？在上一個章節中，我們提及「相互關係」，意指行為或思想的種類和特定的銘印之間有所關聯，或行為或思想的種類導致特定的銘印，而這些銘印把我們的人生和事業導向我們所希冀的特定結果。此刻，我們應該確認這些行為，因為如果我們在行動的時候，了解銘印以及潛能的運作過程，就能夠積聚龐大的能量，使事業如願地發展。根據此一了解做為行動基礎的人，容易吸引其他的人採取同樣的行動方

❶聞是章句。乃至一念生淨信者。須菩提。如來悉知悉見。是諸眾生。得如是無量福德。

式，然後他們的生意就如同滾雪球一般越滾越大。

關於「相互關係」最聞名的一段說明，可能出自印度博學之士龍樹大師（Nagarjuna）[2]之作。以下的偈文摘錄自龍樹大師的著作《寶鬘論》（*String of Precious Jewels*），首先指出了我們可以植入心中、最令人嚮往、擁有的銘印：

> 我將簡述修持菩薩慈悲之道的人所具備的美好品質：
> 布施、持戒、忍辱、精進、禪定、智慧、慈悲等等。
> 布施是給予你所擁有的事物，
> 持戒是善待他人，
> 忍辱是放下瞋怒，
> 精進是增長所有美好事物的喜悅，
> 禪定是全神貫注、遠離邪念，
> 智慧是判斷何謂眞理，
> 慈悲是一種融合了對眾生之愛的高度智識。

接下來的偈文則說明了這些美好品質的相互關係：

布施帶來財富，美好的世界來自持戒；
忍辱帶來美好，卓越的成就來自精進；
禪定帶來寧靜，自由來自智慧；
慈悲成就我們所有的願望。

最後的這一段偈文，揭示了培養這些銘印的最終結果：

一個具備這七種美好品質之人，
並且臻至完美之人，
將獲得如梵天所擁有的不可思議的知識。

這些偈文或許是針對「特定行動」與「行動所造成的銘印」，以及「銘印如何影響我們對事物的觀感」三者之間的相互關係，所做的最為人所知、最簡短的說明（除了這

❷ Nagarjuna，印度大乘佛教中觀學派創始人。

些偈文，在其他許多地方也會就數百種銘印及其造成的結果加以討論。）針對上述偈文，我們可以總結如下：

(1)爲了「看見」自己的事業飛黃騰達、財源廣進，你必須保持慷慨大度的心態，以在潛意識中植入正確的銘印。（布施）

(2)爲了「看見」自己置身一個幸福快樂的世界，你必須遵循倫理道德的生活態度，以在潛意識中植入正確的銘印。（持戒）

(3)爲了「看見」自己身體強健、充滿吸引力，你必須避免憤怒，以在潛意識中植入正確的銘印。（忍辱）

(4)爲了「看見」自己在私人生活和工作場合中擔任領導人物，你必須樂於利益、幫助他人，以在潛意識中植入正確的銘印。（精進）

(5)爲了「看見」自己能夠心思專注，你必須進行深度的禪修，以在潛意識中植入正確的銘印。（禪定）

(6)爲了「看見」自己心想事成，你必須了解潛能和心理銘印的原則，以在潛意識中植入正確的銘印。（智慧）

(7)爲了「看見」自己和他人事事滿願，你必須培養慈悲心，以在潛意識中植入正

確的銘印。（慈悲）

我知道，此刻你開始納悶，如何把這所有聽起來十分崇高偉大的論調應用於眞實生活之中。爲了解除你心中的疑惑，我將敘述一個眞實的情境，你就能夠理解潛能的原理以及銘印如何在你的工作場所中運作。

刻下引導成功的銘印

舉例來說，我已經在安鼎國際鑽石公司工作好些年了，在這些年之中，我把截至目前所陳述的原則應用於工作裡：我刻意去做那些能夠在我心中留下銘印，引導我看見成功的事情。

我走進安鼎位於曼哈頓西側新大樓的大門；那幢大樓的正面鋪著一層令人愉悅的花崗岩板，如水晶般清澈透明的玻璃門通往門廳。當我打開那扇玻璃門的時候，來自哈德森河的陣陣冷風從我身後撲來，冷得我直打哆嗦。進了門之後，在大廳保安崗亭的警衛約翰．法卡羅朝我友善地點了點頭。法卡羅原是一名剽悍的地下鐵警察；他之所以聞名，是因爲即使在一名哥倫比亞幫派份子的虎視眈眈之下，他也能夠安全無虞地把一盒鑽石從一幢建築送往另一幢建築。這些幫派份子經常在四十七街上遊蕩閒晃，等待一個粗心大意的鑽石商人鬆懈警覺，伺機下手。

我們剛剛所描述景象之中的人事物，都擁有相同的潛能——每個人事物都是易變無常的，都有可能成爲正面或負面的事物。我喜歡那片花崗岩板，它們映照著晨曦中波光粼粼的哈德森河，使整座建築透著一股氣派；然而，對於站在九樓高的狹小通道上清洗窗戶的清潔人員來說，同樣的花崗岩板則暗藏了威脅生命的危機，他們可能寧願我們使用一般的磚造外牆。

對我而言，我對花崗岩板所產生的觀感，是我先前把一個良好的銘印植入心中的一個結果。此刻，我們涉及了一個非常深奧的層面：銘印以及我們對事物所產生的觀感之間的相互關係，超越了一般人所能理解的範圍。然而，在久遠的年代裡，許多偉大的修行大師所撰述的古老典籍之中，已有關於「相互關係」的文字記載。在我眼中，這片花崗岩板之所以光滑細緻，源自對人說話和緩輕柔的銘印。

窗戶清潔工把同一片花崗岩板視爲危險的物品；而可以理解的，這種銘印源自過去輕視生命的結果。對於西方人來說，單單只是因爲自身文化的迷思與偏見，使得心智完全不習慣這種思維方式，而把這種解釋視爲沒有事實根據的觀點。然而，在西方的文化背景之中，這種解釋正好是耶穌基督針對遵循倫理道德的生活方式所提出的論點；耶穌基督堅持主張：一個不道德的行爲無法導致良善的結果，如同薊或荊棘的種子無法結出甜美的果實。

佛教經典繼續闡釋此一眞理背後的含意；而此一眞理正是主宰銘印，以及影響我們如何看待類似花崗岩板等「中性」事物的法則。簡而言之，那是一個聰明有效的方法，能夠使事情如我們所希望的情況發展；安鼎國際鑽石公司鑽石部門出類拔萃的表現，正是此一眞理的有力明證。如同佛陀所言，你向來可以稍做嘗試，觀察事情的發展，而最糟糕的情況也可能只是你多付出了一些寬容與慈愛，沒有什麼吃虧的。

當我們說，窗戶清潔工人曾經輕視生命，所以他們才把那片花崗岩板視爲危險的事物，並不表示他們曾經做出危害他人生命的可怕舉動，而在心中植入了銘印。如我們先前探討的，所有的銘印在潛意識層停留的時候，其強度隨指數成長。在商場上失利的原因，例如造成資金逐漸短缺，以及員工在一、兩年之後跳槽，轉而投效競爭對手的原因，**通常是許許多多微不足道的負面行動與思想累積起來的結果**，例如小小的善意謊言、吝嗇等負面情緒的爆發，原本微小的銘印，最後長成巨大的銘印，如同盤根錯節的橡樹。而這正是一個大型企業失敗的原因。

眞理的法則

十分重要的是，我們此刻不是在探討爾虞我詐、你不仁我不義的社會或心理現象。

我們把這種現象稱爲行爲與結果之間的「表面」相互關係，而這並不是本書的重點。

別人對你不義，僅僅是因爲「你不仁在先」的情況是不存在的；這種行爲與結果的關係，必須從「銘印留存心中，然後開花結果」的過程來解釋。換句話說，你之所以認爲某個人撒謊，是因爲先前植入心中的銘印成熟茁壯，使你認爲那個人在說謊。沒有一個人會好端端地開始對著你說謊。沒有人能夠對你說謊，除非你不知不覺、無法控制地透過自欺的行爲，而在心中植入銘印。你的行爲方式，不是影響你如何看待事物的因素。確切地說，**所有的事物都是經由你的銘印製造產生出來的**；你周遭的世界、周圍的人，甚至你自己，都是過去好或壞的行爲、語言以及思想的產物。

當我們從眞實的商場之中，列舉一些關於相互關係（因果關係）的典型實例時，務必把上述的觀點謹記在心；它不是你在小學一年級的時候，老師所說的童話故事：「強尼，如果你去踩一隻蟲，你以後就會變成一隻蟲，遭人踐踏。」而是公認的、具有穩固基礎的眞理。在過去兩千五百年的歲月之中，許多地位、學識出眾的智者已經親身試驗這些眞理，並且成功地運用這些眞理。簡而言之，這些眞理確實有其功效，而且毫無失誤。

西藏的智者曾說，無論何時、當你覺得這些眞理法則似乎不起作用的時候，是因爲你並沒有切實遵循這些法則；我相信，如果你眞誠地面對自己，你將會發現事實的確如此。爲了獲致事業的成功，你必須遵守奉行這些法則一段時間，並且帶著全然的自我誠實，以及對上述原理的敏銳理解。如果你只嘗試一段時間，然後中途放棄，就有點像你運動了三天之後，因爲身上沒有長出任何肌肉，你就不再繼續健身了。

你必須使用相同於成爲一名優秀鋼琴家或一個球技精湛的高爾夫球員所需要的熱情與堅持不懈，來遵循奉行這些可以導致人生圓滿、事業成功的原則；但是，奉行這些原則並不是一件易事。少了一些熱情或少了一分堅持不懈，都無法成事；如果你無法如此努力不懈，現在就可以把這本書放到一邊。順便一提的是，這些相互關係的原則直接源自亞洲兩本最重要的智慧典籍：一是西藏大師宗喀巴大師（Tsongkapa the Great，西元一三五七年至一四一九年）所著的《菩提道次第廣論》（*The Great Book on the Steps of the Path*）；二是印度智者法護（Dharmarakshita，西元一千年）所著的《修心利刃輪》（*The wheel of Knives*）。

在黑暗中前進

以下將根據《金剛經》的智慧，針對四十六個典型的商業問題，提出眞實可行的解決方案。

問題⑴：公司財務狀況不穩定，處於長期支出的狀態。

解決方案：把你獲得的利潤，多多分享給幫助你創造利潤的人們。哪怕只是一分一毫，絕對不取不義之財。切記，你分享利潤的多寡，不是決定銘印強度的因素；你願意分享才是關鍵，即使分享的數量不多。

問題⑵：諸如生產儀器、電腦、或交通工具等投資性事物，似乎很快地老舊過時，或品質不穩定。

解決方案：停止忌妒或羨慕其他商人或他們的事業；把你的心思集中在公司的創新、創造力以及樂趣。不要因爲他人的成功而鬱鬱寡歡。

問題⑶：你在公司的地位搖搖欲墜，似乎即將失去自己的權勢。

解決方案：你必須十分小心謹慎，絕對不要趾高氣昂地對待周圍的人。你必須放下身段，移樽就教地傾聽同事的意見。

問題⑷：你發現自己無法享受千辛萬苦掙來的財富和事物。

解決方案：絕對不要忌妒或羨慕他人努力的成果；停止比較，做你自己，盡情享受、欣賞你所擁有的事物。

問題⑸：無論你的事業擴展得多大，或多麼吸引人，你老是覺得不夠，覺得被一股不滿足感驅使著。

解決方案：與問題⑷的解決辦法相同。

問題⑹：公司的員工和管理階層人員似乎老是在鬧意見。

解決方案：你必須小心謹慎，絕對不要發表任何挑明或暗示的言論來挑撥離間。這種言論可能是眞的，也可能是假的，但只要你最原始的動機是促使兩個人更加分化疏離，就不是一件好事。「你有沒有聽到她是怎麼批評你的？」「你知道他對你上一次處理的案子的眞正想法是什麼嗎？」你知道諸如此類的言辭會造成什麼樣的後果。

切記，我們此處討論的銘印，不一定是上個星期或上個月所發生製造的；其時間可能更加久遠，想當然爾，銘印待在潛意識的時間越長，就擴張得越大。重點是，你可能已經戒除了挑撥離間的行爲，但你至今仍受過去行爲銘印的困擾。但是無論如何，解決問題的方法都是相同的。你必須努力避免一而再、再而三地做出這種行爲，即使是如此的微不足道。尤其這個問題一直困擾折磨著你，你必須比其他人更加小心翼翼，避免製造分化的言論。

你是否注意到，這個問題的解決辦法不在於說服失和的人言歸於好？這個辦法的奧妙之處在於：那些人在你的眼前、在你的世界中爭執不休，完全起因於你心中的銘印，因此你必須經歷它。你必須先解決你自己的問題，才能改善你的人生，你的事業，以及你的世界。

問題⑺：你老是對你的生意夥伴心生不滿；不論你如何改變他們，你們之間往往一再地發生爭執。

解決方案：與問題⑹的解決辦法完全相同。

問題⑻：你發現自己在事後懷疑自己的決定；你越來越無法做出商業決策。

解決方案：這個問題源自兩個不同的原因：一是沒有關照愛護你的員工以及管理階層人員；二是你在你的顧客和供應商面前誇大其實。在現今充滿爾虞我詐、虛華不實的商場中，人們很難避免誇大其實，但是如果你能夠實實在在地表現自我（簡而言之，如果你能夠維持高度的正直誠實），你的心、以及你的商業決策將會清晰俐落、堅定果斷，並且充滿效力。

你必須謹記在心，問題的關鍵不在於你的顧客將慢慢地發現你是一個坦白正直、光明磊落的人，進而對你越來越加信任。事實上，當坦白正直、光明磊落的銘印從你的潛意識層面升至意識層面時，也創造了一個眞實世界，在這個世界之中，人們是坦然正直的，你的決策明快俐落，輕而易舉地賺進大筆財富。

有一些人認爲，這種心理層面的眞實（業），不比他們原本所認爲、親身經歷的眞實來得眞實；然而，心理層面的眞實本就是如此。例如，你在街上被一輛車撞倒了，或許是你過去傷害他人的心理銘印成熟的結果（業果成熟）；但在生理方面，你的腿還是被車給撞斷了。因此，即使是心理的銘印，也會在身體方面造成眞實的結果。你必須習慣此一事實。

問題⑼：你想要買下另一家公司；你看見一個一定能夠獲致成功的商機，你需要一些現金，但籌措起來有些困難。

解決方案：辦法很簡單。停止在商場交易和私人生活中扮演一毛不拔的吝嗇鬼。你必須不停地付出、給予，以達到雙贏的局面。同樣地，所謂付出、達成雙贏的局面，並不牽涉金錢的多寡，而是眞誠地慷慨大度、極富創造力，以及樂見每一個人都能成功昌盛的心境。在美國的歷史上，富蘭克林或許是人格最偉大崇高的政治家、科學家以及商業家；他面對競爭的方法是，邀請所有的競爭對手加入一個名為「商會」的新興社團，共同為擴展市場尋找出路，讓每一個參與社團的成員越來越富有。

這種想法本身，為所有參與的成員創造了強而有力的銘印。一群彼此互助合作的商人，可以在每一個商人心中製造銘印，看見諸如擴張市場的共同事實。然而，這並不表示銘印可以分享或從一個人的心中轉移到另一個人心中——銘印無法分享，也無法轉移。更確切地說，一群人共同以慈善寬容的態度行事，其創造的銘印開花結果，成為一個共享的經驗，例如一家成功的公司，或更加繁榮昌盛的國家。事實上，這也是為什麼有一些國家比其他國家更加富饒昌裕的原因，但這個題目有一點太大太廣，我們在此不做討論。無論如何，如果你仔細思考其中的原則，你就能夠獲得關於富裕的驚人理解。

問題⑽：外在因素損害你的事業。所謂的外在因素，即人們所說的「不可抗力的天災人禍」，例如惡劣天候等自然因素，或城市公共建設、電力短缺等問題。

解決方案：堅守你的承諾，尤其是如何進行商業交易、如何經營人生的特定原則，你必須更加堅持。

即使外在因素如天候、城市的交通流量等，都可能是我們自身行為模式的結果；我們的心對於這種說法感到十分反感。然而，根據古老智慧的法則，事實的確如此。切記，天候、交通流量等因素，都是「空的」或「中性的」。即使在某些路段交通最混亂的時期，有些人還是會從其他的路段平穩順暢地進入市區。當天降大雪、下大雨的時候，有一些人就大發利市，例如處理滑雪坡道的技工、雨傘製造商。

無論事件爲你帶來正面或負面的影響，其影響都並非源自事件本身；很明顯地，如果你稍做思考，你就會發現，正面或負面的影響其實來自你的觀感。這些觀感並非無中生有，並且經由你自己過去的行爲模式，在你身上起了作用，使過去的行爲（例如你的標準不一）產生了外在的結果（變幻莫測的天氣，以及頻頻出狀況的公共建設）。

問題⑾：你發現自己面對充滿挑戰的商業狀況或商業決策的時候，無法專注心神。

解決方案：每天花一些時間，把你的心平和地安住在生活中較大的問題之上。如果你知道今天晚上就是自己的死期，你還會把時間花在你手邊正在處理的事情上嗎？在你的生活之中，所有的事情都有輕重緩急的順序嗎？你是否躲避如何過日子、如何享受人生等的重大問題，而把大量的時間花在進行大筆的交易之上？

退一步審視你的生活，看看哪些事情才是重要的。每天花一些時間審視生活的銘印從潛意識升至意識層面，能成爲幫助你全神貫注的強大能力。此處引出一個十分重要的論點是：留存在你心中的老舊銘印開花結果之後，不只創造了外在的事件以及周遭的人物，你的心和思維的運作方式，也是過去的行爲和銘印從潛意識層面突破進入意識層面的結果。

問題⑿：你發現自己無法掌握粗略的商業概念、或市場模式、或整體製造生產過程或系統的動態。

解決方案：勇敢地面對自己對於全球重大事件發生的起因缺乏概略見解的事實。在這個世界上，所有事件的發生，例如全球溫室效應、或這個月在某某個國家發生戰事、或生死大事本身，都只有三種基本的解釋；對於我們爲什麼置身此地、我們如何身處此地、爲什麼事件如此演變，也只有三種基本的解釋。

我們無法在忽視世界何以如此運作的同時，又期待自己能夠理解事業何以如此變動（或不這麼變動）。世界運作的方式或事業變動的方式，與信仰、宗教等諸如此類的事物毫無關聯，如同一顆核子彈要爆炸，並不會因爲你是愛爾蘭人或塔司馬尼亞人就不爆炸。

在三種基本解釋之中，第一個解釋是：萬物皆無中生有，都是隨機、無規則可循的，事件發生的原因和方式完全沒有模式或邏輯可言，如同科學界的「大霹靂理論」

（big-bang，或稱宇宙起源的大爆炸理論）。「每一件事情的發生都有一個起因，而科學方法仰賴因果的一致性；除了諸如萬物起源之類的重要事物是從無到有之外，每一件事的生起都有其因果。」你之所以置身於此，是因爲很久很久以前，某種事物爆炸的結果：某些電子撞擊其他的電子，形成某種原子，進而組成各種不同的分子；這些分子凝結聚集的數量足以形成種氣體，該氣體四處旋轉的時候，撞上其他微小、不知名的物體，使得氣體變成固狀的物質；物質因而形成，其中的一小部分變成太陽，一小部分成爲陸地、海洋；一些小生物出現了，你的祖父祖母（指祖先）也在那兒。你瞧，每一件事都是隨機、不規則的。如果你看了這段描述而捧腹大笑，就等於是在嘲笑你看待世界的文化基礎，而它的確十分滑稽有趣。

第二種解釋是：在你周遭世界中的每一件事物，都是一個超出我們經驗範圍、強而有力的存在本質（例如，神）有意識地推動的結果。這個解釋並未說明此一存在本質從何而來（或由一個更強大存在本質的意識所創造？），也未指出人生何以如此殘酷，令人難以理解，例如幼齡兒童遭到竄升至廉價公寓高層的火苗所吞噬；有些人終其一生，逃不出寂寞孤獨、憂愁焦慮的牢籠；在我們的一生之中，我們什麼也留不下，注定和心愛的人生離死別。

第三種解釋是：沒有什麼事是隨機的，沒有什麼事是偶然發生的意外，我們必須爲自己的人生負責，不應該歸咎任何人。我們的境遇，完全取決於我們如何對待周遭的人，而不是由外人決定。而愛人者人恆愛之的道德法則，如同地心引力法則一般明確可靠、無可否認，並且殘酷無情。無論如何，每隔幾天花幾個小時誠實地觀照內省，思考整個宇宙、以及宇宙中的人事物究竟從何而來。這種觀照內省將發揮極大的利益，幫助你從更宏觀的角度、更大的格局了解市場和商業活動，使你成爲一個更有成就，更加圓滿的人。

問題⒀：租金太高！你找不到一棟大樓來做為新成立分公司的位址。

解決方案：當其他人需要一處地方落腳的時候，務必幫助他們尋找住所。同樣地，如果說你無法替價值數百萬美元資產的分公司找一個辦公地點，可能是因爲上一回你的姨媽進城度假的時候，你連一張睡覺的床都不願意提供，這就有點把事情過度單純化了；然而，卻完美地符合此處陳述的規則。在潛意識裡的一個小銘印，經過一段時間的成長之後、進入意識層面，使你眼中見到的亦是所需空間的缺乏。切勿把這種說法視爲無稽之談而棄之不顧，你不妨做一番嘗試，看一看會發生什麼樣的事情。但是切記，我們此刻所談論的，是努力爲其他需要的人尋找一個空間，以及連續不斷地用理智審視本書所鋪陳的原則：當你清楚地知道自己的所作所爲時，行動的銘印將更加強而有力。

問題⒁：在你眼中，特別具有良好聲譽、才華出衆的公司團體或個人，對於和你建立關係，似乎猶疑不決。

解決方案：這種特定銘印的形成，源自拙於選擇合夥人。在商場中，典型的例子是，我們傾向尋求能夠在財務上提供最大援助者的合作聯盟；這些人能夠提供大量的支持與援助，或其他必需的資產，特別是技術或人脈。然而在我們特殊需求的束縛之下，我們可能忽略了潛在合作夥伴身上顯而易見的問題，包括他們的聲譽、誠實，或其他類似的特點。

到了最後，一個缺乏道德的合夥人往往會損害了商業利益，但是具有道德的合夥人將有助於事業的發展，獲致大量的財富。我們在此區分強悍、誠實交易以及欺詐不實三者之間的差別：安鼎國際鑽石公司的董事長歐佛是你最不願意面對、最強悍難纏的談判協商對象之一。我記得，公司早期的一名經理人員曾經詢問我是否能夠代替她，在歐佛的面前做年度檢閱報告。對於她的提議，我有點措手不及，於是我問她究竟爲什麼希望我去做年度報告。

「因爲他老是給我加薪加得少得可憐；他是如此的具有說服力，等我離開他的辦公室時，我已經完全同意我爲什麼不配再多加一點薪！」

此處的要點是，雖然歐佛談判協商的時候，如同一頭猛虎，但我知道歐佛從不食言背信。我認爲，安鼎之所以成功，與歐佛的信守承諾大有關係。

問題⒂：競爭對手殘酷無情，當你們面對面交鋒之時，競爭對手似乎總是取得優勢。

解決方案：對他人口出惡言是這個特殊現象生成的主要原因之一。對於「惡言」，古老的佛教典籍提出了一個有趣的解釋。典籍中將惡言分爲兩種類型，一種是言辭本身就很刺耳、不中聽，一種是言辭本身動聽悅耳、但卻口蜜腹劍，含有傷人意圖。因此，你在數名同事之前，嚴責數落一名員工，很顯然地就在你心中植下了對他人口出惡言的銘印；同樣地，你明明知道一名業務員剛剛從客戶辦公室做完簡報，沒有拿到任何一筆訂單而羞愧沮喪地夾著尾巴回到公司，卻說了一句表面上毫無惡意的讚美之詞，這也在你的心中留下了相同的銘印。避免任何一種類型的尖苛言辭，時時提醒自己避免植入許許多多的銘印，然後輕輕鬆鬆地坐看競爭對手的火氣。

問題⒃：無論你和哪一個人進行深入的交易，對方似乎老是用暗箭傷人，在背後捅你一刀。

解決方案：這種銘印之所以植入心中，來自我們對待他人的特定態度：當我們看到某人把一件事情弄擰搞砸的時候（無論是同事不小心把咖啡潑了自己一身，或是競爭對手因爲客户破產倒閉而損失了數百萬美元），我們暗地裡會微微地感到幸災樂禍或沾沾自喜。這種人心的怪癖是如此的司空見慣，以致古老的西藏典籍將之列入十大煩惱障礙之一。我們似乎有一種病態的習慣，對於周遭人們的災難與痛苦特別感興趣；最嚴重糟糕的情況是，你可以從大眾瘋狂樂見知名人物陷入困境的心態中，看見這種不健康的癖好。

爲了避免此一銘印，你必須努力去感同身受陷入困境者的苦痛，甚至競爭對手的苦痛。擁有友善的競爭對手，甚或每隔一段時間，各個公司的總裁一起外出聚餐，其中的樂趣比起落井下石地嘲笑失意對手，要大得太多了。記住一句格言：「在你意氣風發的時候善待他人，爲自己失意時留一條後路。」

對於聰明博學之士，特別是年輕的經理管理人才，有一句話必須謹記在心：尊重每一個人，包括居於同一位階的經理人員、最基層的員工、最激烈的競爭對手。我曾經目睹許許多多的經理人員折磨作弄手下的員工，最後這些員工得勢，地位往上竄升，原先的經理人員反而屈居其下。你可以想像這些失勢的經理人員將受到什麼樣的待遇。

問題⒄：你構思出一個重要的企劃，規劃每一個細節，努力地推動整個企劃，結果卻一敗塗地。

解決方案：這種結果同樣源自於一個非常特殊的銘印：不了解事物眞正運作的方法。你要知道，不只是因爲你不了解本書所探討的原則，才讓你把事情搞砸，還包括每一次你實行一個計畫的時候，你對事物如何運作所擁有的錯誤概念，例如，你認爲只要夠努力，多投入幾個小時的時間，每一件事都會成功，如此一來，你便在心中植入了一個銘印，繼續誤解事物運行的方式，繼續承受失敗的結果。

你的企劃失敗，與資金多寡無關，因爲許多資本充裕的計畫也以失敗收場。參與企劃的人員也不是因素，因爲許多優秀人才參與的計畫，也失敗了。市場也不是原因，因爲在同一個市場上，某些人正順順利利地實行他們的企劃。計畫成功與否，也無關勤奮努力的程度；因爲當其他人沒日沒夜地加班、犧牲週末假日拚命工作，仍然頻頻滑鐵盧的時候，某些人不費一絲力氣就成功了。更明確地說，成功的關鍵在於一種心態，一種了解前述原則的狀態。如果你以這種知識、這種了解來執行計畫，一定能夠成功。就這麼簡單！正確、條理分明的思考所植入的銘印，未來將從潛意識進入意識層面，再度形成條理分明的思維。

問題⒅：當你最需要協助的時候，在你周圍的人都不願意伸出援手來助你解決困境。

解決方案：同樣地，這種情況是幸災樂禍的結果。因此在你能力所及的範圍之內，盡可能地幫助他人，無論是給隔桌犯了頭痛的人一顆阿斯匹靈，或是在最後一天挑燈夜戰、爲重要客戶準備業務簡報的深夜，貢獻你的力量，和其他工作人員一起賣力工作。或者至少時時仔細觀照你的心，避免以他人的不幸爲樂的變態行爲。

問題⒆：你發現自己無法控制情緒；你對員工、供應商、顧客、天氣、電話……任何一件事情大發雷霆。

解決方案：在潛能和銘印的世界中，這種類型的憤怒是一個耐人尋味的問題。同樣地，這是希望他人遭遇困難的結果，或至少是樂見某些人陷入窘境的結果。對於我們憎惡的對象，這是十分常見的心理現象。如果你仔細思考，你會發現，這種現象是人心最醜惡刻薄的部分之一。我們爲什麼希望某個人大難臨頭，甚至希望等著看我們倒楣的人陷入痛苦的困境？在我們的生活中、事業上、家庭中所面臨的紛擾困境，是我們所有人共同的敵人；如同愛滋病、癌症一般，是一種對任何人都沒有利益的苦難，以及對整個世界的破壞摧殘。

如果我們眞心希望在任何層面都能獲得成功，我們必須努力試圖消滅人們心中、每一種形式的不快樂，甚至包括競爭對手心中的不快樂。

問題⑳：市場一片混亂、起起伏伏，沒有任何道理和邏輯可言。

解決方案：同樣地，這種混亂是紊亂無章之意圖的一種結果，也是希望別人失敗的結果。全球的動亂、市場的失序、事業的紊亂（無論是你的事業或競爭對手的事業）以及個人的騷動，都只是另一種形式的不快樂。而我們必須臻至一種境界，希望每一個人都無災無難。從祝願周圍的每一個人都健康安好，甚至經由祝願競爭對手如意順遂所植入的銘印，創造一個穩定的市場；在這個市場之中，經濟持續成長，提供每一個市場玩家多於原先所期望的利益。

此一經濟觀點所蘊含的意義十分深奧：資源有限不是正確的說法，在任何情況下，只有某些人能夠致富的觀念也不是眞實的。想一想發明個人電腦而創造的新的、更多的財富；想一想發明電話所產生的附加財富；想一想個人電腦用戶之間和公司電腦用戶之間所形成的龐大互聯網絡，爲全球所帶來的財富。

根據潛能和銘印的觀點來看，新的財富是新銘印所帶來的結果。每一個擁有新銘印的人，都受到銘印的影響；這些銘印從潛意識進入意識層面，產生了爲大量的群眾創造新財富來源的概念。「日漸增多的人口共享有限的資源」這件事本身，自有其原因；如果銘印不同，則資源和人口可能以同樣的速度成長，或資源增加的速度微微快過人口成長的速度。我們必須具有足夠的遠見卓識，創造大量的新財富，不要把自己和我們的未來局限於現狀之中。

問題㉑：你的事業出現了墮落腐化的問題；這個問題存在於公司行政管理的規章、公司與公司之間的互動，以及個別員工的行爲態度。

解決方案：同樣地，解決這個問題的辦法十分討喜，那就是：爲周圍每一個人的成就勝利感到欣喜——無論是你公司的小成就或大成就，或競爭對手的成功，你都要爲之欣喜。欽佩誇獎某一項成就，無論締造此一成就者爲何人；切勿因爲他人的幸運和快樂而產生忌妒的情緒。人生十分短促，你和你的競爭對手都將死去，並且迅速地被人們遺忘，而快樂也如人生一般稀有短暫。

當公司的某一個人表現出色或貢獻卓越，你應該把握機會分享他們的成就來增加自己的快樂，而不是去忌妒人生的美好時刻；因爲人生是如此難得，又稍縱即逝！

當競爭對手創造了一個了不起的新概念，你應該在商展或慈善晚宴上，對他們的偉大成就表達欽佩和欣喜之意。這種行爲所製造的銘印將從潛意識進入你的意識層面，使你再一次獲得一個絕妙、成功的商業創意！這比起枯坐在家中，爲他人的幸運而鬱鬱不樂來得有趣多了。

問題(22)：在你經營事業數年，業務蒸蒸日上之際，你發現健康出了一點小狀況，而且開始變得越來越嚴重。

解決方案：針對此一問題，有一個非常特別、結果令人滿意的解決辦法，就是用一個全新的眼光、全新的角度來巡視公司：你從公司的一個走廊穿梭到另一個走廊，偷偷地瞥一眼各個部門，努力找出可能對員工的健康造成負面影響的狀況：辦公室的光線是否充足？桌椅擺放的方式，是否仔細地考慮到員工的舒適與健康？你是否如實地遵守所有防範火災和職業安全的指導方針？或只是隨便掛幾個政府特別嚴格規定執行的標示而已？你可曾花一些時間確實去了解公司的經理和員工是否工作過度勞累？而且，你不只是要確定他們沒有因爲你的緣故而過度勞累，還要確定他們自己沒有過度加班。關心他人的銘印在你的意識層面成熟茁壯，其結果就是你的健康因而改善。

同樣地，健康改善不是一朝一夕的結果。你可記得在此之前，我們曾經以學習彈奏鋼琴、精通高爾夫的例子來做比較，說明銘印產生的結果，需要時間的促成。爲了自身的健康，你對公司員工福祉的關心必須自自然然地成爲你生活中的一部分，也就是說，這份關心必須出於自然，如同你彈奏一首練習得十分充分徹底的曲子，你不用注視著鍵盤，手指就能夠自然而然地在琴鍵上滑動飛舞。

問題(23)：過去奏效的市場策略，如今再也行不通。

解決方案：如果你已經在商場經歷過一段時間，你就知道問題產生的原因。你帶著新創意或新產品打入市場，財源滾滾而來，你唯一的大難題在於如何處理所有的訂單，以及公司極其迅速地成長之際，如何訓練新加入的員工。你站在世界的頂端，你不能犯下任何差錯；而你也開始納悶，你的事業如此成功，爲什麼在你之前所成立的其他公司不援用你的經營方法。

一、兩年過去了，有一天，你最重要的客戶給你看了一張其公司向供應廠商下訂單的明細，而你在供應廠商中接獲訂單的數量排名第二。你甚至聽都沒聽說過名列第一的公司的名號。你派了一些員工到商店購買那家公司的產品，探探競爭對手的底細，努力找出該產品拔得頭籌的原因。你認爲你從中想出了一些法子，於是你召集了公司的成員，發表了一篇內容堅決的談話，關於當年可口可樂讓百事可樂在市場上佔了一席之地的下場。然後，你要求每一名主管全力以赴；這些主管們也都了解情況，知道該怎麼因應；他們開始依照慣常的做法行事，而你們所有的人都相信，這種做法將如往常一般奏效。

然而日復一日、一星期接著一星期過去了，你們的策略破天荒地失效，你們如同在一條漫長、滿地泥濘的村道上行走般艱難。以往可以依靠的成功策略，如今一個接著一個失去效用。公司的士氣大受打擊，首次出現信心危機；人們開始明白今非昔比，也開始了解過去擁有的神奇魔力，已不若以往那般唾手可得。

此時，你可以把失敗歸咎於許許多多的事物：市場的競爭越來越激烈；當初用來打入市場的商品，如今已不再容易做出突破性進展；一些眞正能夠推動經營的關鍵成員如今已離開公司；或某個外國製造廠商正在傾銷他們的產品等等。你知道所有的理由和藉口，你把他們當做搪塞之詞已經用了千百遍。

此時，你必須了悟的重點是，你尚未找出舊有策略爲什麼不再奏效；你所做的，只不過是在聲明老舊的策略如何地不管用。眞正的問題不在於威脅你的傳統策略的因素爲何，而在於爲什麼這些因素現在能夠威脅你的事業。同樣地，這是過去植入心中的銘印，如今在意識層面開花成熟的結果。你必須了解，你的失敗，不是商業策略本身失去了原本的效力。有時候，一個策略可以維持數年的效力，有些維持數月，有些則根本起不了任何作用。有時候，改變策略是明智之舉；有時候，以不變應萬變才是精明之道。不斷在改變的不是外在的情況，而是你自己的觀感。你將不斷依時依勢地改變策略，直到你發現眞正不斷改變的是你的觀感爲止。

無論如何，導致你的觀感改變的銘印（也就是實際說明爲什麼你認爲你的傳統策略受到威脅的銘印）不比你賺取金錢所使用的欺騙、不誠實手段來得複雜。同樣地，我們不是在說你在販售根本滅不了火的滅火器，或你明明知道它們滅不了火，卻照賣不誤，或諸如此類不誠實的行徑。那些讓我們陷入困境的銘印，其實都是我們每天不斷植入的、小小的銘印，例如：爲了敲定未來潛在客戶第一筆訂單所說的、小小的誇大之詞；向現存客戶解釋訂單遲了所撒的、小小的無傷大雅謊言；爲了籌資推動實行你的企劃，而在交付給銀行的資產負債表上稍稍動了手腳。避免諸如此類無關緊要的「小惡」，甚至避免最微不足道的吹噓和不誠實，你將發現，因襲的商業策略仍然持續發揮它的效用。

問題(24)：你發現無論事業順利與否，你比以往更經常覺得情緒低落。你開始覺得沮喪、意氣消沉，或開始自我疑惑、缺乏自信。

解決方案：這個現象也有一個非常簡單直接的解決方法。你必須檢視自己和屬下共事的方式。你是否鼓勵他們欺騙、捏造事實？你是否有任何言明或未加言明的政策，可能使員工認爲你可以寬恕容忍針對客戶、供應廠商、員工、甚或競爭對手所做出的負面或不誠實的行徑？

在鑽石業界，一名雇主鼓勵一名員工爲了自身的利益而欺騙客戶或競爭對手的行爲向來令我驚愕不已。我們偶爾接觸一些公司；這些公司的擁有者訓練他們的員工如何欺騙顧客，或如何提供查帳稽核人員不實的報告，甚至捏造寶石的重量。我們曾經有一個供應廠商，供應我們數批鑽石達數星期之久；他用塑膠泡綿把寶石包裹起來，如此一來，我們無法把所有的寶石混合在一起，很難確切地計算寶石的重量。

他曾經提議供應我們一組組事先搭配好的紅寶石，以節省我們揀選、搭配寶石的時間。例如，我們需要五顆兩頭尖的橢圓形寶石或五顆船形寶石鑲成一列的手鐲，則一套套事先配好的寶石就省事多了。通常來說，要確定五顆寶石擁有同樣的色澤、擁有同樣的外形，特別得花許多工夫，也需要一個訓練有素、具備一雙鑑識色澤、色度之高超眼力的「配對師傅」。對大數人來說，這種鑑識色澤、色度細微差別的眼力，通常無法持續到四十之齡，而對於色彩的感知能力早在四十歲以前就開始逐漸退化，因此經驗豐富的寶石配對專家實在難尋。

無論如何，我們非常感激供應廠商「事先把寶石搭配成套」的提議，我們也認爲，對供應廠商來說，這也是一筆很棒的交易，因爲以後若有大筆訂單，我們將優先向他下訂單。只是我們沒有事先考慮到，在寶石裝進塑膠泡綿之後，我們就無法適切地衡量寶石的重量，但我們仍然依照往例地隨機抽出幾個寶石，檢查它們的重量。

那個供應商行騙的方式十分巧妙：他虛報了每一套寶石的重量，而且每一套寶石多報重量的百分比都一模一樣；儘管他虛報的百分比是如此的微不足道，但卻十分有利可圖，因爲在鑽石這個行業，每一筆交易的利潤也就只有百分之一或百分之二。你瞧，在任何一筆牽涉了數千顆寶石的交易之中，轉手的金額是如此的龐大，銷售的速度如此迅速，即使每一筆交易只省下百分之一的利潤，到了年底，你的獲利可能就增爲兩倍。因此那個供應商把虛報的重量，平均分攤在每一套寶石之上，而不冒險地大大虛報幾套寶石的重量。

我們隻字不提，想看看這名供應商是否食髓知味、故技重施，而他的確如此。因此我們很快地記錄了虛報的重量，小心翼翼地保管每一張嵌壓了數百顆紅寶石的塑膠薄板。最後，我們邀請供應商前來公司，一起重新檢查寶石的重量，把不合重量的寶石從發貨單上刪除，結果一路檢查下來，他的訂單數量被刪得精光，一點也不剩。

這個部分所提出的要點是：教導屬下欺騙不實的愚蠢行爲，以及一個人天眞地相信，經他調教如何行使欺騙的人往後不會反過來擺他一道。多年之後，這名供應商面臨了公司出現內賊的嚴重問題，在某一天失竊了一萬美元。而該公司的兄弟檔老闆每一年越顯落寞寡歡，飽受諸如痛苦婚姻等事件的困擾折磨。

這種悲傷或失意是鼓勵屬下爲了你自身利益來進行不誠實的交易，而在你心中留下銘印的直接結果。而工作的信心和喜樂則來自你從上至下、支持公司的每一名員工誠實不欺的結果。

問題㉕：即使你說的是實話，你周圍的人，無論是同事或主管、顧客或供應商，從不採信。

解決方案：大多數人都曾因爲對工作場合的夥伴撒了一個小謊而感到內疚；我們偶爾撒謊被人識破，也的確令人尷尬萬分，但如果只是個無傷大雅的小謊，人們也不會太在意。然而，此處我們談論的卻是另一種情況：你實話實說，但沒有人相信你。你知道這種情況是多麼的令人沮喪，有時候你越是抗議，人們越是覺得你不誠實。

重要的是，你必須了悟，人們對你所產生的不誠實印象，並非來自你目前的眞誠行爲。關於銘印的一個規則是：銘印的內容必須和銘印的結果相一致，也就是說，你絕對無法從一個正面的銘印（坦然眞誠的行爲所製造的銘印），得到一個負面的結果（某個人認爲你撒謊）。更確切地說，他們對你的不信任，來自你過去的欺騙行爲，即使那些不實行徑是如此的微不足道，但欺騙的銘印已經植入你的心中。

用字遣詞精確無誤是解決問題的方法。切記，所謂謊言是指，你使某人對某件事物所產生的印象，不同於你對相同事物所產生的印象。因此，你的說詞全然眞誠，就等於是在確定你的言辭促使其他人對某件事物所產生的印象，必須與你對相同事物所產生的印象完全相符一致。這比我們平常所認爲的誠實還要困難多了！但是，如果你持續一段時間，你將發現，你獲得整個公司和整個商業界的信任和敬重。那是一種非常美妙的感受，也能夠帶來利益。

問題㉖：無論何時，只要你從事任何一種合作關係：團體計畫、為了某種商業目標所形成的合夥關係、或公司與公司的合併，似乎都無法成功。

解決方案：解決這種問題的辦法，和你的預期有些許的出入。出人意料地，你不怎麼需要把相關的人事全都召集至一個房間，努力說服他們彼此同心協力，反而是你自己必須非常小心謹愼，必須全然地誠實。你必須一直留意自己描述事物的方式，是否給予人們完全相同的印象——相同於你看待同一件事物的方式。換句話說，你的說詞必須使聆聽者對特定的事物或事件產生相同理解。

人們說：「眞理永遠站得住腳，謊言則否。」內在全然的誠實，特別是你察覺自己完全眞誠坦然，將使你的心獲得大平靜，並在你的潛意識植入堅實的銘印，假以時日進入意識層面之後，形成大團結的概念，使你在任何一種合作關係中，都能獲致成功。

問題(27)：在你的工作環境中，人們爾虞我詐，彼此欺騙。

解決方案：我相信，你一定經常從各行各業的人們口中聽到相同的牢騷：「我已經厭倦了對簿公堂；在這個行業裡我見過的每一個律師，包括我的頂頭上司，都非正直誠實之輩。」或「在音樂界，每一個人都剝削你。」或「做珠寶生意的人都是不折不扣的訟棍。」

如果你完全正直坦率、童叟無欺地從事所有的交易，你就能夠避免此一狀況。然後漸漸地，你遭遇向你或其他人行騙使詐的人的次數將越來越少，因爲每一個你所接觸、企圖欺騙的人，其實是你自己過去沒有完全誠實所植下銘印的結果。

問題(28)：你的上司經常對你出言不遜。

解決方案：每當憤怒的情緒出現的時候，例如，上司羞辱你的時候，小心謹慎地控制憤怒，就可以避免這個特殊的問題。如果你認認眞眞地研讀西藏的古老典籍，其中宣說的一個觀點將使你有醍醐灌頂之感：對於一個負面經驗所產生的自然反應，將留下一個銘印，使你再一次經歷相同的負面經驗。簡而言之，你的上司出言傷人，使你心生憤怒，留下了一個銘印；在未來，無論你的上司說了什麼，先前的銘印將再一次使你認爲，你的上司極盡羞辱之能事。

如果你想要從這種衝突中撤退，你必須先放棄衝突。我們經常目睹，世界上的個人、團體或國家拒絕打破以牙還牙、以眼還眼的暴力循環，而使小衝突逐漸增強擴大爲重大衝突。此處提出的概念是：即使對方尚未達成化干戈爲玉帛的共識，你先棄絕暴力。你一而再、再而三地拒絕冤冤相報，你拒絕一次、兩次、甚至一百次，如此一來，你移除了存留心中、以牙還牙的銘印，終止了暴力的循環。

我經常開玩笑地對朋友說，這正是解決辦公室裡討厭鬼的方法；你不需要拔槍射殺他們，或使用任何類似的方法，你只要停止彼此攻擊冒犯即可。如果你長期用一顆仁慈寬容的心對待侮辱你的人，如果你拒絕一再地以牙還牙，那你將發現，這些人會逐漸遠離你的生活——他們突然之間被調職到另一個城市；他們提早退休；他們被其他公司挖角等等。我可以很坦白地說，我在安鼎國際鑽石公司親身實踐了此一原則數年之後，我所掌管部門的每一個員工，每天朝夕相處得十分融洽愉快。這種氣氛使得工作成爲一大樂事，也爲我們的部門創造了極大的利益：才華洋溢的人們只要和諧融洽地齊心工作，則阻礙一家公司發揮眞正潛能的一半因素都消失無蹤了。

問題⑵⑼：你發現，在商場打滾數年之後，你的外表變得令人憎惡。

解決方案：把它列入商業問題似乎顯得既愚蠢又無聊，但是任何一個曾經在商場打滾一段時間的人都可能會告訴你（無論公允與否），在決定你的職位高低、薪資多寡的過程中，你的外表扮演了重要的角色。

你也知道，如果你曾經長期在一家大公司任職，該公司的價値觀和文化似乎對員工的外表造成負面的影響。剛從商學院畢業的學生，相對看起來比較生氣勃勃，充滿魅力；然後在商場上經歷了幾年眞槍實彈的嚴酷搏鬥之後，頭髮灰白了，肚皮圓了，臀部也寬了。你開始把外表的變化歸咎於生活的沉重壓力，例如在許多個深夜趕訂單出貨、經常出差、情緒隨著事業的起伏而大起大落。你猜想，如果情況稍微冷靜下來，你可能會回復原本較英俊姣好的面貌，然而你從來沒有機會去證實這個想法。

這個解決辦法有點出人意表，但非常有效。你必須十分勤奮精進地觀察自己的心，是否對他人產生出最最細微的憤怒情緒。古老的西藏典籍指出，如果你認眞地採用此一方法，你必須從憤怒的情緒中退一步，謹愼努力地避免憤怒；甚至在引發憤怒的因素有機會聚集起來之前，你就必須避免憤怒。就在你開始生氣之前，你對某件事物所產生的煩亂情緒正是引發憤怒的特定因素。

如果你眞的想要成為一個避免憤怒的專家，你必須先成為一個不因任何事物而心煩意亂的專家。藉由避免憤怒的前奏，來避免憤怒本身。所謂憤怒的前奏是指，你的心境因為某些事件而失去了平和寧靜，生起煩惱。例如重要客戶的訂單出了小差錯，或在前往一場重要會議的路途上，出乎預料地碰上了交通阻塞。長時間持續地避免憤怒有其成效；一些有趣的銘印將植入你的心中，使你自己和自己眼中的他人都認爲，你的外表具有相當的吸引力。在工作職場的歲月一年年地流逝，但你的外貌似乎不會隨之衰老。相較於把金錢投資於國外進口的乳霜、健身計畫、或各種不同的整容手術，這個方法容易又經濟實惠多了。

問題(30)：無論你的工作表現多麼出色，來自周圍人士的批評聲浪老是不停。

解決方案：你必須十分敏銳地留意，你的言行舉止如何影響周遭的人。換句話說，在言說、行動之前，你必須謹慎思考，你的言行可能會對工作場所的其他人員帶來什麼樣的衝擊。在一本於十六世紀之前著述完成、名爲《俱舍論》的古老佛教經典中提及，每一個善行都有兩個不同特徵中的一個特徵做爲基礎：你若不是以自己引以爲榮的方式謹慎行事，就是用他人引以爲傲的方式小心行事。換言之，當你小心翼翼、努力謹言慎行的時候，你就等於是在心中植入有益的銘印；這種做法將爲你自己和你周圍的人帶來健康、正面的影響。

在美國人的心目中，一個輕率無禮、年紀輕輕即擔任經理級主管人物的形象是：敏銳機警、孜孜不倦、機智風趣，以及不停地嘲諷能力不及於他的人。很要緊的是，我們必須了解，這種類型的人是在依恃著、消耗著過去累積下來的良善能量，而老舊銘印所產生的老舊能量已經一天天地消耗殆盡。他們現在所表現出來的驕傲自大、玩世不恭的行徑、樂此不疲地忽視自身言行對周遭人物所造成的影響，只會種下招致批評的種子；當他們在職業生涯中有所成就發展之際，他們將看見自己遭受越來越多人的苛求和非難。

切記，儘管看似如此，但蔑視他人的感受不是招致批評的直接因素。眞正的原因是，輕蔑他人感受的行爲在年輕經理的心中留下了銘印，該銘印進入潛意識層面，停留了一段時間，聚積了強度和力量之後，重返意識層面，使他經歷遭人非難苛求的困境。相反地，如果你經常遭受他人的批評，你所能做的最要緊的一件事，就是時時刻刻留意自己的一言一行可能會對周圍的人造成什麼樣的影響。

問題(31)：你交給部屬執行的企劃，從未被完成。

解決方案：藉由特別用心地協助公司其他人員完成工作的行爲，可以終止引發此一問題的銘印。例如，公司的某位員工需要資訊管理系統方面的資源，即使你自己的部門必須支付提供資源的費用，你也鼎力相助，解決他們的需要。如果其他的部門需要借調幾名員工，以便在當週內完成一項企劃，那麼你就欣然同意，而且得派給他們最優秀得力的員工，而不是一些酒囊飯袋之流。如果某個人希望你提供一些數據，以完成手邊的報告，即使你得犧牲自己工作的時間，也務必提供數據，幫助他完成報告。

這種行爲所製造的銘印十分強大，在短時間之內，你就可以看到自己交代部屬執行的計畫，都能夠以出乎意料的品質、在不超出預算的情況下準時完成。

問題(32)：你執行的商業企劃最初進行得十分順暢，但後來的進展卻令人失望。

解決方案：截至目前爲止，我們已經描述了許多商業問題，但是現在你可能猜不出究竟是什麼樣的銘印造成上述的問題。不過，你只要稍做思考，你就會發現答案合情合理。在古老西藏的傳統學問中，你可以修習一種稱做「感恩禪修」的特殊修法。

你可以坐在公司一處僻靜角落的一張座椅之上（雖然在公司之中，眞正安靜的地方很少，但你一定知道位置，而且那些地方一定不會受到干擾至少五到十分鐘），一件一件地回顧生命中的美好事物，並且想一想伸出援手成就這些美好事物的人們。或許，今日你在工作上所運用的特殊技能，是過去另一個人花了九牛二虎之力栽培訓練你的結果；或許，那些都已經是陳年舊事了，然而你不認爲當初費盡心思訓練你的伯樂，在許多年之後收到一封感謝栽培之恩的短箋，將感到十分欣慰嗎？

在你的家中，是否有人（你的配偶、父母等等）打理一切家務，讓你無後顧之憂地專心於事業？你最近一次感謝他們是在什麼時候？事實上，在你的周圍，難道沒有一大群人共同協助你成就事業？難道不包括乾洗店、牙醫、郵差、雜貨店的店家、銀行的行員、每天早上遞送晨報的送報生？你可以說：「喔，他們也是領薪水做事的。他們又不是每天早上起床，白白為我做這些事情。」

如果你這麼認為，你就搞錯了。他們領薪水吃飯沒錯，然而，他們付出了生命中的寶貴時光，以及一生中少數幾年身強體壯的珍貴時刻來幫助你成就心願，也是無可改變的事實。疏於認清其他人給予的支持，以及對於我們成就中的大部分唯有透過周遭人士的仁慈寬厚才得以促成的事實，也不心存感激，是現代西方思維的一大弱點。

在「我們感激他人的程度」和「我們的人生有多麼幸福快樂」兩者之間，也有直接的關聯：非常幸福快樂的人比較容易強烈地意識到，正是因為其他人付出了許許多多的心力與協助，他們才能夠享有幸福和舒適（一個心靈真正快樂的人不會去在意，人們是否因為接受付費才有付出的行動）。換句話說，真正快樂的人比較容易去感謝成就他們喜樂的每一個微不足道的仁慈善行。相反地，鬱鬱寡歡的人則傾向於規避其他人為了促成他們的幸福快樂而付出了多少、犧牲了多少的想法，因而加深了自己的不快樂。

因此，如果你真的希望你的計畫順利推動，而不是虎頭蛇尾地草草收場，你必須小心謹愼地植入可以使願望成眞的正確銘印：不間斷地投入時間和關懷，對於支持鼓勵你的人表達誠摯謝意。同樣地，雖然行動的銘印十分強而有力，但是銘印的植入不一定得透過具體的行爲。最主要的是，你時時心存感激；每天早上你看著餐桌上的一碗麥片時，你眞心感謝成百成千的人們犧牲短暫人生的寶貴時光，準備餐桌上的食物。在現代社會中，這種時時心存感激的想法十分缺乏，一旦你開始心存感激，你將擁有十分美好的感受。試一試吧！

問題(33)：為了工作的緣故，你經常置身不愉快的環境之中，例如：你必須前往街道骯髒污穢的國家出差工作；在空氣污染非常嚴重的地區上下班通勤；在一個需要使用有毒化學藥品製造某種產品的工廠工作等等類似的情況。

解決方案：這是一個十分典型的辦法，雖然出乎你的料想之外，但所有的古老典籍對於解決此一問題所必須採取的行動，都有一致的看法。你必須巡視你的公司或你的部門，實地了解是否發生任何種類、任何層次的性騷擾或淫蕩下流的行爲，然後加以掃蕩肅清。

在安鼎國際鑽石公司任職最令人感到舒適愉快的一個部分，就是許多工作場合可見的、對女性的各種形式騷擾，在安鼎幾乎完全不存在。上至公司所有人、下至基層員工，每一位女性都因其貢獻而受到尊重，完全享有加薪、升遷、晉升高階職位、獨立作業的等同資格。從公司所有人以降，沒有一名經理人員善用職權之便，對女性員工做出令人嫌惡的觸摸、不懷好意的打量、吹口哨、出言猥褻等卑鄙下流的行徑。

全面禁絕粗俗猥褻的行爲十分重要，而且令人耳目一新，精神爲之一振。例如禁止涉及性和女人的黃色笑話；禁說下流的粗話；不鼓勵有婦之夫、有夫之婦背叛自己的配偶，進行辦公室婚外情。

然而，把外在環境的髒亂，歸因於自身言談或思想的卑鄙污穢的想法，或許顯得過度單純化。對於西方人來說，這種概念過於格格不入，幾乎像是說給黃毛小兒聽的童話故事。但是，請仔細思量：所有的事物都有其成因。爲什麼一個國家的某些區域飽受污染之苦，有些地區卻不受其擾，其中自有原因。現在你在心裡自顧咕噥著：「當然有原因啦，有些地方車子比較多、工廠的煙囪比較多，但嚴格管制污染的法律條文比較少。」

古老的西藏思維嚴格地界定「如何」以及「爲什麼」兩者之間的區別。如果說「某個地區污染較嚴重，因爲該地區有較多的污染源」，這僅僅只說明了污染是如何製造出來的過程，而完全沒有陳述爲什麼這些污染源會在這個時間、這個地區出現。我們知道煙囪製造污染，但這不是問題的所在。眞正的問題是你一直想問、卻像小孩子一樣被告誡制止詢問的問題：爲什麼煙囪設在這裡，而不設在其他地方？

你的心再一次反叛地說：「這是一個多麼愚蠢的問題。事情就是如此。」但是，科學不是指出每一件事物都有一個起因嗎？難道「每一個事件都有一個合理解釋」的說法，不是我們整個西方社會的基礎嗎？顯而易見地，煙囪是污染的起因；但是，煙囪一開始就設在那兒的原因又是什麼？難道我們不該找出這個原因嗎？「煙囪一開始就設在那兒」本身不也是一個事件嗎？所有的事件不是都有觸發的原因嗎？

事實眞相是：煙囪之所以在那兒，是因爲一個從潛意識進入意識層面的銘印迫使你看見煙囪——你被迫意識到煙囪的存在。你藉由一個行爲製造了污染，以及產生污染的污染源；那個行爲⑴先於該行爲所引發的結果，⑵行爲的內涵類似於結果的內涵。在世界的另一端，由傑出非凡的思想家所累積的數千年智慧指出，性的淫亂正是污穢的、充滿惡臭之環境的起因。

對於這個說法，你不必相信，也不必不相信，只要試一試即可。徹底根除如前所述、可能損及公司員工士氣和道德的事物，然後觀察公司的環境是否變得更加美好宜人。一切眼見爲信。

問題⑶：在你周圍的人不可信賴。你交代他們一個工作，你從來不放心他們是否

會替你完成。你必須把每一個任務交給三個不同的人去執行，以確保任務圓滿達成。你也必須事事躬親，緊盯每一個細節，既耗人精力又缺乏效率。

解決方案：爲了確定你周圍的員工足以信賴，你可以採取主要的行動之一是：在你的婚姻關係中或類似的家庭義務中，保持忠貞不渝、信賴可靠的態度。在現代的社會中，已經不時興談論關於婚姻和家庭的忠誠與倚賴，然而根據萬物潛能的法則以及行爲銘印的法則，這是我們所能採取的最重要步驟，以確保私人生活與工作生涯的穩定。

我成長的時期，正值越戰如火如荼地進行，以及伴隨戰爭而來的，是反對上一世代的愚蠢觀念，包括發動戰爭、婚姻關係中一方對另一方的擁有權等等。在我居住的城鎮上，我自己的母親是頭幾個離婚的人。我記得，她爲自己的決定付出了代價，不但引來街坊的指點和議論，而且做爲單身母親，她必須努力掙扎地謀生。

然而，一時興起閃電結婚、加上日後輕率離婚的行爲（常常是在兩人生兒育女之後；孩子是離婚過程中最大的受害者），在當事人心中留下了極其惡劣的銘印，巨大地影響了人們對於周遭世界的觀感。滿載西藏智慧的偉大典籍明確地指出，西方文化缺乏所謂的「社會秩序」，是我們無法信守彼此之間承諾的產物。最簡單的實例是，在美國一座城市的街道上，一個人隨地丟棄一個紙杯，絲毫不考慮此一舉動將對下一個行人造成什麼影響。如果你希望你的員工可信可靠，你必須先成爲配偶子女可以倚賴的人。

問題(35)：你的財務狀況不獨立，你無法自主，特別是沒有徵詢他人的意見時，你無法做出任何關於財產方面的決定。

解決方案：你必須非常嚴格地尊重他人的財物和空間，才能夠化解問題。例如，在一家公司之中，你必須小心謹慎，在未獲其他部門或經理明確的同意之前，不可擅用他們的財物和資源。或者，當其他人有所需求，而你又有職權和能力滿足其需求時，你應該釋出你所擁有的資源；簡而言之，爲了達成共同的目標，你應該和其他的經理人員分享資源。

此處所提出的是「一體」的概念。《入菩薩行》（*A Guide to the Way of Life of a Warrior Saint*）、一本大約著述於十三世紀之前亞洲的佛教典籍，滔滔陳述了「一體」的概念。想一想「我的身體」或「我自己」這個概念；我們通常非常強烈地把包裹身體的肌膚做爲分別「你」「我」的邊界，也就是說，如果我們兩人握手，即使有肌膚的接觸，但「我」的範圍止於我的手指，「你」的範圍始於你的手指。

當一個母親有了孩子之後，顯而易見地，「我」就有了一個全新的定義：此時，「我」的邊界向外擴展，把孩子納進了邊界之內，如果有人傷了孩子一根汗毛，就等於傷了反應如母獅一般的母親。在你買了一台新車，意味著每個月都要從薪水中支付一大筆購車分期貸款之後，你對於「你」的定義也擴大了。在紐約，「你」的定義隨著添購新車而擴大這件事，眞眞實實地在生活中上演。如果是在昨天，你看見一群十來歲的毛頭小夥子從街上走來，摸摸車門把柄，從車窗探看後座，你可能認爲這群小夥子實在討厭，在進大樓之時，向警衛提了一提；但是今天，他們走向你的新車，那可是一件令人義憤塡膺的惡行，你可能衝到街上制止他們，或慌張激動地報警。

「我」也可能縮小。舉例來說，一名外科醫師告訴你，你的一顆腎臟染上癌細胞，必須切除。經過了一番自我掙扎之後，你開始「切斷」你和腎臟之間的關聯——你經歷了「你自己」和那顆腎臟一刀兩斷的過程，直到進行手術那一天，你完全聽從醫師的指示，把腎臟從「我」身上切除。

在一個大企業中，以「我的利益」來定義的「我」可以縮小，也可以擴大。一家健全公司的象徵是：每一個部門經理的「我」的定義向外延伸擴展，把每一個其他部門的經理也納入在內：對你的部門有利益的事物、也利益我的部門，因爲大家是在同一家公司，是一體的。體悟上述的現象並非虛構作假是很重要的；因爲如果要說矯揉造作，那麼在某一天、某個人說你是某某部門經理時，你把「我」的定義擴展到這「一個」部門的做法，其實和你把「我」的定義從自己的部門延伸至三個部門之間是沒有差別的。

所謂的「我」，其實是生活中每一個剎那的一個決定，「我」的範圍隨著每一個決定而變動。然而，根據古老的西藏智慧所指出的，把「我」的範圍僅僅局限於「你切身的利害關係」，是引發所有個人和團體問題的根源。千萬不要誤會了，這可不是什麼偉大崇高的觀點。相反地，它非常切合實際。所有的人都極力主張財政和組織體制的獨立自主，此一目的可以藉由完全把自己擁有的資源，與組織內部的其他人共同分享來達成。慢慢習慣、接受這個概念。天底下，沒有什麼是憑空而來的。無論你達到何種程度的獨立自主，都是你快樂地、會意地分享資源的行爲，在心中留下銘印所形成的觀感。

問題(36)：在每天的商業交易之中，你周圍的人（包括客戶、供應廠商、員工），都有欺騙誤導你的傾向。

解決方案：這又是一個你料想不到的方法。我們深深明白，在商言商的時候，我們不確定自己究竟能夠相信對方幾分的情境是多麼令人洩氣。例如，一名客戶保證，我們將在某個日期之前收到一筆款項，然而我們後來才知道，那名客戶自始至終都在睜眼說瞎話，我們根本不可能在接近約定日期的前後收到帳款。

一名供應商向我們保證，我們所需要用來完成一位重要客戶的一筆重要訂單的原料，一定準時送達；結果我們發現，那名供應商所屬的公司根本沒有那批原料，或者更糟糕的是，他們的確有那批原料，但是卻把原料給了在同一天出價較高的競爭對手。在一場會議中，你把一個大計畫的主要部分交由一名員工規劃；該名員工和其他共同執行任務的人員以往表現優異，因此你只是偶爾稍微盯一盯進度，而每一次的結果都讓你非常放心。但是，到了呈交企劃當天，你才發現，整個進度延遲，因爲他們尚未完成企劃，而且事實上，從一開始到現在，完全沒有任何進展。

你可以採取兩種行動，以停止這種欺騙模式。第一，敏銳地覺察任何驕慢情緒的生起，避免成爲自身驕慢的受害者。商場瞬息萬變、殘酷無情，一個人可能以極快的速度竄升，成爲熠熠之星，然後摔得一文不名，因此你可能認爲在公司之中，驕慢是極爲罕見的問題。在西方社會，商人是最聰明理智、最具才幹的一群人，然而在面對驕慢的情緒時，似乎都有一個盲點：無法加以控制。要知道，即使是高高在上的部門副總裁，一夕之間也有可能掉到谷底、資深卻必須去找基層行政工作。因此，行走在商場，爲人不可驕慢。

或許，驕慢所製造的最嚴重問題，不是引起你周圍人士的多大不悅，而是對你自身發展所造成的傷害。西藏犛牛牧人有一句格言說，「在夏日，牧草一向先從較低處的草地長起，然後才慢慢長到覆滿冰雪的山峰上。」這句格言的重點是，謙卑、無驕慢情緒的人，是較佳的傾聽者；他傾聽來自公司各個階層員工的心聲，從中學習擷取邁向成功之道——獲取更多的牧草。

只要我們願意洗耳恭聽，在每一個工作天，我們都有可能從每一個相遇的人身上學習到一些事物。這不意味著你必須接受每一個輕率的意見；畢竟，你今天躋身高位，正是因爲你能夠做出成果令人滿意的決策。儘管如此，如果你每天巡視經過你的部門時，都能保持機警敏銳，仔細傾聽部屬片段不完整的意見，你多半都能夠從中獲益，因爲，即使他們心中所想的、片片段段的方案尚未具體成形，但集思廣益的結果，應該能夠讓你思考出一個更全面的策略。

第二個方法是，你必須避免落入爲了博取他人認可而活的陷阱。在商場和私人生活領域中，每一個人必須成熟到一個境界：不要爲了贏取他人的感謝和讚美，才去從事良善、正確的事物，而應該只是單純地在能力範圍內，當仁不讓地行所當行、爲所當爲。事實上，越是優秀的經理或行政管理人員，越不需要任何來自他人的認可。母親照顧幼弱的嬰兒，是在正確的時期所做出的適切行爲，並且從中學習不冀求孩子的任何感謝或認可。

在一家公司之中，眞正能幹稱職的經理人員應該別具慧眼，而且能夠賞識、認可他人。賞識他人不僅僅只是一個行政管理策略，而是經理人員對於周遭情勢的精確洞察。他們非常敏銳地洞悉周圍人員的貢獻；而他們賞識表彰人們的貢獻，不是因爲那是激勵人員的好辦法，而是由衷地讚賞工作人員，而且認可每一個人在公司邁向成功的過程中，所扮演的重要、不可或缺的角色，即使他們只是毫不起眼的機械技工或門房警衛。

戒除希望獲取他人的認可或讚美的習慣；養成努力尋求機會賞識表彰他人的習慣。然後突然之間，在你的生活中，再也沒有人（包括客户、供應商或員工）欺騙你誤導你。同樣的，這也是誠摯地認可周圍人士的貢獻，所留下的銘印的結果。

最後我們必須強調，無功不受祿，你不必言不由衷或刻意地讚美或認可不值得賞識的人。重點是，不管你任職公司的規模大小，如果少了一群默默耕耘、鞠躬盡瘁的核心工作人員，公司的營運將難以推動；而你甚至可能已經忽略了這群長期表現出色、專心一致的員工對你所做的貢獻。無論在工作場合或私人生活中，對於越是親密、越是長期相隨的人，我們似乎越吝於讚賞、回報他們的付出。你只要想一想，最近一次你捧著一束玫瑰、一盒巧克力回家給心愛的人是什麼時候，你就能夠明白其中的道理。

問題㊲：在公司中，沒有人尊重你的言論；你所提出的每一個意見，都被忽略或視為愚蠢可笑。

解決方案：任何曾經在公司的會議廳嘗過坐冷板凳滋味的人，一定都會喜歡這個辦法。有時候，你眞擔心自己會發瘋；在星期一，你參加一個六小時的董事會會議（會議從早上一直延續到中午用餐時間；老闆說：「會議結束之後，你可以休息休息，到街上的那間餐廳用餐，我請客。」然而，就在你開會六個小時、無法抽身的期間，你主管的部門出了一個亂子——你知道怎麼回事了，但這不是重點。）

重點是，在會議期間，老闆詢問如何在這一季節省開支的意見。（以下你即將閱讀的對話，來自眞實的情況。）一個老闆跟前的紅人說：「讓我們把一面列印一面空白的電腦報表廢紙當做便條紙來使用；鼓勵員工不要拿影印機裡面的新紙來做筆記。我們可以把用過的電腦報表紙裝成一箱，放在影印機旁邊，供員工使用。」

老闆的眼光掃過每一個圍坐在桌邊的與會成員，似乎每一個人都同意「紅人」的提議。此時，雖然大多數人的腦子都在想：如果每一天，某個人都必須在公司內穿梭，發配回收再利用的紙張，其實眞的省不了多少錢；但是這個提議還不錯，至少精神是正確的。

「好主意，」老闆說，「其他人呢？有沒有意見？」

我舉起手來，「我們要不要在電梯的地板上鋪一層特製的墊子？人們搭電梯外出的時候，墊子可以沾黏住從鞋上掉落下來的碎鑽。我每天搭電梯外出的時候，都會在電梯地板上看到一大堆碎鑽。每天晚上清潔工人來的時候，都用吸塵器把碎鑽給全部清了扔了。」

你瞧，我們經常處理數千顆的鑽石，在這些鑽石之中，有些眞的很小很小，好像你打了一個驚天動地的噴嚏，或是你坐在椅子上往後一靠，電話線輕輕掠過一堆鑽石，可能就會有一大堆的鑽石飛落地面；當鑽石跌落地面之際，經常神祕地彈過、滑過、或急速「奔」過整個房間，到達一個你怎麼找也找不到的地方。

如果從桌面跌落的是一堆小鑽石，你首先得小心翼翼地站起身來（因爲部分鑽石可能落在你的大腿上），接著躡手躡腳地走到房間的角落拿一柄小掃帚。你踮著腳走路是爲了避面落地時，尖端朝上的鑽石嵌入你的鞋底之中，然後帶著它們出了設有保全裝置的房門，進入洗手間或電梯；而且不知何故，很多嵌入鞋底的鑽石都在鞋主進了電梯之後，從鞋上跳了下來。這也是我建議在電梯內放置一張特製墊子的原因。

你取來小掃帚之後，整個人趴在地板上匍匐前進；沒有人會笑你傻，因爲每個人掉了鑽石的時候，都是如此。你小心翼翼地掃起鑽石，或者把身體伏得更低，使得那個角度可以讓你的眼睛看到落在幾英尺之外的「遺鑽」反射出來的光芒。就人類所知，鑽石是最堅硬的物質，擁有最高的折射率，以及把光線從鑽石表面拋射出去的絕佳能力；因此，當微亮的頭燈照射鑽石之際，每一個鑽石匠都能夠敏銳地察覺鑽石發出的獨特閃光。

你也可能在高級主管辦公室所在的區域之中，沿著鋪設地毯的走廊行走，然後瞥見一個角落發出閃光；你彎下身子，啪答一下，把一顆小得可憐的鑽石送入掌中。這一連串的動作只是一種反射動作，一種本能反應。我記得，座落於四十五街和美洲大道交界的國際紙業大樓的前方，有一條十分特殊的人行道；人們在鋪設路面的水泥陰乾之前，在水泥上灑入閃閃發光的粉末。在過去一段時間，每當我從公司回家，經過這條人行道時，我的「地上鑽石亮晶晶」的本能反應便開始發作，弄得我抓狂。我老是不由自主的彎下身去，試圖撿起「可憐的、迷途的鑽石」。

然而，鑽石不一定總是恰恰好以適當的角度對著頭燈，對著你的眼睛發出閃耀的光芒。因此你必須非常小心、非常緩慢地用小掃帚清掃整個房間。接著，你把從地上掃起來的一團東西全都集中到一個角落，然後你蹲下來，仔仔細細地檢查那團東西——從每一個人身上掉落地面的毛髮、頭皮屑（看起來還眞有一點像細小的鑽石）、昨天吃過的薯條碎末、一大堆迴紋針、訂書針（鑽石可能藏身於下），以及大約三星期之前你遍尋不著的鑽石。但是，你絕對無法找回所有丟失的鑽石；有些鑽石遺落在電梯之中。

老闆坐在旋轉椅上左右轉動著（他自然是唯一一個坐旋轉椅的人；我始終想不明白，爲什麼只有他一個人能坐旋轉椅），咆哮著說：「羅區，這是我所聽過最愚蠢可笑的提議。」在會議廳開會的時候，有一些技巧可以讓你變得像隱形人一樣，不被人注意到；老闆發出咆哮之後，我也開始如法炮製，想把自己給藏了起來。

「我有一個主意，」當月老闆跟前最紅的人興高采烈地說，「你們知道那些印著

『安鼎第一』、逢年過年致贈供應廠商和客戶的巧克力條嗎？它們眞的太粗了。要不等那些巧克力條送來的時候，我們把外層包裝打開，刨下薄薄一層巧克力，然後用這些巧克力重新製作巧克力條，怎麼樣？」

老闆帶著得意洋洋的神態朝著座椅向後一靠，不斷地凝視著「當月最紅的人」。我們其他人都不確定，她是不是在開玩笑（她是說正經的），因此我們努力保持中立、堅不表態，直到老闆說「笨蛋」（我們就點頭附和）或「聰明」（我們就表現得更加熱烈，點頭如搗蒜）。

你知道，這整件事如何收場。一個星期之後，工友在電梯中鋪放了一張布滿細緻纖維的黑色橡皮墊。你正要回家，你累得精疲力竭，頭向下垂著，如同一隻落敗的狗，但仍然出於本能地掃瞄電梯的地板，尋找失落的鑽石。

「嘿，你們在做什麼？」你問。

「在電梯裡鋪放一些新墊子。這眞是一個好主意。你知道嗎？每天都有一些小鑽石沾附在鞋底，被人們帶進電梯，而這些墊子可以沾住從鞋底掉落的鑽石；每天晚上，我們把墊子翻轉過來回收鑽石，而不是每天晚上被清潔工用吸塵器清了扔了。」

「哇，」你說，「這主意眞是太棒了。是誰出的主意？」

「喔，是老闆呀。他眞行！」

這種沮喪失意的感覺，源自一種特殊的銘印；而這種銘印的植入，來自毫無意義、毫無價值的言辭。有趣的是，在數千年前撰述而成、充滿智慧的古老印度和西藏典籍描述，所謂無用的言辭是指「樂意地、快樂地從事關於性、犯罪、戰爭、政治等無用的談話」。人們經常詢問，我怎麼有時間處理安鼎在世界各地著手進行的計畫；我的回答是，我刻意避免無用的談話。人們往往花數小時的時間，一邊看著報紙一邊喝著咖啡，談論著在世界上發生的種種事件，以及不相識的新聞人物，而這些事件和人物不可能對他們的生活造成舉足輕重的影響。

你談論從電視節目、報紙、雜誌上獲知的新聞事件；你談論電視或廣播的娛樂節目；你在某某人面前談論某某人；然而事實上，你談論的內容不是重點，你之所以談論，僅僅是爲了聽自己說話。有一個「三天測驗」恰好可以檢驗刊登於報紙上或雜誌上的新聞，是否對你意義重大。在你從頭到尾仔細閱讀一份大報（因爲你的飛機誤點等等類似的事件，你終於有時間閱讀整份報紙）之後三天，試著坐下來，寫下所有你仍然記憶猶新的資訊。

你將發現，你不記得超過一或兩篇的報導，也幾乎不記得任何細節。那麼，爲什麼要看報紙呢？心的力量是偉大的，但不是永無止盡的，如同一台電腦，你的頭腦容納資訊的空間是有限的。

佛教哲學賦予「沉默」極高的評價；其原因非常切合實際。我們有一位客戶（在稍後章節，我將著墨更多）即將閉關數天至數星期；在閉關期間，應該刻意禁語。在美國或其他西方國家，大多數人從未嘗試諸如閉關禁語等活動；除了一些特殊的情況，例如喉頭炎、獨自臥病在家等，在你一生之中，沒有交談的時間可能不超過一或兩天。當你嘗試一次禁語閉關之後，你將了解，大多數的交談都不必要，而且分散了你的注意力。

「獨自靜默一段時間」是獲得洞悉商業情勢的眼光的特殊方法，我們稍後再多做說明。此處的要點是：即使你的意見出色，你仍然遭受忽略，完全是從事無謂談話的銘印的結果。如果你的生活充滿此一問題，你必須比其他人更加努力避免無聊瑣碎的談話。

問題(38)：你發現自己缺乏信心。你曾經充滿自信，如今恰恰相反。

解決方案：同樣地，避免無意義的談話是解決問題的方法，但是此處應避免的無謂談話，不僅僅包括上述關於性、犯罪、戰爭、政治等內容，還包括另一種十分重要的類型。這是一種非常典型的無謂談話，在商場十分普遍：商人天花亂墜地提出各種偉大崇高的計畫，但從未真正落實。這種現象在公司召開業務會議，制定未來一年的計畫時，尤其明顯——一個小時接著一個小時，每一個與會人士提出明知不可能實行的空頭計畫和方案。

我必須釐清，這種無謂的談話不包括一個眞正企業家許下的、令人興奮激昂的承諾；也不包括稀世人物腦中充滿遠見、深知如何從單調乏味的苦差事之中，把不可能的夢想變成事實之源源流洩的熾熱創意；而是一再重複、浪費資源、耗人心神的幼稚計畫和言論。

爲了確定你在未來的一年充滿信心，你必須努力嘗試只說你眞正有心去實行的事物；切勿浪費人生的寶貴時光，盡談論一些無關緊要的話題。一般來說，在夢想和遠見之間、在空幻和希望之間，存在著微妙的平衡，其中的差異僅僅在於你是否把夢想化爲眞實。

問題(39)：你發現自己無法好好地休息；你不知道如何放鬆，從未真正悠閒地享受假期。

解決方案：如果你知道如何在心中植入正確的銘印，你就能夠獲得放鬆身心的能力，以及放下工作、盡情享受悠閒安逸的技巧。這種能力和技巧不是自然而然的，也不是與生俱來的，更不是只有某些人能夠擁有的福份。

在你心中植入這種特殊銘印的主要方法，即是小心謹愼地只談論具有意義、具有利益的事物，並且避免言之無物或言不及義，包括流言蜚語，或絕對不會付諸實行的愚蠢主意或計畫等等。換句話說，「談話的目的和用意」是此處貫穿的重點。當你有一個理由、有一個目的、有一個行動必須付諸實行的時候，才值得開口說話；其結果是，你實現了你的人生，履行了你的諾言，你從中獲得了滿足感和成就感。

切記，如果你已經是一個「惜言如金」、言之有物的人，絕不意味著在你的潛意識中，完全沒有過去妄言妄語所遺留下來的、較老舊的銘印，或以前尚未成熟的銘印。這些銘印停留在潛意識中養精蓄銳，蓄勢待發，讓你覺得自己是一個無法享受寧靜悠閒的可憐蟲。

你必須了解，如果你無法享受悠閒，那麼在你的潛意識中，的確存在了妄言妄語的銘印。但是，如果你小心翼翼，不再發表任何無用的、無意義的話語，就可以阻擋妄語銘印的勢力。如果特定銘印所引發的特定問題讓你深感困擾，你就必須避免重蹈覆轍，再度製造銘印。

問題⑷⓪：你面臨了無法「掌握時機」的大問題。你在市況行情攀上高峰、正要下滑之前投入市場；你在景氣一片繁榮興盛、後續仍然持續暢旺之際，中途撤資，退出市場。你的新產品上市的時機，似乎老是碰上競爭對手也在同時推出品質稍稍取勝的商品，而形成難分軒輊的局面。你向一個主要供應廠商所下的訂單，在該廠商提高價格之後幾天才送達。

解決方案：同樣地，問題出在你浪費資源、人力和心神去討論規劃一些你根本無心付諸實行的計畫。你必須確定，你言出必行，切勿言不由衷，亂開空頭支票。

問題(41)：沒有人聽從你的要求。

解決方案：這個問題和問題(37)如出一轍。如你所預料的，引發問題的銘印即是不斷地談論一些無關緊要的事物。因此在你開尊口之前，必須三思；你的言談必須充滿意義，能夠利益周圍的人，如此才能留下正確的銘印，解決你的問題。

問題(42)：你公司的員工似乎總是爭鬥不休。

解決方案：你深深明白，在一家公司之中、存在於個人之間的小小爭鬥，將使公司的整體營運付出何種代價。一個員工互相支持鼓勵的部門幾乎可以自行營運；反之，一個員工相互爭吵、反對彼此的部門，既無法創造利潤，也造就了令人心力交瘁的環境。艱難費力的工作激勵人心，團結彼此；尖酸刻薄的言辭則立即耗盡一個部門和該部門每一位員工的活力與幹勁。我在安鼎國際鑽石公司那段期間，幾乎每一個中午用餐時間都用來扮演和事佬，來排解員工之間的不滿。而安鼎每個月支付我一筆多得嚇人的薪水，就僅僅因爲我扮演和事佬這個角色。但是，如果我能夠居中協調，讓員工相處融洽，那麼一切都自然而然地水到渠成。

如我們在問題⑹所提及的，一家公司的內鬥（無論是你和另一個人爭鬥，或其他兩個人互相爭吵）源自包藏禍心、使人漸行漸遠的挑撥言辭或流言蜚語所種下的銘印。當事人雙方可能原本就是朋友、敵人、甚或互不熟稔的同事，卻因爲你對其中一人或兩造雙方嚼舌根，使得兩人的距離更加疏遠。爲了抵消此一銘印，無論何時何地，只要你能力所及，你都必須特意地幫助他人言歸於好。

除了時時刻刻居中調停，幫助他人恢復友好融洽的關係，你還必須避免對公司的任何一個人心懷惡意。在一家公司之中，每一個高級主管都會碰到其他的高級主管來找碴的時候，因此當你聽說其中一個高級主管遇上一些麻煩，甚至最後可能殃及公司的其他成員、包括你自己時，你仍然感到一陣痛快。

正是這種銘印蟄伏於潛意識層，壯大聲勢之後，浮上意識層面，形成一種觀感——你周圍的人們彼此爭鬧不休。他們互相爭吵；他們反對你；見他們陷入困境，你幸災樂禍；這種幸災樂禍的心態又在你心中種下一個新的銘印，使你面臨周圍人士爭執不休的情境。

你現在可了解銘印的運作過程了吧。你原本想避免先前的銘印所引發的問題，但是你一再種下的惡劣銘印，又使你面臨相同的問題。

問題(43)：在你置身的商業和社會環境之中，好人吃虧，光明磊落一文不值；只有笨蛋才會信守倫理道德。

解決方案：這個問題觸及了所有商業問題中最嚴重棘手的部分；這些問題涉及了所謂的清淨的「世界觀」。相較於其他的領域，商場或企業領域的確比較重視道德，任何一個經驗豐富的企業家都會告訴你，在一個高度重視道德的企業中工作，的確令人振奮；相反地，在一個把良善仁慈視爲愚蠢可笑的眼界狹窄的工作環境中辛苦賣命，則令人自慚形穢。而只有鐵石心腸、無動於衷的人才感受不出其中的分別。

如果你發現自己身處一個鄙視道德的環境之中，你必須了解，尋求外在的方法來避免周圍環境的墮落腐敗，不是當務之急；換句話說，就算你改變外在的環境，你可能也無法擺脫鄙棄倫理道德之人的包圍。更確切地說，這一切都來自你自己的銘印。在過去數十年之間，我雇用了數百名擔任各種職位的員工；在這段期間，有少數幾名員工突然向我提出辭呈。

我們之間的對話通常如下：

「我已經決定離開公司。」

「爲什麼？出了什麼問題？有沒有什麼事我可以幫得上忙的？」

「沒有用的。某某人（此時員工談話的對象，往往比他口中的某某人稍微位高權重）把我搞瘋了。我沒有辦法再與他共事；他眞的很不稱職。我覺得，到另一家公司，爲一個較具聰明才智的上司工作，我的表現會比較好。事實上，我已經參加了面試，並且接受了那家公司的職位。這是我離職前兩週的預先通知。」

「那好吧，我看我也留不住你了。我們還是繼續保持連絡，讓我知道你在新環境的情況。」

在鑽石業界，你（雇主）通常會很感謝即將離職的員工提出兩星期的預先通知；你要求該名心懷不滿的員工待在座位上，然後你撥了三通電話。其中一通電話要求安全部門派遣一名警衛，站在即將離職員工的座位旁邊，看著他（或她）清理辦公桌（以免他工作的時候，因爲不滿的情緒節節高升，而「不小心」地把一些寶石「順手」收進抽屜之中）。第二通電話告知人力資源部門取消他的門禁識別卡，他就無法再進入庫房重地。最後一通電話通知支付薪資的部門開立一張即期支票，事先支付該員工最後兩星期的薪水，要求他立即離開公司——這種做法比起他順手牽羊帶走幾顆琢磨完成的小鑽石來得划算。

無論如何，大約三星期之後，你和先前離職的員工取得聯繫，詢問他另謀高就的狀況；反正，從中打探一些競爭對手的底細也無傷大雅。結果多半是，他似乎很滿意新的職位，新的工作環境。於是你要求他在六個月之後再連絡。結果幾乎千篇一律的，你開始聽到他對新公司發出相同的抱怨和牢騷。

你瞧，你的周圍滿是惡劣人士的銘印，無法經由操縱外在的環境而改變。西藏人說，當大多數人走進一個有著十個人的房間，我們發現自己非常喜歡其中三個人、非常不喜歡另外三個人，至於剩下的四個人，我們既不喜歡也不討厭。如果我們再進入一個有著十個人的房間，結果也是一樣。即使我們從三、四個相同的房間中選出十個深受我們喜愛的人，把他們全部集中在另一個房間，結果我們開始喜歡其中三個人，討厭另外三個人。

這不是外在現實世界起的作用；事實上，根本沒有這回事。我們心中的銘印才是問題的癥結。切勿從你身處的企業向外尋求另一個更加健全的企業。你必須改變自己的銘印，使用強而有力的道德邏輯嚴格地培養誠實正直的人格，然後坐賞企業的轉變。你的新銘印促成了企業的改變；逃離一個惡劣的環境，其實於事無補。

問題(44)：你發現自己失去了商業的敏銳度。你的腳步似乎趕不上商場的瞬息萬變。當你面對錯綜複雜的商業挑戰時，你的表現已不若以往靈敏迅速。

解決方案：截至目前為止，我們已經大量探討了各種銘印，影響了你每天面對的環境，以及每天接觸的人物。但是你的心，你的思維呢？古老的西藏智慧典籍指出，清澈明晰的思維能力也是過去植入心中的銘印的結果，如果你一直不信守「種善因得善果」的生活原則（也就是說，你一直沒有了悟此一深邃眞理的存在），你將失去清明的思維。

曾經有幸親炙西藏上師的人，都有一些令人津津樂道的故事，是關於這些偉大上師處理生活中最平凡的事物時，所展現的神祕而不可思議的洞察力。我的一個朋友偕同一個從西藏來的喇嘛駕車旅遊。這位上師是一個上了年紀的僧人；流亡至印度之前，他居住在喜馬拉雅山區的偏遠地帶，一直到最近才坐過車子。那輛車拋了錨，駕駛下車掀起車蓋檢查引擎。

上師也下了車。如同古老典籍所說的，觀察別人做一些你還不知道如何處理的事情是好的，因為你可以從中學習一些事物，以在未來幫助他人、利益他人。他靠了過去，躬身看著他之前從未見過的汽車引擎，然後使用他僅知的幾個英文字，詢問汽車引擎的幾個零件如何運作。接著，他指著交流發電機說：「你得把這個玩意兒修好。」

問題果眞出在交流發電機上。我經常把這位上師的心想像成一台速度超快的電腦，根據他所了解的幾個零件的功能，迅速地推演出每一個零件的可能功能，換句話說，當他凝視著引擎這個新奇的玩意兒，觀想引擎內部的運轉過程的時候，幾乎等於是在心理重新製作了一具熾熱運轉的引擎，然後經由周密的邏輯思考，獲得一個結論：引擎哪一個部分出了問題。

這種比尋常人快速、清晰地推斷出問題癥結的高等思維能力，不是基因遺傳、營養、甚或訓練出來的結果，而是過去銘印所造成的結果。而了解銘印如何運作，創造了我們眼中的世界，並且依照這層了解，遵循誠實正直的道路，便是植入這種銘印最強而有力的方式。

問題(45)：在你的生活之中，公義似乎不復存在。無論何時，當你受到同事或競爭對手的冤枉或無理的對待，有關當局（指你的頂頭上司或法官）似乎從不提供援助，以及你所希望得到的保護。

解決方案：你無法從任何當權人士身上獲得應享的協助和保護，代表了事物最基本的秩序已經混亂瓦解。在生活之中，或許沒有一件事比自身受到侵害、進而尋求正當合法的補償，卻沒有獲得公平正義的對待來得令人心灰意冷。這種特別感受的產生，自有其特殊的肇因：你不願意認清事物運作的秩序，尤其不認同銘印運作的第一條法則，而在心中種下了銘印。銘印運作的第一條法則指出，透過有意識地、蓄意地傷害他人的負面行爲所種下的銘印，只會導致一個負面的結果，包括負面的感受以及面臨外在世界或內心世界的負面經驗。

每當你的信念和行爲違反銘印運作的第一條法則的時候——更實際地說，每當你刻意傷害他人、卻希望獲得善意的回報的時候，你輕蔑此一法則，棄法則於不顧。例如，你撒了幾個小謊（負面銘印），希望生意能夠成交（令人滿意的結果）；你不實報稅（負面銘印），希望能夠爲自己留下更多的金錢（令人滿意的結果）；尋找不用支付貨物進口稅（負面銘印），以降低商品的價格，使商品更具競爭力（令人滿意的結果）。你必須了解，就行爲的內容來說，一個負面的肇因（例如傷害或欺騙他人）不可能導致正面的結果（例如個人與事業的成功）。

換句話說，若想要從一個負面的銘印獲得一個令人滿意的結果，簡直是天方夜譚。每當你產生這種錯誤的想法，每當你暗示地或直接地否認萬物的自然秩序，你又在心中種下了一個銘印，迫使你經歷外在社會秩序的翻覆。即使你是「對」的，你的上司或法庭也將予以反對。

解決的辦法非常簡單：花一些時間，不厭其煩地熟悉此處所提出的新概念（對於西方人士來說，的確是一個新的概念），以及熟悉「你的誠信與否創造了你的世界」的概念。文化的怠惰使我們拒絕思考整個世界和宇宙的由來，以及充斥於世界中的惡劣事物從何而來；這種怠惰將招致危險，我們必須加以克服。在商場上，當每一個商人基本上採取相同行動的時候，爲什麼會出現幾家歡樂幾家愁的局面？負面的結果必定源自負面的行爲；你必須了解導致負面結果的原因和過程，然後你就可以坐觀龍爭虎鬥。

問題(46)：在商場經歷了一段時間之後，你逐漸地發現，你的誠信水準已經顯著地下滑。

解決方案：這是一本關於商業誠信的書籍；本章節最後一個問題的解決方式，可能完全出乎你的意料之外。你今天失去誠信，是過去蔑視誠信的結果。簡而言之，長期以來，你一直抱持著在商言商、無關誠信的想法，如今你必須面對自己失去誠信的事實。最糟糕的是，曾經使你功成名就、飛黃騰達的潛能，將反過來對抗你，因爲使你誤解事物的眞正起源的銘印，恰恰是最難以克服的銘印。爲什麼呢？因爲你必須了解銘印，才能克服銘印。它是一個循環；如果你無法了解獲致人生事業成功的方法，那麼你將困在「誤解」的循環之中。

審視自身的信念

你必須努力克服對於本書提出的觀點所產生的天生抗拒。如果你仔細思考，你將發現，許許多多關於成功從何而來的主張和信念，早在你極爲年幼的時期，就已經植入你的心中。你對於人生的許多見解，其實是小學一、二年級的老師所灌輸的；如果現在你們見面交談，他們可能反倒認爲你荒謬可笑。

爲了獲得眞正的圓滿成功，你必須學習去戰勝過去數十年來，老是導致不良後果、或充其量偶爾讓你嘗到甜頭的思考和行爲模式。在每一個時代，在世界的每一個角落，眞正權傾一時、一呼百諾的人物，必定一再地審視伴隨他們成長的信念。

切勿讓存在於國家與文化中的偏見，以及未經檢視的假設，主宰了人生和事業的成敗。記住，你的文化所定義的好、壞、對、錯、成功、失敗，會隨著時代的變遷而有所改變，甚至在你有生之年，你都能夠親眼目睹其中的變化。我成長於美國的西南部，當時有一種叫做「跑數字」的活動，是危害最鉅、涉及犯罪的活動之一。

我不知道「跑數字」是什麼意思，於是我問我的母親。她說，只有壞人才會去玩；這種勾當通常在穿過城鎮的鐵軌的南方進行。他們在手臂上注射海洛因，在酒吧買醉，並且跑數字。他們走進一個漆黑的房間，把錢交給一個男人，換一個數字。等到參加的人數夠多，累積的金錢夠多，每一個人都拿到號碼之後，那個男人就閉上眼睛，抽出一個號碼；被抽中號碼的人可以獨得所有的獎金（那個男人已事先拿走一部分的賭金，做爲他的「服務費」）。

今天在美國，人們稱之爲「樂透」，由政府來經營。跑數字的人違法犯紀，被送進監牢，但玩樂透的人，則是在幫助社會大眾；然而，跑數字和玩樂透其實是換湯不換藥，半斤八兩。在一九二〇年代的美國，私藏酒精或使用酒精是觸犯了聯邦法令的罪行；如今已經合法化，而且蔚爲風尚。優秀傑出的美國開國元勳贊同蓄養黑奴；數十年來，人們不停地辯論黑人究竟是動物還是人種。在紐約，虐待寵物是非法的，因爲人們推測，寵物大概也有感覺；然而，在美國每年卻有數百萬頭的動物遭受屠宰，用來祭人類的五臟廟，嗯，想必這些動物是沒有感覺的囉？

上述的言論無關賭博、種族主義、食肉或不食肉，只有一個用意，便是在說明人們相信文化所告知的每一件事。無論是小學老師、父母、或教堂、寺廟教導你這些「文化信條」，你就是不能盲目地相信，盲目地成長。你就是不能盲目地接受廣爲流傳、被大眾認可、合法的事物，或接受被你稱之爲「家」的小世界所相信的事物。你不能僅僅因爲其他人都遵循同樣的經營方法，你就盲從奉行。

理解成功與失敗之因

有一件事向來令我感到驚訝。每隔幾個月，安鼎國際鑽石公司的所有人歐佛就會把我們召進會議室，得意洋洋地揮舞著一本書說：「就是這個！瞧瞧我搭機前往達拉斯途中，在機場的書店發現了什麼！這是解決我們所有的商業問題的答案！它是一本關於如何做生意的最新暢銷書。」

「歐佛，你知道這本書的作者嗎？」

「喔，知道，當然知道，他在全美各地發表演說，談論事業成功之道，非常鼓舞人心。」

「那你知道他一年賺多少錢嗎？」

「這我就不知道了。讓我瞧一瞧。他一年大約賺個八、九萬（美元）。」

「那你一年賺多少錢？」

「嗯，我一年賺幾百萬（美元）。」

「那麼你爲什麼要讀這本無聊乏味的書？那個作者一年賺的錢，只不過是你賺的錢的零頭而已。你有沒有發現，這個人所陳述的成功之道，和去年他在另一本書中所說的完全相反？」

你既然投入了如此大量的時間從商，你應該也願意花一點點的時間思考，事業究竟是如何運作的。如果你眞的能夠理解事業成功或失敗的基本原因，到了最後，你可以省下許多寶貴的光陰。無論是個人或事業的圓滿成功，都是一個結果，而所有的結果都有一個起因。當你一再重複相同的「因」，你就會得到相同的「果」。如果你從商的方法，沒有一直讓你獲得相同的結果，則你尙未找到獲致成功的因。如果你不知道什麼是邁向成功的因，而你又不斷地嘗試一些你明知行不通的方法，那麼你就太怠惰了。因此，如果你沒有功成名就，也不用太驚訝。

在古老典籍之中，一致同意心的能力；心的潛能是無限的。我建議大家閱讀本書，而且是一遍又一遍地閱讀，特別是「相互關係」和特定商業問題的解決辦法等部分。你不一定要記住每一個問題對應的解決辦法，因爲你只要打開書本，順著題號就能夠輕易地找到答案。然而，你必須開始深入地了解，每天行善作惡所種下的銘印，是如何決定了事業的成功或失敗；然後，你就可以好好地規劃未來，靜待夢想成眞。

8

眞誠行動，如願成眞

藉由勝者的加持，
藉由潛能的力量，
藉由事物最深本質的力量，
藉由內心深深祈求的真誠力量，
願我們所祈求的，
皆如願成真。

藉由勝者的加持，
藉由潛能的力量，
藉由事物最深本質的力量，
藉由內心深深祈求的眞誠的力量，願我們所祈求的，
皆如願成眞。

西藏人用以下的兩行文句表達了眞誠行動的意義：

假若我的所作所爲是眞誠的，
那麼，願我的祈求皆能成眞。

讓我們單刀直入，把話攤開來說。我們屢見最爲良善正直、眞誠坦率的人，經過了商場冷酷無情的蹂躪之後，變得一無所有；而自私自利、貪得無厭、泯滅道德的人，卻平步青雲、飛黃騰達。這些事實不是違反先前所陳述的銘印法則嗎？

因果法則及運作過程

「何以邪惡之人繁榮昌盛？」如《聖經》所說，何以不見廉正誠實之人繁榮昌盛？這其中有個非常簡單的解釋，包含了以下幾個基本原則：

(1) 因先於果

顯而易見地，我們徹底遺漏了最明顯的事物。根據我們先前所描述的法則，如果某人坐擁萬貫財富，必定是因為他過去待人慷慨寬厚所留下銘印的結果；那麼他眼前享有的功成名就，便是源自過去慷慨大方的心態。

這並不意味著，目前享有成就的人擁有慷慨寬厚的心態；如同廚房餐桌上有一盤蘋果派，不代表在廚房下方的地底，正有一棵蘋果樹開始發芽成長。蘋果派是蘋果樹開花成熟之後的結果；而目前開始成長的蘋果樹，則是未來結成蘋果的因。

如此一來，每一件事都變得合情合理。一個成功的商人享受過去慷慨銘印的果實；同時，他也因為目前的貪婪或吝嗇，而種下了引發未來金融災難的新銘印。

(2) 因小於果

切記，在特殊情況下所植入的銘印（例如滿懷強烈的慈悲心所做出的一個微小善行，或在一個人亟需孔急的時候，所給予的一個小禮物）具有無限強大的力量。而所有的銘印蟄伏於潛意識的時候，以指數成長的速度養精蓄銳。一個享受巨額財富的人，可能在過去、於類似的特殊情況下，對他人做出了微小的善行。

(3)因的成熟需要時間

毋庸置疑地，銘印運作的方式如同植物的成長。沒有人是在星期一於花園播下一些花種之後，隔天一整天就站在花園裡等待花開，如果到了傍晚，花朵尚未綻放，他們就變得憤怒沮喪。

我盡可能以現代的方式呈現書中的訊息，但仍然嚴謹地固守古老經典的原意。然而，有一點我必須事先提出說明，尤其在事事講求快速功利的速食文化時代的思維之中，這可能不太受人歡迎：我必須聲明，種植和照料銘印需要時間和耐心。我已經教授許多人這個方法，但總有一些人半途而廢。你必須連續好幾個月，不間斷地遵循書中的原則，才能獲得具體的成果。

沒有從中獲益的人不外乎有兩個原因：第一，他們遵循書中法則的時間不夠長久；第二，他們的方法不對（他們一向認爲自己的方法是對的，直到他們停下來思考，才發現自己是錯的）。記住，銘印植入的速度是每一彈指六十五個銘印，也就是每一秒六十五個。在一整天面對周圍人事物的煩惱之中，偶然生起的幾個善念其實不會產生顯著的結果，而你也不應該有所期待。

西藏早期的佛教徒，也就是爲人所熟知的噶當派，是一群非常單純樸實的人們；他們有的是牧人，有的是木匠，有的是小農民。他們用簡單卻敏銳的方式，欣喜地接受嶄新的佛教觀點，如魚得水。他們隨身攜帶一個裝了一半白色鵝卵石與一半黑色鵝卵石的小袋子。每當他們心中生起一個非常良善的念頭、或對某人說了一些非常正面的話語、或行了一件善行，他們就從袋中取出一粒白色鵝卵石，放進左邊的口袋。每當他們心中生起邪念、或口出惡言、行爲殘酷苛薄，他們便從袋中取出一粒黑色鵝卵石，放進右邊的口袋。

一天結束、臨就寢之前，他們從兩邊的口袋掏出所有的鵝卵石，清點白色鵝卵石與黑色鵝卵石的數量。他們立即發現（你也將有相同的發現）黑色鵝卵石的數量遠遠超過白色鵝卵石的數量。這不意味著我們所有人都是惡魔，或應該時時感到內疚或自慚形穢，而是我們的心大多如此運作：惡念多於善念。儘管如此，我們的心具有一個非常非常重要的特質：心是可以訓練的。只要一點點的練習，你的心幾乎可以學習任何事情；而其中的關鍵僅僅在於你是否專注精進。

(4)追蹤記錄系統及六時書

安鼎國際鑽石公司的鑽石部門原本座落於曼哈頓一幢建築的四樓。從該幢建築的地下室一直往上幾層樓曾是一個大規模的珠寶製造場所，後來大部分的製造設施都移往海外。製作珠寶不若生產一輛有著數千個零件的汽車；製作一件珠寶通常只需要兩樣東西：鑲座，以及寶石。

然而，一只鑽戒在鋪貨進入百貨公司的專櫃之前，所必須經歷的步驟多得令人吃驚。首先始於促銷規劃：某個人構思出一個新款的設計，大略描繪出一個草圖之後，交給設計師；然後設計師依據草稿，畫出一個完整、具原尺寸大小的設計圖，讓重要的相關人物過目之後，稍作調整修正，再轉給工程設計人員。

工程設計人員從工程學的角度檢視設計圖：那只鑽戒的戒身（shank）是否足夠堅韌，可以經受一般的撞擊傷害？（有一次，我們收到一個客户退還的一只戒指。戒指面目全非，整個扁掉了。客户原本聲稱那枚戒指有瑕疵，但經過我們施壓之後，她才坦白承認，戒指是在她清洗馬桶的時候，被翻落下來的馬桶座給砸爛的。不管怎樣，我們還是換了一枚新的戒指給她。）戒指的鑲座足以防止鑽石的脫落嗎？戒指的樣式可以順利地進行大量生產製造嗎？是否有足夠的光線可以從鑽石的側面和後部進入，使鑽石發出閃耀的光芒？工程設計人員必須考量諸如此類的問題。

接著由計算成本的人員從經濟的角度來評估生產製造的可行性。購買這只鑽戒的顧客會感到物超所值嗎？鑲在戒指上的鑽石看起來和原本的大小一樣大，還是更大？相較於市面上類似款式的商品，這只戒指的價格如何？我們能不能去掉一些金子的份量，而不影響戒指的外觀和耐用的程度？大量製造、存有現貨的風險是什麼？

經過以上的程序之後，工匠製作一、兩件實物，並進行測試。自從數千年前埃及的金匠發明了戒指鍍金的方法以來，鍍金的程序幾乎沒有任何改變。爲戒指鍍金的手續，稱爲「脫蠟過程」。首先，製模匠依照設計圖樣，小心翼翼地從一塊質地特別精純、經久耐用的蠟上雕刻出戒指的原版模型。

然後，這塊原版蠟模會浸入一個方形的液態橡膠之中；液態橡膠包覆蠟模，形成堅硬的外殼。接著，模型切割師傅拿著一把外科醫師用的精密解剖刀，小心謹愼地從橡膠方塊的一邊橫切進去，如同切一個漢堡麵包一般，直到他們能夠挖出原版蠟模爲止。然後再從橡膠方塊的一個表面挖出一道溝，直通戒指形狀的凹槽。這塊橡膠就成了一個模型，師傅可以把蠟從那道溝灌入凹槽，製作蠟戒。

注蠟的技師用一條堅韌的橡皮圈，把新製橡膠模型的兩半綁在一起，再把一台機器的乳頭狀噴嘴塞進溝槽之內，注入熱蠟，塡滿戒指形狀的凹槽。當熱蠟冷卻之後，取下橡皮圈，輕柔地取出蠟戒。如果蠟戒上有任何的刮痕或瑕疵，整蠟匠（wax finisher）

會拿一把小刷子，把蠟戒的表面刷得平整光滑。修整蠟戒比稍後修整一枚金戒指簡單多了。

接下來，製作戒樹的工匠會利用製作蠟戒之時、在灌注熱蠟的溝槽所形成如細枝狀的蠟條（稱之為「澆注口」），把一堆蠟戒一個一個地黏在蠟條之上，如同一棵聖誕樹。整棵戒樹以底部朝上的方式，放入一個滿是熟石膏的小缸。

等到熟石膏硬化之後，放入一個特殊的烤爐烘烤。蠟質戒樹遇熱溶解，只留下一個布滿注蠟溝槽與戒指狀凹槽的石膏模型。此時，鑄造師父帶來裝滿純金塊或銀塊的小布袋，開始混合製作賦予戒指適當顏色與硬度的合金。

鑄造師父面臨的挑戰，絕不僅僅限於製作正確外觀與硬度的合金，更重要的是金與其他合金分毫不差的比例，以獲得眞正的十四K金或十八K金，金的比例不能多也不能少。一家珠寶公司獲利的關鍵之一，即在於此。在全球主要的珠寶市場，工資基本上是相同的，金子的價格也完全固定，每個人或許也支付相同的貨物稅等等。

因此，唯一的差別僅僅在於你控制戒指含金量的百分比，能夠到達多麼精細的程度。如果你銷售的是十四K金戒指，那麼戒指的含金量必須符合法定的百分比，即二十四分之十四，否則將落得聲譽掃地的下場；另一方面，你必須緊密控制，不要讓含金量超過二十四分之十四，哪怕只是一分一毫，否則你可損失大了。目前在寶石業界，有一種價值數十萬美元的高度精密分析儀，可以用來分析戒指成品的含金比例，準確度極高，即使含金量超出萬分之一，也能夠檢測出來。

我們曾經使用一台分析儀來檢驗一批由泰籍供應商供應的貨物，是否含有足夠的金量。當我們向對方顯示了分析儀分析的結果（貨品含金量過高，他損失了多少金錢時），他顯得有點震驚。你瞧，你希望你的供應商也能夠獲利，否則他們將提高貨品的價格，你的商品在市場上的競爭力也因此降低了。

鑄造師傅混合了合金，把合金融成液體之後，強力注入熟石膏模型的各個溝槽之中。當金子冷卻之後，鑄造師傅把熟石膏模型敲碎，留下一棵金光閃閃的聖誕樹，只不過樹梢上掛著的是一枚枚的金戒指，而不是聖誕飾品。接下來的工作由珠寶匠接手。在珠寶製造業，珠寶匠和經營一家珠寶店扯不上關係；他負責在珠寶飾品完成鑄造程序之後，爲它們進行削剪或銼光。

珠寶匠使用厚重的錫剪，或一把能夠剪下一大厚塊金子、同時也能夠把你手指分家的氣壓切具，開始把戒指從戒樹上剪下。切剪的訣竅十分簡單：剪得越接近戒指越好，不要在戒指上留下一塊突出的金塊，否則可浪費了。另一方面，你也不要剪得太靠近戒身，免得在史密斯小姐的訂婚戒指上留下一個缺口。現在戒指已經正式成爲「鑄造品」，準備放進轉筒待一個晚上。

當金戒樹在熟石膏模型內冷卻之際，金戒樹的外層呈現些許氧化，醜陋得像一層樹皮。因此，鑄造品看起來一點也不像閃耀著亮麗光芒的金戒指；它們黯淡無光，像是一些烤焦的玩意兒，因此得剝下幾微米（一微米等於百萬分之一米）的外皮。你不是把這些小玩意兒放進令人作嘔的酸液或砷（即砒霜）之中泡個澡，就是丟進一個持續翻轉的機器之中。

那個轉筒是一個圓柱狀滾筒、或是一個布滿特製金屬或塑膠珠子的轉輪，混入液體的泥漿。你把一堆從戒樹上剪下來的鑄造品扔進轉筒，啓動轉筒之後，一直運轉到隔天清晨。任何可以在夜間完成、不需要旁人監督的手續是最好最受歡迎的，因爲你把戒指完成交給客戶的約定時間，往往緊迫到以小時來計算，而不是用天來計算。

把閃著黯淡光芒的鑄造品從轉筒取出之後，由寶石鑲嵌匠接手。寶石鑲嵌匠異於常人，似乎源自其他種族。他們往往身形巨大，個性友好善良，坐在僅僅離地面一、兩英尺的小凳子上（這迫使他們工作的時候得挺直背脊）。在他們的前方，有一張伸著木舌的桌子；桌子的上方布滿了各種大小尺寸鑽頭的鑽頭支架。

寶石鑲嵌匠從鑽石部門取來一小包裹的鑽石，一股腦地倒進一個小杯子中；然後他執起一把鑽頭，在鑄造品上開出一個小小的、漂亮的、鑲嵌寶石的空間。這個空間可能是一個新開的凹洞，要不然就是原本即已存在的分岔，寶石鑲嵌匠只依照原先的設計，在上面雕出刻痕。接著，他拿起一小塊圓錐形的蠟，把一顆鑽石的上端慢慢地放置在圓錐形蠟的尖端，如同把一粒蘋果放在一根甘蔗的頂端，努力保持平衡。他戴著特製的眼罩，敏捷熟練地把圓錐形蠟翻轉過來，把鑽石塞進凹洞之中，儼然一個心臟外科醫師。在這個行業，寶石鑲嵌匠非得有一雙最穩定的雙手不可。

然後，他拿起一把狀似小開罐器的工具，把鑽石緊緊地嵌入金戒指之中。這個步驟僅僅需要蠻力；因此，有很多寶石鑲嵌匠從腰部以上的身形，活像一隻大猩猩。儘管如此，在這個過程之中，仍然要「剛柔並濟」，既需要蠻力、也需要輕巧的技藝，因爲光光使用蠻力，可能會壓碎鑽石，那麼寶石鑲嵌匠就必須賠償一部分的成本。有一些寶石鑲嵌匠的薪酬較高，只因爲他必須承受鑲嵌某種寶石的風險。例如，在所有的寶石之中，祖母綠（綠寶石）是最軟的一種，所以在珠寶製造工廠所使用的綠寶石，有超過四分之一的數量會在鑲嵌階段遭到毀損。

完成鑲嵌之後，輪到拋光匠把戒指擦亮，顯露出細緻的光澤，並且處理寶石鑲嵌匠不小心在戒指上留下的鑿痕。然後戒指被放入沸騰的、由超音波震動的溶液之中，洗去殘留自拋光輪的碎末，並且撞擊震動戒指上的鑽石數千次。超音波撞擊鑽石，其實是在模擬戒指若是被一個活動過度的青少年買去，在穿戴的頭幾個月所可能受到的震動。如果鑽石沒有脫落，那枚戒指大概就可以戴了。

雖然製作一枚鑽石戒指的過程比你料想的還要繁複，但事實上，一枚鑽石戒指需要組裝的部分仍然不超過兩個。因此，令人驚訝的是，一般工廠所生產製造的戒指之中，大約有三成品質出了問題，必須回到某個生產步驟來重新處理。一枚戒指的利潤大概只有幾美元，而每一次，一枚戒指必須重回生產線、再加工處理時，所耗費的成本可能多過銷售一枚戒指所賺取的利潤——比起說你是在免費奉送那枚戒指給購買的顧客，這算是一種客氣的說法。

想像你自己和十二位副總裁、公司所有人一起圍坐在會議廳的桌邊，桌上覆滿數百只鑲著各種顏色的寶石、光彩奪目的美麗戒指：有黃寶石戒指、紅寶石戒指、電氣石戒指、鑽石戒指、珍珠戒指以及紫水晶戒指。每一枚戒指都有一些刮痕，完全喪失了上市銷售給顧客的價值。會議桌上的每一枚戒指都將作廢。那是一個令人心碎的過程；每一件動人的創作，以及生產製作所投入的血汗，全都被丟入沸騰的酸液之中。酸液融化金子，留下寶石；然後再過濾出酸液中的金子，重新使用。

經過幾個小時熱烈激昂的討論（沒有人願意承認是他們管轄的生產部門弄出了那些刮痕），你很清楚地知道，刮痕是打哪來的。然而，現在該部門恰好有幾個非常頑固的員工，如果你公開譴責他們工作品質惡劣，他們可能會想辦法在新一批的戒指上，再多弄出幾道刮痕。因此在安鼎國際鑽石公司，我們想出了一套辦法，簡單稱為「數數」。

你把話傳給部門之中不負眾望、經其他員工私下認同推舉的帶頭人物（這些帶頭人物和那些不受部門員工歡迎、經由行政任命的中級主管恰恰相反，能夠影響多數的其他員工），要求他們提出一個數字，看看有多少戒指的刮痕是他們部門特有的刮痕。你只是要追蹤記錄刮痕的來源和數量。沒有指責，沒有責備，也沒有懲罰，只要讓我們知道，每一個星期有多少只戒指出現刮痕。

你知道接下來會發生什麼事了。一旦開始追蹤記錄，幾天之內，刮痕就不再出現了，而且沒有人覺得不痛快。你獲得了你所希望的結果，同時也沒有人感到罪惡內疚，因爲罪惡內疚往往會引發新的問題。然而，這和銘印有什麼關聯？

萬物具有任何發展的潛能，而經由過去行爲所種下的銘印運用此一潛能，並且決定了人們看待每一件事物的方法，甚至決定了人們的思想。你或許能夠徹底地了解此一理論，但遵循此一理論而獲致事業的成功卻完全是另一回事。實踐此一理論的最好方式，便是建立一個追蹤記錄系統。你只要持續記錄自己的狀況即可，其中沒有任何評斷，也不必爲自己感到內疚。

在西藏，這個追蹤記錄系統稱爲「呑讀」，即「一天六次」之意；我們稱之爲「六時書」。如果你奉行此一系統，你將獲得成果；反之亦然。這是本書最重要的一個要點，如果你眞的想要功成名就，就得仔細聽從。

你出門去買一本可以塞進口袋、用來規劃每天行程的日誌。然後瀏覽上一章節所陳述的四十六個商業問題，從中選出最切身的三個問題。那些是你最大的三個問題，也是你必須全神貫注的三個問題。當其中一個問題消失解決了，或達到某種程度的改善，再從問題清單挑出第四大的問題替補，如此類推。

把幾頁日誌分別畫出六個框框，每一個框框可以寫下五、六個句子。把框框編上編號，然後在頭三個框框（第一號至第三號）分別寫下幾個字，提醒自己解決每一個問題的辦法。然後在第四號至第六號框框重複此一步驟。頭三個框框在中午前使用，後三個框框在中午後使用。

每天早晨，在你出門上班之前，檢查第一個框框的解決辦法。例如，你面臨了問題：公司裡外的人似乎都在欺騙你。解決問題的方法是，你必須小心翼翼地避免驕慢，以及病態地渴望他人的認可；言辭正面積極，傾聽每一個人的意見，並且從中學習；讚美認可值得賞識的人。

現在，在框框的左邊放上一個小小的符號「＋」，並在符號的旁邊寫下前一天你曾經想過（意）、說過（語）、做過（身）最接近解決問題的行爲，例如，你花了一些時間想了想某位員工的好處，然後表達你的感激之意。你不需要長篇大論，否則你將感到厭倦，而放棄追蹤記錄系統。你只要幾秒鐘誠實的自我反省，簡短快速的記錄即可。

然而，空洞無物的泛泛之談也不在記錄的範圍之內，因爲它們起不了作用。我們不需要記錄「在工作場所，我是一個非常正派的好人」之類的句子，而是「星期二下午三點十五分，我走到蘇珊的座位，在每一個人面前感謝她過去六個月來，默默地把存貨盤點報表整理得如此妥善完好。」這種記錄你小成就的舉動，創造了一個非常強烈的銘印；很快地，你也將發現，人們欺騙你的問題甚至在你發覺之前就消失了。

在符號「＋」下面，劃下一個符號「－」，然後回想前一天你所做的負面行爲。例如你可能寫下「昨天下午兩點三十分，我站在馬克座位的附近，拒絕聽他提出關於採購政策方面的意見。」同樣地，當你做記錄的時候，必須明確具體。這是六時書唯一能夠發揮效用的做法。切記，銘印在蟄伏於潛意識期間，不斷地成長，即使是微不足道的銘印，也將產生巨大的結果；但前提是，它們必須明確具體。

最後，在符號「－」的下方寫下「要做的事」的字樣。在這個項目底下所記錄的事物，是當天的行動目標；它非常簡單，但也是你想要改變自己的強烈象徵。它可能簡單如「想一想羅勃曾經提出的兩個好意見」或「今天至少要感謝有色寶石部門的一個工作人員」。這些「要做的事」不要太多太大；事實上，你在六時書所記錄的每一件事情，都必須以輕鬆簡短爲宜。你是一個大忙人，如果你事事長篇大論，到最後你會精疲力竭，失去興致。

最重要的是，你必須記得你爲什麼持有、記錄六時書。持有六時書的用意不是在提醒你做錯了什麼，使你感到罪惡愧疚。事實上，在藏文中，沒有用來表達「罪惡愧疚」的字眼，最接近的意義也只不過是「理性的懊悔，下定決心改頭換面。」改變你的未來，使你的未來更加豐足更有意義，是一個非常徹底、非常愼重的嘗試。這種嘗試沒有什麼不對，尤其你充實的未來來自你寬厚慈善待人的結果，那就更加無可厚非了。現在，你又多了一件「心靈園藝」的工作：你研究哪一種銘印可以幫助你達成目標，然後在心中種下那個銘印或種子。你有意識地播下種子之後，便可以坐享未來的非凡成就。

在一天之中，大約每隔兩個小時就追蹤記錄一次。你獨自在辦公桌前靜靜地記錄（每一個人都會認爲你是一個大主管，正在檢視忙碌的行程）；如果周圍人聲鼎沸或電話應接不暇等等，你可以暫時離開座位，走到一個較安靜的角落，記錄你的六時書。我就曾經以上洗手間的名義，於會議進行期間離席，記錄我的六時書。

把記錄的項目分散在一天中執行是很重要的；這也是它稱爲「六時書」的原因。其用意在於，在任何負面的、巨大的銘印種入心中之前，持續地或每隔幾個小時地審視自己。如果你在上午八點做了一次記錄，那麼在上午十點三十分休息喝咖啡的時候再做一次，然後午休的時候做一次，下午一次，或許在回家的路上再做一次，在晚間完成最後一次的記錄；然後於就寢之前，回顧所有的紀錄，把一整天之中，你所從事最好的三件事和最糟糕的三件事做一區隔。切記，不要評斷自己，或感到罪惡愧疚；你只是記錄一天當中身、語、意的行爲。藉由追蹤記錄，你不知不覺地脫胎換骨；藉由自身的改變，你的世界也隨之改變，成爲你所嚮往的世界。如果你持續記錄一段時間，將獲得令人驚訝的成果。

(5)了解使銘印更強大

現在你應該可以了解，爲什麼有人誠信從商，一生奉行不渝，卻沒有及時獲得善報！你必須一整天持續不斷地行善，即使那是多麼微不足道。你也必須持續好一段時間。最後，你必須讓植物有生長的時間——這正是因果法則（cause and effect，業果）的本質，以及銘印潛能的本質。

此外，另有幾個細節可以顯著加速銘印運作的過程。當你追蹤記錄六時書的時候，如果你了解銘印運作的方式，則六時書將發揮更大更好的效能。也就是說，每當你進行記錄的時候，停下來仔細眞誠地反省觀照。在事業方面，你正面臨了一個難題，然而許多人置身同一個市場、同一家公司或同一個部門，卻沒有遭遇相同的難題，這是因爲你心中的銘印使你用異於他人的觀點看待事物。因此，你必須找出心中的銘印，並且種下相反的銘印，使原先的銘印喪失功能。

徹底了解銘印的運作過程，並且把心專注於其上，可以使銘印的運作更加迅速，力量更加強大。這同時也說明了，爲什麼有些人在商場上待人以眞，處事以誠，事業卻始終不見起色。然而，如果你在商場上嚴格遵守倫理道德規範，只是因爲本能直覺，或出於法律的束縛、企業的文化習俗、同儕的行爲舉止，或他人的強烈建議，是不夠的。你之所以奉行倫理道德的生活形態或從商方式，必須是受到一個清澈的、有意識的覺知所驅策的結果；你清楚地知道，你的行爲將在潛意識植入何種銘印，而銘印將如何影響你的事業發展。

(6) 眞誠的行動

爲了獲得人生和事業的圓滿成功，你必須爲人眞誠坦白。然而，分分秒秒、日復一日地身體力行卻是另一回事；清楚明白獲致成功的銘印的運作過程，則又是另一個更高的層次。爲了使銘印立即發揮力量，讓你改頭換面，以新的眼光看待世界，還缺臨門一腳。

而眞誠的行動即是所謂的臨門一腳。在一天結束之後，或許是在回家的途中，拿出你的六時書，仔細審視在過去二十四小時之中，你所記錄下來的正面行爲。想像每一個正面的行爲在你的心中留下了多麼強而有力的銘印，使你看見一個嶄新的未來，並且在事業和生活上獲得超出目前你所能想像的圓滿成功。盡情享受你每一個正面行為所帶來的成就，即使那些成就是如此的微不足道，都能夠激勵你繼續奉行全然眞誠的道路。

然後想一想這種眞誠所包含的深意。回顧一整天的言行舉止，你可以誠實地說，在這一天之中，每分每秒你都全然眞誠：你眞誠地待人（身，行為），你所說的一字一句都經過深思熟慮（語），即使是最深層最隱密的思維（意）都充滿了眞實誠懇。你善待周圍的每一個人，你待人以誠，生活以誠，然後你回顧所有的一切，你可以說，「是的，這是全然眞誠的一天。」

無論何時，當你擁有這樣的一天（它需要時間來練習），或擁有類似的一天，請繼續臨門的一腳，即所謂的眞誠行動。你祈請一個眞誠行動的力量賦予當天種下的所有銘印一個全新層次的效用。祈請的方式如下：

在這一整天之中，如果我確實時刻留意自己的身、語、意，以全然的眞誠對待每一個與我結緣的人，那麼我祈請一個全新力量的展現。願藉由此一嶄新的力量，我及所有其他眾生都能夠獲得快樂與繁盛。

當西藏人祈請眞誠行動的力量之時，他們也觀想無數道的金黃色強光從心間射出，彷彿太陽在他們的胸膛之中一般。他們觀想從心間射出金黃色光芒觸及周圍所有的眾生，例如先觸及同坐在公車上的人、每一個在同一個時刻回家的人，以及每一個在家中等待親人返家的人。

然後你祈願他們之中的每一個人都能夠在生活和事業上，獲得你所希冀的成就。如果本書所提出的潛能與銘印的原則是眞實的，那麼每一個運用這些原則的人，都能夠同時獲得繁榮昌盛，而且可能是滿溢的充裕富足。

六時書記錄原則

一、找出目前最切身的三個問題（可參考第七章所列舉之常見的四十六個商業問題）：例如，問題㊱：公司裡外的人似乎都在欺騙你。

二、在隨身的幾頁日誌中，畫出六個框框，並加以編號，一天中分六次使用。

三、早上出門前檢查問題的幾個解決方法，分別以加減符號表示前一天的正負面行爲，並明確、具體記錄之。

四、在加減符號之後，寫下「要做的事」，做爲當天的行動目標。

五、就寢之前，回顧所有的紀錄，將你所做的最好與最糟的三件事做一區隔。

六、記錄要誠實、簡短，追蹤自己的身語意，但不加以評斷。

六時書之範例

中午前	中午後
❶ 8：00 am 問題⑶⑹之解決方法： ◎避免驕慢 ◎不要病態地渴望他的認可 ◎言辭正面積極，傾聽別人意見，從中學習 ◎讚美別人 **＋（前一天的正面行為）** 昨天下午 3：50，我走到蘇珊的座位，感謝她過去六個月來，默默把盤點報表整理得很好。 **－（前一天的負面行為）** 昨天下午 2：30，我站在馬克座位附近，拒絕聽他提出有關採購的意見。 **要做的事（今天的行動目標）** 今天至少要感謝有色寶石部門的每一個工作人員。	❹ 15：30 pm 方法同左。
❷ 10：30 am 方法同上。	❺ 17：00 pm 方法同左。
❸ 13：00 pm 方法同上。	❻ 19：30 pm 方法同左。

【第2部】

享受財富
安頓身心

9
在寧靜中安頓生活

在每天的靜默時光中，
你獨自靜坐，
理清你的思緒，
為一天做好準備。
觀想自己達成目標，
成為你希望成為的人。

現在你應該已經了解《金剛經》的精髓要義；你明白，沒有一件事物本身具有某種特定的本質，否則每一個人對同一件事物都會產生相同的看法與感受。既然對事物所產生的觀感不是源自事物本身，於是你也認識到，你自身即是事物觀感的源頭。然後你領悟到，過去所從事的身、語、意三方面的善業或惡業，在你心中種下了善的或惡的種子或銘印，支配左右了你對事物的觀感。

最後你了解到，只要持續追蹤記錄每天的行爲、思想，你就可以規劃自己的未來。這麼做的結果是，你企及了歷史上每一個人，以及商業史上的每一個人所希冀的目標：你掌握了自己的命運，你知道如何獲致成功。

靜默，開始一天生活

在此，我想要進一步介紹幾個不同的方法，讓你享受成功的最大歡悅。佛教思想家言道，獲致成功是一回事（以獲得物質的、有形的成功來），享受成功卻完全是另一回事。在這個章節以及接下來的幾個章節，我們將要探討，在追求成功的同時，每天保持快樂的各種方法。首先，我們必須學習如何「安頓日子」。

西藏智者稱安頓日子的過程爲「偏巴湯」，意指在每一天早晨，花一些時間靜默獨處，來安頓一整天的身心狀態；在藏文中，「偏巴湯」這個字句，與另一個表達「射箭」含意的字句意義相近。在每一天早晨的靜默時光之中，你獨自靜坐，理清你的思緒，爲一天做好準備。這一段靜默的時間如同六時書一般重要，在你創造未來的生活與事業成就的過程中，它扮演了不可或缺的角色。這個靜坐的修行法門源自佛陀的教授，例如兩千多年前，由佛陀宣說的《金光明經》即是其中之一。儘管現今的世界有了些許變化，不同於兩千多年前的世界，但是如何安頓一天的基本原則卻不曾改變。數十個世紀以來，這些基本原則經由上師完整地、不間斷地傳承給弟子，做爲一種深奧的、個人的終身修行。每天早晨，你也可以依法修行。方法如下。

有一種十分深邃殊勝的傳承指出，事實上，這種修法應該始於前一天晚間。在你上床就寢之後，首先依照我們先前所描述的方法，回顧一整天的作爲。審視一天之中，你所做的（身）、說的（語）、想的（意）最好的或最壞的三件事；尤其把你的心思專注於最好的三件事之上。在你入睡之際、也就是進入夢鄉之際，偉大的西藏上師指出，在許多方面，睡夢階段近似所謂的「中陰」階段，即介於人死亡之後、再度輪迴轉世之前的那段時間——先想一想隔天早晨鬧鐘響起的那一刻，先想一想隔天早晨醒來的第一個念頭，先想一想你伸懶腰、打哈欠、睜開眼睛的最初時刻。或許你早已經注意到，這幾分鐘靜默觀照的時間（事實上，也包括接下來的一個小時左右）是安頓一天、開始正面積極的一天的重要關鍵。而獲得一個好的開始的最佳方法，即是花一段時間獨處靜坐，自我反思觀照，以達到安頓身心的目的。

獨處靜坐有幾個基本的技巧；這些技巧是由西藏的偉大上師歷經了數世紀所發展出來的成果。如果你知道這些靜坐技巧，並且加以遵循奉行，即使每一天只花短短數分鐘的時間來修持靜坐，都將成為你生命中最重要、最珍貴的一個部分。這些技巧始於尋找一個處所，即在你居住的房子或公寓之中，尋找一個靜坐的地方。

在一個獨立的、分隔的地方進行晨間靜坐是很重要的。這麼說吧！你一覺醒來，就在床上靜坐是個很糟糕的主意。你剛剛才在那張床上睡眠了好長一段時間，那張床（那個處所）仍然布滿了困倦和黑暗的氛圍。在你的想法之中，床就是一個安安靜靜、讓人進入夢鄉的場所。因此，如果你在床上進行靜坐，你可能感到昏昏欲睡。離開你的床、活動活動是很重要的。

闢一方靜謐聖地

在西藏，僧侶起床之後，會先用水把臉潑濕，然後使勁地擤鼻涕，如此一來，他們在晨間靜坐之時，就能夠極為安靜，不發出任何聲響地呼吸調息。在我們的寺院之中，每天早晨一大群僧人用力地擤著鼻涕，此起彼落的聲響彷如一曲以鼻子吹奏的交響樂。接著你刷牙，如此在靜坐時，就能夠保持清新愉悅的口氣，也可以避免注意力分散。然後你取來可以補充身體水分的飲料，例如茶、果汁等等。如果你習慣喝咖啡，也可以喝一點點。你一邊啜飲，一邊清理你即將靜坐的一方處所。

這一方處所是你家中或公寓中的一個特別角落；你向來固定在此進行晨間靜坐。首先，它必須是一個靜謐的處所，而且家中其他成員都達成共識，當你在此處靜坐之時，不得受到任何干擾。我認識一些商界人士，他們在地下室清出一小塊地方，好好地整頓安排之後，用做爲靜坐的場所；有些人的居住空間較爲狹小，則添置了一些精緻優美的日式隔簾，隔出一個角落；有些人和家中成員打好商量，可以在早晨的某一段時間，例如七點至七點三十分，獨自使用客廳，進行靜坐。你可以隨意選擇一個場地，只要確定其他人將尊重你靜坐的空間與時間即可。你也必須移除所有可能造成干擾的物品。

所謂移除所有可能的干擾來源是指：暫時關上手機；確定其他人不會在附近高音量地收聽收音機或觀賞電視節目；把來自外界的噪音減低到最小的程度，例如關閉迎向喧鬧馬路或街道的窗戶。靜坐的時間和空間應該盡可能地保持靜謐，散發一種特殊的氛圍。如果在七點，家中或外界的噪音太多太嘈雜，你可能要把時間再往前挪一點。然而，爲了達到理想的靜坐成果，良好的睡眠品質也是非常重要的；你可以依照自己的需求，滿足自己的睡眠時間。

如果靜坐的角落使你產生特殊的感受，幾乎如同一方聖地，則靜坐的效果會更好。

此空間必須保持整齊清潔；事實上，每天早晨，我們靜坐之前的第一件事，即是清潔打掃，或撢去灰塵、或清理整頓一番。即使這個空間已經非常整齊乾淨，我們還是得稍作打掃，如此還可以活動活動筋骨。**西藏智者言道，當你慢慢地幹活、清理打掃之際，你應該觀想，這是在清淨你的事業、你的生活，以及你的心**。

如果你把清潔打掃變成一種固定的習慣（你必須如此，否則收不到任何成效），你將發現，沒有多少東西是需要清掃的；或許只有一些灰塵或零星的紙屑。則我們可以接著進入一個更細微的層次：掃除地面上任何的微小污物。這個過程意味著，你的事業與人生已經臻至如此完善圓滿的境界，只需要做一些些維修保持的工作即可。當你進行維持的工作之時，別忘了思考此舉在事業上所象徵的意義。

如果你靜坐修持的處所乾淨整齊，將使你的心更加寧靜。下一個步驟是尋找一個舒適的座位；在該座位之上，你可以進入寧靜的狀態。進入寧靜的狀態，有如進入一場白日夢之中，或傾聽著你最喜愛的音樂。你的身體微微後靠，閉上雙眼，或凝視著眼前的虛空。在你的身體保持靜止不動，完全放鬆的同時，自由釋放你的念頭。要點是，你必須找到一個可以如此「泊靠」（安住）身體的座位，讓你深深地進入心的寧靜。換句話說，你靜坐的處所與姿勢，必須使你感到舒適，直到你和你的心決定結束靜坐爲止。

把心繫於一呼一吸

在西藏的古老教授之中，如果靜坐的姿勢能夠包含幾個要點，是最好不過的。最重要的一點是，你的背脊必須保持挺直。西藏人說，背部挺直與神經系統的內部運作有關；坐姿挺直，則神經系統的運作較佳，並且能夠幫助你專注心神。此外，坐在一個柔軟但稍微堅硬穩固的物件上是有助益的；並且用一塊枕頭稍稍墊高你的尾椎骨，可以幫助你保持背部的挺直。如果舒適的話，你可以雙腿交盤（即呈蓮花坐姿）。不過，如果你想要維持平常的坐姿，即雙腿下垂，雙足置於地面，也是可以的。

把你的雙手輕輕地放在大腿之上，掌心向上，試著放鬆全身。進行一連串緩慢但深層的呼吸是放鬆全身的好方法。這種呼吸調息的方法，有一個滑稽古怪的藏文名字，叫做「烏炯固」，至少在十六個世紀以前，就已經出現在一部名爲《俱舍論》的經典之中。這種呼吸調息的作用在於，把心繫於一呼一吸之上，阻絕其他的念頭和感受，使內心專注。

只不過，我們呼吸調息的時候，必須先呼氣，再吸氣！你把心集中於兩個鼻孔的深處，想像自己是一個站崗的哨兵，在這兩個小小的洞穴之中，監看是否有閒雜人等進出。當你一呼一吸之際，努力試著去覺察在鼻內流動的空氣的觸感：吸進的空氣比較涼爽乾燥，呼出去的空氣則溫暖濕潤。切記，你必須緊守崗哨：你的心必須專注於鼻子內部，以及呼吸空氣的觸感；你的心不可偏離。如果有人猛地關門，或大聲喧嘩，你可能因而稍微分心，但你必須盡快地收攝自己的心思，重新專注於一呼一吸之間。

依據古老的慣例，你應該重複數息十次（一呼一吸算做一次，數到十）。如果你大大地分心而亂了數目，你必須從一再開始數起。例如，你呼出一口氣的時候、你數「一」，吸進一口氣的時候、你再數「一」，這算做一次，以此類推。據說，這種數息方式（恰恰與我們平常的呼吸方式相反。例如，我們游泳的時候，我們先吸氣、然後屏氣、最後呼氣，這算做一次）具有額外的力量，可以把我們的心帶入內在的層次，專注於內在的念頭。如果你經常發現自己在數到十之前，就亂了數目，表示你很難凝神專注，這個現象將影響你事業各個層面的表現。因此，你應該更加固定地於每天早晨，特別留心地靜坐修持。

你可以閉上雙眼或睜開眼睛，只要你不被分心，睜眼或閉眼都無關緊要。如果你閉上眼睛，你可能發覺自己感到昏昏欲睡；同樣地，這也是一睡覺眼睛就閉起來的習慣所致。如果你睜開眼睛，你或許發現自己東張西望，心思散亂。古老的西藏經典指出，如果你張開眼睛，你應該努力嘗試，不要把眼睛專注於任何事物之上，只要凝視面前的虛空，彷彿大做白日夢一般，不去看任何地方。不過，如果你的眼睫毛能夠稍稍下垂，眼睛微微往下注視，是很好的。

每天，同一時間

此刻，你正保持著正確的坐姿，接下來該如何靜坐呢？該靜坐多久？我們先回答第二個問題。如果你每天能夠靜坐十五至三十分鐘，那是再好也不過的了。「每天」是一個很重要的部分；諸如此類的修行，如果不是每天持之以恆、從不間斷地修持，根本無法發揮作用。確保自己每天靜坐修持的最佳法寶，即在每一天的「同一個時間」靜坐。在過去，我每天早晨都在同一時間，從紐澤西州中部通勤前往紐約曼哈頓；在最後半個小時的車程中，公車在高速公路上直駛前進，在最後幾分鐘繞行環路之後，進入林肯隧道，然後抵達曼哈頓。通勤途中，我總是打盹片刻，而且每一天都在同一個時間、就在公車駛入林肯隧道之前醒來，然後打上領帶，穿上西裝。

在返回紐澤西途中，我會先小睡一番，藉以從忙亂異常的一天中恢復體力，並且補充前一天晚上的睡眠不足；而我幾乎也總是在相同的時間（六點十五分）開始打起盹來。這種習慣持續超過十年，因此即使我休假不上班或在度假期間，無論置身何處，只要六點十五分一到，我便昏昏入睡。同樣的情況也發生在中午用餐時間。許多年來，我們都在下午一點開始用午餐，因此無論我在世界的哪一個角落、無論我在從事何種工作，只要美國東岸的下午一點一到，我就開始覺得饑腸轆轆。相同的原則也適用於靜坐。

每天在同一個時段，爲自己挪出一些時間，例如每天早上七點。剛開始，靜坐對你來說有點困難。你既不習慣靜坐，對靜坐也一竅不通。但是，如果你持之以恆，每天在同一時間靜坐修持，它便開始成爲一種反射動作，如同吃飯或睡覺一般。然後，你靜坐修持的工夫越來越成熟，過了一段時間之後，它就會成爲你一天中最喜愛的時光。

那麼，我們該如何靜坐？當你端視著西藏高僧在晨間靜坐修持的法照之時，你可能會認爲他們只是坐在那兒，像是什麼也沒做一般。然而，事實並非如此。從開始靜坐一直到結束靜坐，你經歷了一連串非常特殊的心智鍛鍊活動，很像一名足球選手固定上體育場健身一般。到了你嫻熟靜坐修持的境界，你的心，以及經營事業的反應能力，都將如同職業運動選手般強健、敏捷、堅定。

當你坐定之時，務必感覺舒適。如果你不是眞正地感覺舒適，靜坐的時間一久，你必定開始不斷地扭動身體。調整你的坐姿，背脊務必挺直，然後坐一、兩分鐘，讓自己習慣周圍的靜謐。盡可能讓身體保持安靜，試著不要亂動。你慢慢地把心帶到呼吸之上，開始深呼吸，慢慢地數息至十。當你深呼吸之時，不要屏住氣，或做不自然的呼吸。有意識地關閉所有的感官：眼睛不注視任何物體，耳朵不聽任何聲響，鼻子不聞嗅在餐桌上等著你享用的早餐等等。當你數息至十，你便已經準備就緒，可以開始把心專注於當天所選擇的問題之上。在整個靜坐過程之中，如果你單單只是觀察自己的呼吸，是沒有任何助益的，因爲觀察呼吸只能暫時平靜你的心，一旦你面臨了當天工作上的頭號棘手問題，平靜的心立即崩潰大亂。

解鈴還需繫鈴人

靜坐之時，你應該積極謹慎地把大部分的時間用來處理阻礙你獲致人生或事業成功的難題。例如，你發現自己經常得費盡心力處理本書先前章節所描述的問題⑱：在你亟需援助的關鍵時刻，整個公司，上至管理階層、下至一般員工，沒有一個人願意挺身而出。把你的心平靜下來，數息至十，然後停留在此一境界之中，享受靜謐，接著有意識地把寧靜的心轉向你所面臨的問題。

首先，回想大約上個星期左右，同樣的問題重演的實際情況（這一點也不難）。你必須小心留意，切勿概化問題。事實上，你必須回想，當你需要援助被拒之時的具體情境。在你的心中，觀想事件發生的那一天、那一個地點，以及那一段時間；例如你觀想當天你置身的房間，坐在你身旁的人，以及站在附近的其他人。回想你如何請求協助，仔細觀想你如何遭到拒絕。回想拒絕提供援助的人的面孔和話語，回想你當時的感受。此時，你恐怕需要一些自我克制，才不會再次感到沮喪失望或怒火中燒。因此，當你回想之時，必須小心謹慎。

接著回顧整個事件所顯現的空性或潛能。切記，在你回顧的過程中，你也必須思考人們對於同一個事件會產生多麼迥異的觀感。顯而易見地，拒絕伸出援手的人，根本不在乎你面臨了困境；事實上，他們可能完全不認爲那是難題。然而，你認爲是如此，你視之爲一個大問題。

這意味著，問題並非出自問題本身，否則每一個人都會認爲它是一個問題。事實上，問題本身是空白的，是空的，是中性的；有些人視之爲一個麻煩，有些人則否。這代表了這個問題的本質源自他處，而非問題本身。如同我們先前所提及的，這個問題無非來自我們的心。

如此一來，你是不是無中生有、憑空製造了一個問題？完全不是如此。僅僅因爲你的心把它視爲一個問題，並不代表它就不是一個問題。事實上，正是這種想法把任何事情都變成了問題。同樣地，如果你決定不把它當做一個問題，也不意味它不會成爲一個問題。求援被拒或許眞的只是一種觀感，然而這種觀感及其結果卻相當眞實：你無法完成你的工作，而老闆也不會放你一馬。你可以花一整天的時間許願，希望那個問題不是一個問題；你也可以下定決心，不把那問題當做一個問題，然而，它就是一個問題，它會把你給害得慘兮兮。

接下來，你進入靜坐的靜謐，把你的心轉向問題的根源。現在你明白，問題的根源是你過去爲其他人製造了相同的問題，而在心中烙下銘印的結果。銘印種入心中之後，在潛意識中泅泳，如同一尾貪婪的、狼吞虎嚥的魚逐漸肥大，待時機成熟之際，浮上意識層面。在你求援被拒之時，此一銘印影響、甚至創造了你的觀感。拒絕提供援助的壞蛋不是某某經理或某某員工，而是你自己，因此解鈴還需繫鈴人。

角色扮演遊戲

現在，有意識地把你的心帶到未來，試圖參與一個可能發生的類似情境。努力去觀想你可能坐在何處、身旁可能有哪些人，以及當你尋求援助的時候，對方可能說些什麼話來加以拒絕。接著，在你的心中，玩一玩角色扮演的遊戲。觀想你過去如何應對類似的情境。在過去的經驗中，某某經理不願意幫助你解決困境，因此你暗自打定主意，他們將來也休想獲得你部門的支援。

然而此刻你已經明白，「正常」或「人之常情」的反應，恰恰與「正確」的反應背道而馳。在你拒絕伸出援手，以挾怨報復自己求援被拒的那一刻，你已經在心中烙下了一個新的銘印。此一銘印將使你在未來嘗到被人拒絕、孤立無援的結果。因此，當他人拒絕提供協助之時，你最不應該產生的反應即是以牙還牙。事實上，你應該以德報怨；你應該種下一個新的銘印，使你自己在未來享受他人鼎力相助的果實。而享受此一果實的唯一方法，即是主動協助他人，即使你曾經求援被拒，也要提供他們所需要的援助。想像一下，如果這個世界上的每一個人都能領悟此一絕妙的道理，世界將有多大的改觀！

在你靜坐期間，這種心理的角色扮演遊戲並非崇高偉大、遙不可及；這是一個非常合適的練習，可以帶來人生和事業的成功。在接下來的一或兩天，你所想像的情境將眞實地上演。當它眞的發生之時，你已經胸有成竹，準備就緒。透過情境的邏輯推理，以及事先盤算如何應對所建立的行爲模式，幾乎成爲一種自動的、不自覺的反應。然而事件發生之後，又開始因循舊有的習慣，使用正常的老方法來應對。因此，在靜坐期間的持續練習，可以使你停止沿襲舊習，提醒自己用新的、正確的方法來應對。你拒絕人生的失敗一再上演，你拒絕種下一再嘗到求援被拒的苦果；使用正確的方法來應對，就能打破原本的惡性循環。

你可以了解，這一段靜坐獨處的時間，對於你即將展開的工作天，具有多麼大的利益與價值！在古老的西藏，人們在問題實際發生之前，即未雨綢繆地練習處理問題，這是多麼聰明的想法！有助於靜坐的氣氛和地點，可以在你心中植入強烈的銘印（種子），做出正確的反應。因此，每天早晨數分鐘的靜坐，便成了接下來數個小時的無價投資。

成爲你希望成爲的人

在西藏的傳統中，有一個十分特殊的步驟來結束靜坐。在靜坐最後，你觀想自己達成目標，成爲你希望成爲的人。例如，觀想你已經研讀本書，熟習潛能與銘印的原則，並且從中獲益，財源滾滾而來，最棒的是，你知道如何獲致財富，也通曉如何使財富源源不絕的祕訣。除此之外，你也知道享受財富的所有方法。你小心謹愼地記錄六時書，並且在晨間靜坐修持，立即處理新的問題，避免製造新的問題。

但是，別就此打住。請你仔細思量：那是你所有的想望嗎？我不相信一個有血有肉的人不會希冀更多。你除了擁有萬貫財富之外，何不也成爲一個出色的慈善家；你賺進大筆財富，也布施大量的金錢；全世界的人景仰你、欽佩你，因爲你不僅創造財富，也知道如何正確地運用財富，知道如何使用金錢幫助他人，從中獲得最終極的滿足。嘿！你何不觀想自己如二十歲的年輕小伙子或妙齡女郎一般青春健康？因爲，只要你照料他人的生活和健康，所種下的銘印就可以讓你獲得青春的果實。最後，就我個人來說，我也觀想自己擁有許多偉大的人格特質，例如忠誠、靈敏、關愛、誠實、人見人愛的朋友、所有孩童與商業家的榜樣、好丈夫或好妻子、好父親或好母親；你知道嘛，就是童子軍的所有美好德行嘛！這正是我們所有人內心深處的眞正想望。

西藏智者指出，在靜坐修持的最後，應該盡可能地觀想自己是一個最有成就、最有智慧、最具慈悲的人。在結束靜坐起身之前，保持幾分鐘的靜默，努力觀想自己成爲自己所希望成爲的人。這將在你心中留下深強的銘印，在未來達成你的目標。請拭目以待。現在，趕快起身去上班，你可能已經遲了！

10
保持心靈的清澈明淨

何以故。須菩提。
如我昔為歌利王割截身體。
我於爾時無我相無人相
無眾生相無壽者相。何以故。
我於往昔節節支解時。
若有我相人相眾生相壽者相。
應生瞋恨。

如果你持之以恆地記錄六時書，並且在晨間修持靜坐，很快地，你將發現，你的工作情況逐漸有了轉變。你拒絕負面行爲不斷循環的做法，將緩慢但穩當地清淨你的周遭世界，一點一點地，從一個角落到另一個角落。首先，你所面臨的問題一個接著一個地遠離消失；原本令你惱怒的人轉而成爲朋友，或調職或另謀高就。最後，你的周圍都是自己所喜愛的人，在工作上互相激勵，共創成功。晨間靜坐除了提供應付工作困境的方法之外，也能夠使你的心更加滿足，更加平靜沉著。

照顧你的心

在本章節以及下一章節之中，我將進一步介紹享受成功最大愉悅的方法。更確切地說，即是在功成名就之後，如何獲得身心健康的法門。在商場中，令人感到黯然神傷的事實是：許多人犧牲自己的健康和家庭，換取事業的飛黃騰達。在此，我們將略加探討兼顧事業與健康的方法；也就是如何在公司中，成爲最出色的經理人員，同時亦擁有最強健的身體。而保持身體年輕強健的最佳方法，即是悉心照料你的心，保護它免於受到西藏人所說的「煩惱」侵襲。

在古老的佛教哲學之中，「煩惱」的定義是指「任何干擾一個人平靜心境的情緒」，你也可以稱之爲「邪念」。煩惱有成千上萬種，但總括來說，有六種煩惱爲害最大，包括用錯誤的方法喜愛事物（貪）、用錯誤的方法憎惡事物（瞋）、不了解事物眞正運作的過程（癡）、驕傲（慢）、怠惰懷疑眞理（疑），以及錯誤的見地（惡見）。

所謂貪、瞋有其特定的含意。與一些關於佛陀思想之錯誤理解相反的是，喜歡或憎惡事物並非是錯誤的。例如，你應該喜愛你的家人、上師，以及本尊。佛陀喜歡看見我們快樂，不喜歡我們常常把自己弄得鬱鬱寡歡。如果你喜歡某件事物的方式，到了令你心煩意亂的程度；或爲了得到你喜愛的事物，而不擇手段地傷害他人，那麼這就是一種煩惱，我們稱之爲「愚蠢的喜愛」，因爲傷害他人來達到自己的目的，正是自己無法達到目的的因。

本章的要點即在於了解煩惱將一分一秒地危害你的健康，在喜馬拉雅山區所保存的祕藏之中，描述了更多關於煩惱的細節：煩惱（負面的念頭）如何影響身體健康；而衰老過程本身，與煩惱密切相關。換句話說，在工作場合裡，每當你感到心煩意亂、每當你感到憤怒或惱火、每當你心生忌妒的時候，你體內的某些部分受到壓抑，或灰白了一、兩根頭髮，加深了臉上的皺紋，心臟抽緊等等；最後，負面情緒造成的身體變化全部加總起來，使你變得衰老，失去年少小伙子的旺盛精力。而這些祕藏也指出，煩惱甚至是死亡的肇因。

本章的目的在於提供一些方法，幫助你處理負面的念頭。我們先回到《金剛經》

裡，佛陀描述了他多生多世之前所經歷的一個遭遇，故事內容大略是：佛陀曾是一名僧侶，以「忍辱之師」的名號爲人所熟知。有一天，他在森林中用背部倚著一棵大樹禪坐修法。這座森林是歌利王[1]及其隨從出遊狩獵之地。那天，王后及其隨從也一起出宮，在她的丈夫和獵手尋找獵物之時，在林中採摘鮮花，四處閒逛。

王后走著走著，進入了林間一片空地，發現了正在靜坐修法的僧侶。王后極爲虔誠，一直在等待時機，想要詢問一個具備各種優秀品質的上師關於靈修方面的問題。因此，她打斷了僧侶的修持，而僧侶也竭盡所能地解開王后的疑問。

在此同時，國王及其獵手正在追獵一頭野鹿；那頭野鹿也闖入了同一片空地。國王從坐騎上往下看，瞥見王后和僧侶正在熱切地交談；他心想，他倆之間必有不可告人的姦情。於是國王命令手下，把僧侶綁在木樁上，四肢大開地置於林地之上。然後國王慢慢地、一個關節一個關節地切下僧侶的手指、腳趾，以及身體其他部位。

人相、我相、衆生相、壽者相

佛陀在《金剛經》中描述了此一事件。這段文字有些晦澀難懂、不可思議，但別緊張，我們將一一詳加解釋說明，到了本章結束之際，你將獲得透徹了解。

何以如此？喔，須菩提，因爲歌利王曾經一節一節地割下我的肢體、我的手指與腳趾。在那個時刻，我的心中沒有產生自我的概念（我相），也沒有眾生的概念（眾生相），也沒有永生不滅的概念（壽者相），也沒有他人的概念（人相）。❷我的心中完全沒有任何概念（無想）。不過，我的心中也不是沒有任何概念（非無想）。

讓我們請邱尼喇嘛解釋這段經文：

爲什麼會這樣呢？因爲很久以前，喔，須菩提，歌利王心中產生邪念，懷疑我與他的妻子有染。因此他一節一節地割下我的肢體、我的手指與腳趾。

在那個時刻，我修持忍辱，把心安住在三要素的非眞實存在。當我專注於「我」的表象之時，我的心中沒有「我」眞實存在的概念；因此，我的心中沒

❶古印度波羅奈國王，被認為是無道暴虐之王。
❷何以故。須菩提。如我昔為歌利王割裁身體。我於爾時無我相無人相無衆生相無壽者相。

有一個眞實存在的「自我」的概念（我相），也沒有一個眞實存在的「人」的概念（人相）。

在那個時刻，我完全沒有「事物是眞實存在」的概念。同時，我也不是沒有其他表象的概念。

於是須菩提說，我確實有必須修持忍辱的念頭；我確實有忍耐痛苦的念頭，而不去怨恨傷害我的人。而我確實擁有「沒有任何存在的事物是獨立眞實存在」的概念。

佛陀繼續加以說明：

何以如此？喔，須菩提，假若我在身體被一節一節割下的時候，心中存有我相，那麼我的心中便會生出瞋恨，生出傷害他人的念頭。

如果我的心中存有眾生相、壽者相、人相，那麼我的心中便會生出瞋恨，生出傷害他人的念頭。❸

邱尼喇嘛解釋這段經文：

爲什麼呢？假若我在身體被一節一節地割下的時候，心中存有我相，認爲「我」是眞實存在的；或心中存有人相、眾生相、壽者相，那麼我的心中便會生出瞋恨，生出傷害他人的念頭。然而，我心中沒有任何概念。❹

這段文字的意義大約可以總結如下：

那國王切下我的手指、腳趾以及身體其他部位，做爲莫須有罪名的懲罰。如果當時我把我們兩個都視爲人，我可能因此而發怒，生起傷害他的念頭。但我沒有把我們視爲人，因此我能夠避免瞋怒的情緒。

這段文字非常難解，而且，這段經文的內容，與不要因爲工作的負面情緒而傷身之間，有什麼關聯？首先，我們先探討人們對這段文字可能產生的誤解（數個世紀以來，

❸何以故。我於往昔節節支解時。若有我相人相衆生相壽者相。應生瞋恨。
❹即心中不存我相、人相、衆生相、壽者相四相。

誤解這段文字的人不計其數），然後再解釋其眞實含意。

人們對於諸如此類的佛教典籍，以及否定「自我」或「個人」之存在的佛學書籍，都產生了錯誤的認知。人們誤以爲，當自己面臨了一個困境時，可以進入一個空虛的虛空之中；而在此一虛空之中，人們可以視每一件事物爲不眞實存在的，然後困境就會消失，或不必執著於困境。例如，擁有這種錯誤認知的人會說：你和某人相處不愉快，對方生你的氣，你可以假裝那個人不存在，或者忽視那個問題，如此一來你就不會問題纏身了；他們認爲，這就是所謂的「無我」。在《金剛經》的這段文字中，佛陀把「無我」的意義延伸爲「沒有眾生，沒有永恆不滅，沒有人」。

上述錯誤的認知完全不符合佛陀「無我」的教授，也無法助你解決工作的負面情緒。例如，想像負面情緒不存在、或你並非眞實感受了負面的情緒、或不執著於負面的情緒，都於事無補。當你坐在牙科手術椅上接受根管治療、而牙醫師手上的電鑽不小心碰撞了一條神經時（或你如佛陀於多生多世之前所遭遇的經歷一般，四肢大張地被綁在地上，被人慢慢地切下手指、腳趾以及身體的其他部位），你光只是想像牙醫師不存在，或你自己不存在是沒有用的，你還是會痛徹心扉。你不妨親身一試。這並非佛陀教授的眞義。

關於「沒有概念」（無想）這一部分，也很容易遭人誤解。人們讀了類似的文句之後認爲，佛教徒解決困境的方法即是打坐，以及不去思考任何事情；他們試圖清空心中所有的念頭和想法，或坐視念頭的生起，而不加以理會。這也不是佛陀的本意初衷。下一次，當牙醫師拿著電鑽鑽你的牙齒時，你也可以試一試，驗證情況是否眞的如此；你將發現，這種錯誤的認知一點也不管用，也無法止住疼痛。那麼，佛陀所宣講的眞義爲何？

鑽石戰場

讓我們引用鑽石業界的一個眞實情境。由於會議室或工廠將成爲你的戰場，因此我們援用一個商業實例。當我在安鼎國際鑽石公司擔任副總裁的時候，我經常出差至亞洲，花一些時間在西藏寺院中研讀學習。我和老闆達成協議，我會待在可以用電話保持聯繫的地方，同時準備安排採購來自（比方說是距寺院不遠的）孟買或比利時的鑽石。

在當時，「保持聯繫」可不是一件容易的事。我們的寺院座落於濃密森林之中，剛開始，所謂的寺院只是幾座帳篷。到了我進入寺院就讀之際，已有數百名僧人、一座簡約的會堂，以及供僧人居住的簡陋小屋。距離寺院最近、可以撥打長途電話到美國的電話亭位於馬達凱利（Madakeri），大約三小時的車程。如果電話能夠撥通的話，打一通「保持聯繫」的電話，幾乎得花上一整天的時間。

因此，我在座落於印度森林高山頂端的一座小土屋之中，彎著身子，努力地想從那具老舊的電話中聽到另一頭歐佛的喊叫聲——當他是坐鎮於舒適玻璃帷幕辦公室，可以眺望世界貿易中心的通明燈火以及哈德遜河。

「我們需要鑽石！我們收到大筆訂單！在十天之內把一萬克拉的鑽石送到紐約！跟孟買那邊連絡！跟安特沃普那邊連絡！快去辦！」

此時此刻，一萬克拉的鑽石可能代表了一百萬顆小鑽石；也就是說，你從市場採購回來的每一顆鑽石，是從兩、三顆鑽石中撿選出來的。因此，購買一百萬顆鑽石，意味著在十天之內，你必須檢查數百萬顆鑽石。假設你拿起一顆鑽石，用放大鏡檢視需要十秒鐘，那麼六顆鑽石就需要一分鐘，三百六十顆鑽石就是一小時。假如你每天可以持續撿選的工作達五小時而不傷眼睛，最多可以揀選兩千顆鑽石；如此一來，你至少需要一千個工作天，才能接近完成訂單。於是，我又問了歐佛一次：

「一萬克拉，歐佛，對嗎？你確定，一萬克拉？」

「對，立刻去辦；今天晚上就去，不停地打電話，就算把全世界都叫醒也無所謂！祝你好運！（卡噠）」（歐佛掛上電話）。

我在日誌上記錄了鑽石的數量和種類，然後花幾個小時連絡世界各地的鑽石採購人員。當我離開馬達凱利的電話亭之際，天色幾乎一片漆黑。我們出了電話亭，走上一個可以俯瞰一座美麗巨大山谷的小花園，盡情享受夜晚的氣息，聞嗅著印度野花的芳郁，觀賞天上的星辰。我感到暢快，不顧一切困難忠人所託的暢快。然後，我們擠進屬於寺院、搖搖晃晃的老爺車中，返回寺院，親炙世界上最偉大的幾位上師，開始爲期一星期左右的密集學習。

空性中的混亂與美妙

當鑽石從世界各地湧入紐約的總公司之際，我也正風塵僕僕、全身曬得紅通通地抵達紐約。歐佛喚我到他的辦公室；我信心滿滿，從容自在地步入辦公室。我坐定，靜待歐佛讚許我完成不可能的艱鉅使命。

「這究竟是怎麼一回事？」他劈頭就問。

「什麼怎麼回事？」

「那些鑽石是怎麼回事？你知道你這麼一攪和，現金周轉出了什麼亂子？你是怎麼了？瘋了嗎？」

你知道那種感覺，那種虛脫低沉的感覺。那不只是另一次的溝通不良或商業疏失，也點出了整個世界——我們所身處的世界的狀況。爲什麼事情出了差錯，不能圓滿完成？

「等一等，歐佛。是你吩咐我去買那些鑽石，你說你需要一萬克拉的鑽石，越快越好！」

「一萬克拉！你有沒有搞錯！我說一千克拉！你胡說些什麼？我要一萬克拉的鑽石做什麼！」

「但你確實要我去買一萬克拉的鑽石。我記得我問了你兩、三次。我甚至在日誌上做了紀錄。你看，就寫在這兒，一萬克拉！」

「我怎麼知道你是什麼時候寫上去的？搞不好是今天早上才寫的！我從來沒有說要一萬克拉，誰會說一萬克拉？」

在關於負面情緒的研究中，此時此刻便是訓練自己，避免產生讓自己未老先衰的負面念頭的關鍵時刻。大體來說，從事商業活動需要敏捷的思考和快速的反應，但是，沒有一件事比控制自己的負面念頭更需要敏捷快速的反應。在你受到強大的憤怒、痛苦的情緒襲擊之前，你大約有三秒鐘的時間採取防衛的行動。在這三秒鐘之內，你必須採取積極的行動，強而有力的行動，否則就太遲了。而這行動，關乎佛陀所宣講的「無我」「無想」的教授。不過，我們必須先理解佛陀所謂「無我」「無想」的眞實意義。讓我們借用上述的實例，並且援用佛陀對須菩提宣講自己被歌利王節節支解時，所提及的三要素來加以說明。

這「三要素」是指此刻正在發生的情況所包含的三個部分：咆哮的老闆（歐佛），被怒斥的副總裁（很不幸地，那個人就是我），以及正在上演的整個事件。**每一個要素都有其空性，即本書一直提及的「潛能」**。事實上，這個情境充滿了空性：**這空性製造了混亂，也顯露了萬物蘊含的空性何以如此美妙**。

思考銘印的運作

老闆歐佛所蘊含的空性爲何？此刻，他面目可憎，但切記，如果他的合作搭檔，也就是他的妻子爾雅走進辦公室，她可會說歐佛看起來俊呆了；他把公司從一個不負責任、發瘋買一大堆我們不需要也支付不起的鑽石的笨蛋手中拯救出來。因此，歐佛本身既不是一個齜牙咧嘴的怪物，也不是一個拯救公司的天才；他是怪物或天才，端賴觀者自身的觀感。如我們之前一再重複指出的，他本身是空的。此刻，無論他看起來是良善或邪惡，全憑我過去在心中種下了何種銘印。

另外，我們必須謹記在心的是：雖然此刻歐佛的良善或邪惡是由心造的，但不意味我只要祈願，他就會變成一個好人。這是因爲我（不同於他的妻子）心中的銘印，強迫我把他視爲一個非常沮喪的上司；而此刻，我所能做的唯一一件事，即是小心翼翼地避免植入新的銘印。

我們應該避免哪一些新銘印？如何避免「遵照老闆的指示卻遭怒斥」的銘印？一個人如何種下諸如此類的銘印？事實上，只有一個方法，即如老闆歐佛一般，認爲他的副總裁（也就是我）確實犯了滔天大錯，而對著副總裁大吼大叫。那麼，在你遭受上司怒罵的當刻，最愚蠢的反應是什麼，你應該已經心知肚明了，那就是頂撞回去。

在沮喪挫折與憤怒橫掃而至之前的三秒鐘期間，如果你能夠思考銘印運作的過程，甚至只是大部分的過程，將產生幾種後果。首先，你避免種下日後將帶來諸多禍端的銘印。想像你正要端起置於桌緣的一杯咖啡，卻不小心拿起一杯鹽酸（在珠寶製造工廠，如果你夠粗心大意，這種疏失眞會發生）；當時，你正和某人熱烈地交談，因此你沒有注意到自己誤拿了一杯鹽酸。你舉起杯子，把它湊到嘴邊。在千鈞一髮之際，你碰觸到一點點鹽酸，迅速地放下那只杯子，大大地鬆了一口氣。在最後一刻，停止你的沮喪和憤怒（在那三秒鐘之間，你擊敗憤怒，避免種下負面的銘印），也同樣可以讓你鬆一口氣。

切記，片刻的憤怒，或在心中植入類似的銘印，將使你在未來經歷數天、數週、甚或更長時期的業果。**當你能夠運用古老的智慧平息一剎那的憤怒**，那麼你爲了了解本書的內容所作的努力便值得了。**你拯救了自己免於無量的痛苦；你選擇了不同的道路，避免了原先應遇的災禍。**

那麼，什麼是「無我」？什麼是「無想」？透過上述的眞實例子，現在了解何謂「想」就容易多了。「無我」是指，即使在咆哮的時刻，老闆歐佛也不具有任何「做爲一個大吼大叫，令人厭惡的人」的自我本質——他沒有本質天性，沒有與生俱來的本質天性。如果他眞的具備了令人厭惡的本質天性，那麼他的妻子也應該認爲他令人厭惡至極；然而，他的妻子卻不認爲如此。所謂「無我」是指，無論你對老闆的觀感爲何，觀感都來自你本身，而非來自老闆。這不意味著老闆歐佛並不存在，或者你應該假裝他不存在。

「無想」是指，你停止用錯誤的方法來看待老闆；也就是說，你停止認爲他的惡形惡狀來自他本身，而應該把他視爲一面空白的螢幕：在他的妻子眼中，螢幕播放的是一部熱門電影；在你眼中，則是一部恐怖片。而你的心，自然是影片投影機，「過去行爲的銘印」則是讓投影機運轉的電力。

記住，**整個事件、你眼中和他人眼中的自己，以及你眼中和他人眼中的老闆三個要素，的的確確是眞實的**。眞實的人會痛苦，眞實的公司會遭受損失，眞實的副總裁的假期獎金會泡湯，**然而，引發這些事實的原因，都不是你習慣認爲的原因，它完全源自你過去的行爲**。

化憤怒爲力量

那麼，我們現在該怎麼辦呢？有一件事，我們必須獲得透徹的了解：如果那三秒鐘結束之時，你採取負面的反應，你將種下相同的、新的負面銘印，然後在未來自食其果。關於這一點，我們已經有所探討。現在，讓我們談一談負面行爲的立即後果。我們不妨面對現實，憤怒根本於事無補。

在一本古老的印度佛教經典之中，記載了一個非常著名的偈頌：

假若困境可解，
何必心煩意亂？
假若困境無解，
鬱鬱寡歡又有何用？

從這個段落開始，我們要探討拒絕憤怒的立即利益。你已經通過了主要的挑戰：你拒絕負面的反應，因而避免日後舊事重演。接著，你進入你的心，拒絕發怒，即使怒氣是如此微弱。事實上，你必須更進一步，努力地把你的心導向一個正面的態度。不要爭論採購一萬克拉的鑽石，孰對孰錯；也不要爲了擾亂了資金的周轉而吵鬧不休；你應該立即把心轉向解決當下情境的方向。在本章中，最重要的要點在於：甚至在憤怒的情緒佔滿你的心之前，你已經擊退了憤怒，因此你將發現，你能夠立即「化憤怒爲力量」，解決眼前的問題。你的心清晰明澈，你的面容平靜沉著，你的心跳正常，你的呼吸平穩。

當你面臨一個嚴重的困境時，這正是你所希望擁有的態度。而且**對於身體以及長遠的健康來說，平靜沉著的心境無異是最佳的助益**。每當你拒絕發怒或避免任何負面情緒的時候，你的健康與快樂也隨之延長。當你的心清澈明淨、平靜沉著的時候，你也能夠用更聰明、更理智的方式來解決商業問題。

最後的建議是，你或許已經注意到，本書提供的修行法門非常類似園藝。我們的前提是，所有的問題都是過去所植入之銘印或種子的產物。一旦這些銘印蓄積了某種程度的力量，就會長成一株植物，此時再做亡羊補牢的工作，爲時已晚。相反地，如果你認爲，你可以在早晨播下一粒種子，然後在傍晚即可豐收，那也是太天眞了。

重點是，你應該訓練自己：事先觀察行動可能導致的立即結果，你或許就能夠立刻平靜下來，用冷靜理性的頭腦處理問題；但這不表示在你周圍的人也能夠冷靜下來，也不代表你提出的解決方案可行。別忘了，結果完全繫於你過去播下的種子。然而，你的確如同養花蒔草的園丁一般，悉心照料你的未來；這意味著，事態緊綳的情況將越來越少。

11
圓圈日的寂靜

當你坐在圓圈之中，
你正使用稀有、珍貴、不可取代的時光，
進入心的寧靜。
脫離工作常軌與單一心態，
暴露於創造力的源頭，
準備就緒，
再創一個新世界。

在前一個章節中，我們已經了解到觀照自心的方法與避免負面情緒的產生，不僅能夠創造更光明美好的未來，也能夠爲你帶來立即的與長遠的身體健康；更別提如果你能夠繼續奮鬥、直到最後完完全全地戰勝所有的負面心態，每天的工作氣氛就會更加宜人、更有樂趣了。

在本章節中，我要介紹偉大的西藏智者長期以來維持身體強健、心智擁有高度創造力的竅門。如果你發現西藏僧人在六、七十歲之齡，仍然展現了持續增長的、對於智識的愛好與好奇心，並且保有西方人到了四十歲就失去的半走半跳下樓梯的體力，一點也不稀奇。這個竅門稱爲「藏」。

尋求靈感的圓圈法則

在藏文中，「藏」意指「邊界」或「界線」。這個字用來形容每隔一段時間，暫時放下手邊工作的技巧；就某種意義來說，你離開工作的場所，前往另一個地方，在你的周圍劃下一個圓圈（範圍，界），你可以安安靜靜地坐在圓圈之內進行思考。

在我任職於安鼎國際鑽石公司的十五多年期間，我一直奉行「圓圈」的法則。我和安鼎的老闆達成了雙方必須嚴格遵守的協議，即是：每逢星期三，我非得休假不可。如此一來，我可以暫時離開辦公室，尋求靈感。剛開始，我要求並且同意公司扣除星期三缺勤的薪資；後來，當遵循圓圈法則的利益清楚顯現時，我的薪資急起直追，超過每天上班的人們。

我之所以選擇每逢星期三休假，是因爲星期三這一天最不會中斷我行政工作的需要；我向來運用連著兩天的時間（星期一、星期二，或星期四、星期五），來處理生意協商或需要一天以上時間的私人問題。

從切合實際的角度來衡量，我也在部門中培養出能力優秀的第二把交椅；這賦予了我去「圓圈」的自由，爲公司帶來了新的力量和新的貢獻；也爲我們的部門創造了高度的行政效能，尤其在生產製造的高峰期最有助益。在有重大決定的時候，部門成員已經習慣接受我或我的助手（第二把交椅）的指令，如此，無論何時部門的勞力突然擴增了兩成、甚或三成，我們的行政負擔也不會如此吃緊。

順便一提的是，在鑽石和珠寶工業裡，由於聖誕假期的銷售量大約佔了總銷售量的百分之六十左右，因此這種勞力突然擴增的現象司空見慣。在秋季，我們每星期生產製造八千枚或一萬枚的戒指；新年過後，每星期的製造量則縮減到一千或兩千枚。這意味著，你必須具備隨著季節變化來大幅擴增或縮減人事的能耐，並且擁有足夠的領導能力，統御比六個月前擴增兩倍的部門。

雖然每週三的圓圈日對於紓解我每天通勤於紐澤西州和紐約曼哈頓之間、往返各兩個小時，身體所承受的緊張壓力確實有所助益；但重要的是，不要把圓圈日視爲休假，或是勤勉工作的高級主管所享受的一種福利。更確切地說，爲了獲得最大的利益，圓圈日必須嚴謹地規劃和執行。**圓圈日的主要目的在於打破慣例，利用一些時間思考「爲什麼」，而非「如何」執行工作**。這段時間是用來計畫、用來反思的，或許也是獲得新的靈感來源的最重要時刻。

閒暇時間測驗

在我任職於安鼎國際鑽石公司期間，我面試並且雇用了數百名員工；他們之中，大多數都相當成功。我在雇用員工之時，自然也希望從他們身上找到一般的人格特質，例如誠實、忠誠、注重團隊精神、設身處地爲他人著想，以及聰明理智。老實說，我倒不十分重視他們的技能和才幹。

根據我的經驗，人類的心是如此強而有力，你可以在相當快速的時間內，教導任何人，使他們駕輕就熟於任何工作。然而，要戒除個人的陋習，以及諸如說謊、漠視他人等性格，卻需要經年累月的時間。對於工作者來說，這些不良的習慣和性格，比缺乏才幹更具破壞力。

儘管如此，我仍要分享一個識人雇人的技巧，稱爲「閒暇時間測驗」。我發現，你可以問應徵人員最重要的一個問題是：他們在空閒的時候，都從事些什麼活動。在安鼎國際鑽石公司上班很不容易，尤其碰上忙碌的假期，每天工作的時數十分吃緊。你顧了這邊，就顧不了那邊，時間根本不敷使用。而且經年累月下來，你能夠從同一部門、同一批人身上學習的新事物實在有限。

如果你從不涉足其他場所，從不觀看新的事物，從不與新鮮的人交談，則你的創造力肯定會受到扼殺。毫不誇張地說，幾分鐘的創意所創造出來的新制度，比投入數個星期或數個月的時間來固守舊有的制度，更有利益。如此一來，你花一些時間去發現未來的員工具有何種創意，便是值得的；而他們的創造力通常顯露於如何運用工作之餘的閒暇。

根據我個人的經驗發現，幾乎每一個回答「大部分時間都在看電視」的人，都是非常平凡的員工；而博覽群書（不包括言情小說）的人，往往深思熟慮，創意十足；撰寫散文、尤其是寫詩的人，則具有絕佳的想像力，能夠輕易地構思出新穎的解決問題方案。

順帶一提的是，你應該避免詢問年輕的父母，因爲他們的答案清一色都是全心照料子女；而孩子是最偉大的創意來源之一。最後，那些挪出空閒時間、全心服務奉獻他人的人，無論是在教堂幫忙、或指導參加少年棒球聯盟的小孩打球、或週末在當地醫院擔任志工，都是最穩定、最具創造力的員工。

無論如何，其要點在於，爲了獲得新的創意來源，一個高級主管擁有工作以外的第二種生活，第二種熾烈的熱情是很重要的，這種熱情可以是寫作、攝影、運動、或擔任志工。舉例來說，我記得有一次，我從一段較長的圓圈日返回公司之後（我於稍後章節再多加描述），端坐在一只鑽石儲存盒之前（那只盒子有點像一個鞋盒，內有價值一百萬美元的鑽石），盯著包裹鑽石的紙張，彷彿我從未見過這些紙張一般。

全新的構想

數個世紀以來，人們一直用這種小塊的、摺疊的紙張來包裹鑽石。如你所猜想的，摺疊這些紙張有一定的技巧，鑽石才不至於從中滑落。我猜想，幾個世紀以來，紙張摺疊的基本形狀應該都不曾改變，在紙張外面註記包裹內容的方式也不曾改變。

在紙張的上方，大略描述了包裹在紙張內部的物品，例如，「四分之一克拉，圓形鑽石」。大約在中間部位，標明了鑽石的品質，例如，「white naats，J color」。在右下角，則註明了鑽石的重量，精細到百分之一克拉的程度，例如，「一〇．二七克拉」。當然，在紙張內部摺口的某個地方，有一個小小的、標明鑽石價格的代號，例如，ZLD4 可能表示「要價兩千美元，售價一千八百美元，無論在任何情況下，都不能低於一千六百美元。」

在過去，珠寶公司立了一條規定，如果某人從鑽石包裹中取走一顆鑽石，就得在內部摺口處加以註明。例如，「某某某在八月四日取走三顆鑽石，製作戒指樣本。」當紙包內的鑽石用罄，某個人會粗略地計算鑽石的數量，看看是否合情合理；除非數目差得離譜、鑽石可能不翼而飛，否則幾乎沒有人會太去留意數目究竟對或不對。因此，我用一個從每週圓圈日所獲得的新角度，盯著這些包裹鑽石的紙張——它給了我一個全新的構想。

這個想法一直在我腦中盤旋了三十六個小時左右，我無法入睡，並且持續加入更多的細節。其基本的概念是：那些紙張在被摺疊之前，都事先印上了特殊的、一行一行的線條，因此無論鑽石存貨記錄人員想或不想，一看到這些線條，就會自動在行間做一些登錄，寫下剩餘鑽石的數目。當線條行間都用完了，就必須更換紙張，並且檢查鑽石的數目和重量。我刻意加寬線與線之間的距離，這麼一來，紙張換得更勤，經手的人越多，檢查的次數也更加頻繁。

此外，我們也想出了一個主意，用各種顏色來區分包裹在紙張內的寶石。於是在幾個星期之內，我們的部門中充滿了如彩虹般的七彩紙張。如此，你不需拿起紙包，看一看上面所註明的鑽石品質和形狀；而且人們很輕易地就能夠記得：不要把不同顏色的紙包混在一起（當你在處理許多形狀僅僅只有些微差異的鑽石時，把它們混在一起，無異是一場災難）。

幾個小時之後，我們又靈機一動，想出了一個辦法：在印製這些紙張的時候，事先在紙張上打孔；使用過之後，可以攤平，放入文件夾中保存。如此一來，我們就有了一個永久的紀錄，上面載有取用每一顆鑽石的人的親筆簽名；而且萬一電腦的存貨清單不準確，我們仍有備份。

接著，我們試驗紙張的大小、不同的線條，以及許許多多其他的新方法、新制度，使我們的存貨盤存和損失控制的系統，成爲寶石界最精密的系統。由於在國際鑽石工業的領域中，未經切割琢磨的寶石大部分都被壟斷企業所獨佔操控（沒有所謂議價的空間），而且技藝純熟的切割琢磨工匠的工資，全球的水準大約一致，因此在獲利空間有限的情況下，擁有精密的存貨盤存與損失控制系統，肯定可以使你比其他同業賺取更多的利潤。

身體力行圓圈日

當我日後坐在世界各地的寶石公司中，看著他們模仿（往往加以改良）我們所發展出來的存貨盤存與損失控制的系統時，實在是一種非常令人欣慰的經驗。過去這些年來，如果這套系統曾經爲安鼎所有的鑽石省下百分之一的成本，就等於多賺了數百萬美元的利潤；而這些，全都來自一個暫時遠離工作的圓圈日所獲得的清新靈感。

我總是感到驚訝，其他公司如何無所不用其極、分分秒秒地壓榨經理人員，讓他們一刻也不得空閒，然後才吃驚地發現，他們如此精疲力竭，以致無法產生任何新穎的構想，或每天只待在辦公室中埋頭苦幹，從不接觸任何可以啓發新鮮靈感的事物。此刻，你已經明白了圓圈日的意義，接著讓我們看一看該如何身體力行。

規劃圓圈日有幾個基本的規則，最重要的是，你必須在每一個星期或每兩個星期的同一天定期地實行，而且那一天絕不可以挪做他用；換句話說，如果你選定星期三做爲你的圓圈日，就絕不可以破壞規定，在星期三從事一般的工作。其中的道理十分簡單。在公司中，大多數具有才幹的人都是工作狂，無論必須與否，他們都會拚命工作；而這些工作往往超出他們能力所及的範圍。這種挑戰使得日子變得有趣，也使得腎上腺素不斷地分泌，在體內流竄；任何一個經理級的高級主管都深深明白，腎上腺素可以讓人心醉成癮。

在安鼎國際鑽石公司，即使人們工作多年之後能夠輕易地在其他地方獲得更高的薪酬，卻仍然願意繼續留任在安鼎，正是因爲安鼎不斷地成長，每一天都充滿了挑戰。你可能認爲，圓圈日這個主意棒極了；你也可能連續兩、三個星期，都挪出星期三做爲圓圈日。但很肯定的是，到了當月的最後一個星期，你一定會用一些「眞的很重要」的緊急事件做爲回到公司上班的藉口；從這次開始，就前功盡棄，藉口越來越多。如同本書所描述的許多其他高深的修行方法和概念，除非你持之以恆，從不間斷地實行，否則圓圈日不會發揮任何作用。很重要的一點是，剛開始，你必須相信，如果你在一星期的工作天中，停止工作一天，你將會爲公司帶來許多絕妙的創意，而這些創意將爲你休假一天所損失的薪水，帶來超過數百倍的報償。

在圓圈日之中，你必須保持靜默，才能聽到這些絕佳的創意在你的心中竊竊私語。圓圈日的上半天，例如下午兩點以前，你必須靜默獨處。你不接電話、不看電視，以及任何使你分心傾聽內心絕妙創意的噪音，不聽收音機、音樂，不看報紙、雜誌、小說，沒有孩子、配偶、修理工人或寵物的干擾。到你從事晨間靜坐的處所，獨自安安靜靜地坐著。

對於大多數日理萬機的高級主管來說，「安安靜靜地坐著過一天」實在會令他們感到倉皇無措，他們的第一個自然反應是：這簡直是在浪費時間！當他們坐在那兒什麼事也不做的時候，其他人卻在公司裡做牛做馬地埋頭苦幹，忙進忙出，電話應接不暇，處理各種緊急狀況；雪上加霜的是，隔天早上你得完成一個大案子，現在來看，根本不可能如期完成，而你此刻正坐在這兒，讓處理案子的時間白白消逝。

給身體特別的一天

或者，你的配偶、朋友以及孩子知道你要一整天待在家中，而開始要求你替他們跑跑腿辦辦事。「如果星期三早上，你只是光坐在那兒，我不明白你為什麼不能到銀行一趟、在家等一件包裹。這些事情也不會花掉你超過半個小時的時間。」告訴他們：休想！

這個「圓圈」必須是一個完全靜謐、完全集中專注的空間；如果你受到干擾，即使那只是短短幾分鐘的干擾，圓圈就起不了任何作用。**當你坐在圓圈之中，你正使用生命中稀有、珍貴、不可取代的時光，進入心的寧靜，尋找人生和事業挑戰的深沉答案。**絕不要犯下此錯誤，認為花一段時間靜坐獨處一點也不值得。在這段時間之中，你不僅僅開啟了存於心中更深奧玄妙的創造力，你也因為具備了破除舊有模式的先見之明，而預防了許多可能產生的健康問題。這種舊有模式將使你落入何種田地，已昭然若揭，不需要明眼人來一探究竟。你不妨翻看任何一期《紐約時報》刊登的訃聞，看一看有多少精明幹練的商業家操勞至死。別以為你不會是下一個。

在靜謐之處靜坐一個小時到一個半小時左右之後，開始做一些輕微的運動。古老的西藏典籍指出，在一種非常細微深奧的程度上，身與心是相互連結的；你的身體越沉重，越不挺直，心的念頭的細微能量就越加難以流動。在美國，商人慣常從事的運動不外乎打打高爾夫球、慢跑或輕量的舉重等等，都是很好的選擇。

找一個最適合你的運動；如果你喜愛這項運動，你比較可能持之以恆。記住，我們不是爲了運動而運動，或只是爲了虛榮心而運動。如果你的身體健康強壯，你的心越清明，你的事業也將蒸蒸日上。眞正清澈的心，能夠超越一般從商動機的限制；換句話說，你超越沒頭沒腦賺錢的境界，進入一個有目的、有意義地賺錢的境界。

你可能會想要嘗試一些更特殊的運動，比起其他運動（例如繞著跑道快跑），更特殊的運動能夠爲你的心帶來越加強而有力的影響。我曾經認識幾個商界人士，在最近幾年突破「難爲情」的障礙，參加瑜伽、太極、甚或現代舞蹈的課程；他們參加的可不是百貨公司所設計的課程，僅僅淺嘗涉獵幾個星期就完事，結果沒有一樣是精通的。投入一些時間、花費一些金錢，去找一個眞正精通這些藝術的大師，收你爲門生，做一對一的訓練教學。追隨眞正的專家，維持一段親密長久的師徒關係。你必須學習應用經營事業的紀律，使你的身體運作順暢。同樣地，此舉不是爲了擁有美好的外表，而是爲了更高深的目的。

在圓圈日，你也必須改變你的用餐習慣。例如，試著在下午一點或兩點以前，只喝一些液體，晨間靜坐和運動的效果會更好。在你享用第一頓餐點之前，靜靜地坐一會兒，閱讀一些談論人生更崇高意義、引人深思的書籍，可以是古代或現代任何一位作家的作品，或任何諸如此類的書籍。但是，**這些書籍必須闡揚人類生存的目的，而非生存的手段或如何謀生**。

在靜坐期間，與偉大的思想家共處是圓圈日的宗旨之一；你遠離了工作環境，跳脫了井底之蛙的淺薄局限，把自己的心沉浸於數世紀以來、最偉大思想家的思想之中。**你所置身的靜謐，使你能夠聽聞自心的竊竊私語；而不斷地閱讀偉大思想家的精神與見解，則使心中的低語更加意味深長**。

享用一頓清淡簡便的午餐之後，如果有需要，可以小睡片刻，別覺得難爲情。在偉大的古印度經典之中，順應個人需求所採取的適量睡眠，與飲食、靜心專注等事物，一併被列爲四類生理需求之一。在你的圓圈日期間，補足睡眠的需求不僅可以清新你的心境，也能夠重振你的體力，以補償工作的緊張壓力所造成的身心耗損。

帶離自我中心的焦點

在下午晚近時分，從事一些具有實際功用的學習研究，可以是學習攝影或程式設計或園藝，但不應該與你所從事的職業有直接實際的關聯。換句話說，你不能花時間鑽研如何應用電腦的資料庫，以備隔天的工作需要；然而你卻可以投入一些時間，把配套元件組裝成一台家用電腦。

如果你能夠走出家門，與眞正精通這些技藝的人共同學習研究，那是最好的情況。無論他們嫻熟的是各種花朵或音樂或工藝，一個活生生、精通某項事物的人即是最佳的靈感來源。要點是，**去接觸具有創造力、優秀傑出的人物**；而學習大師的思考方式、擁有大師具備之熱情所獲得的利益，遠遠超過精通他們的教授所獲得的利益。

在傍晚，刻意安排出門幫助他人。你協助的對象可以是一支兒童運動隊伍，可以是一位年長的鄰人，可以是你的配偶或家人。在一個家庭之中，負擔全家生計的人往往會產生自我中心的心態，也就是說，如果你每天出門工作養家，就不需要幫忙柴米油鹽醬醋茶之類的俗務，例如陪伴家人、處理家務、或服務社區等等。而一個小時賺進數百美元的人則覺得，在傍晚接送老者到雜貨店購物，簡直是大材小用、浪費時間，這讓領取最低工資的人來做就可以了。他們比較喜歡服務地方的大型慈善團體。

然而，這種想法就失了重點。我們休假一天，**進入圓圈的目的，即在於脫離日常工作的常軌與單一的心態，以進入各種不同的方向和領域**。我們刻意地把心抽離工作的技術細節，**而把心暴露於清新創造力的源頭，也就是靜默以及過去的偉大思想**；其中最重要的，或許是**把我們的心帶離自我中心的焦點**。換句話說，我們不僅僅藉由投入一天的時間，以遠離反覆使用的思考模式來鼓舞我們的靈魂和才智，也透過揚棄自我中心的心態來重振我們的心靈和思維。

沒有一件事比服務需要幫助的人，更能鼓舞我們的心靈。貫穿歷史，這是所有偉大人物獲得內在力量與創造力的最偉大的來源。你應該了解此一事實，欣賞此一事實，並且努力揚棄自我中心的心態，不求任何感激回報地去幫助周遭因爲衰老或貧窮或寂寞等等原因而需要幫助的人。根據東方的智慧，沒有一件事比不求回報地幫助他人，更能在隔天的工作中賦予你更多的力量。

在圓圈日的最後，你即將就寢，整座房子以及家人都陷入寂靜之際，你再回到靜僻之處，花一些時間靜靜地獨處。這時，你回顧一整天的種種，審視你的思想念頭，並且完成你的六時書。試著不要去想公事，以及隔天早晨你將面對的事物。這個技巧的用意在於，讓圓圈日的寂靜與來自外界的創造力（閱讀、跟隨專家大師學習）在夜晚以及睡眠期間，影響你的心。隔天，當你需要靈感的時候，它就會出現在你面前；而靈感的種子也需要寧靜（你睡眠時所提供的寧靜），才能夠完全地成熟茁壯。

關於圓圈日最後需要留意的是：圓圈日似乎像是休假，安安靜靜自我觀照的時光；在其後的一或兩天，它賦予你創造的能力。然而，在我們了解《金剛經》所蘊含的所有智慧之後，我們明白，隔天所湧現的靈感，其來有因。**靈思泉湧是保持完全的寧靜、接近偉大思想家的精神與思想，以及願意服務周遭人物所種下銘印的結果**。這與我們先前所探討的種種原則沒有任何不同；事實上，除非過去所做善行的銘印，使你得見善果的成熟茁壯，否則善果不會憑空出現。我們都是園丁，一直在栽培照料我們的未來。

森林圓圈日

這就是我們所謂的「每週圓圈日」。另外一種圓圈日，著實是我在安鼎國際鑽石公司擔任副總裁期間，最佳的祕密武器之一，我稱之爲「森林圓圈日」，你一定得試一試。沒有一種方法，比森林圓圈日更加強而有力，能夠深入洞察你事業生涯的未來遠景，能夠讓你在事業上大步邁進，迅速達成最終的目標。

爲了實行森林圓圈日，首先，你必須遠離工作至少兩個星期。這兩個星期不是一般的休假，而是休假之外的兩個星期。我們如何取得這兩個星期的時間呢？

首先，你必須明白自己爲什麼需要這段時間。例如，我們一天三餐，不是因爲我們需要一天吃三頓飯，而是我們眞的想要吃三餐。在佛教傳統中，僧人立誓過午不食，一天中有絕大部分的時間不進食。在西藏寺院之中，這項傳統不但沒有使僧人變得虛弱或削瘦，反而使大部分的僧人強壯、輕靈，並且心思敏銳。我們挪出時間吃三頓飯，我們尋找食物、地點去吃三頓飯，僅僅是因爲我們相信我們要吃三頓飯。**如果你相信森林圓圈日的價値，你將想盡辦法挪出時間去實踐它。**

讓我先說明在森林圓圈日該做些什麼，然後再討論取得兩星期時間的策略。首先，你必須確定，時間到了，你一定得放下手邊的工作。如果你是主管級人員，第一次實行的時候，可能難如登天。你今天之所以居於高位，即是因爲你知道如何把工作做好，而且你喜愛工作；而你安排的企劃，全都依照你所要求的速度進行。把所有正在進行的計畫交由他人執行，或把時間表延遲兩個星期，或在你離開辦公室、實行森林圓圈日的最後一個小時，從容優雅地終止所有的計畫，需要極大的智慧。

當星期五下午來臨、你將展開森林圓圈日之時，把工作完完全全地拋諸腦後，不去想也不去做。絕對不要落入「只不過是再一天」甚或「只不過是再一個小時」的陷阱，去完成企劃中非常重要的最後一個步驟。一直到工作的最後一分鐘，你都必須透徹地思考，清楚地了解你去實行森林圓圈日的原因。你爲什麼要去實踐森林圓圈日呢？那是因爲，如果圓圈日圓滿成功，你將爲工作帶來新的構想、新的創意、新的活力幹勁，足以補償你丟下工作而延誤幾個企劃的小小損失。

爲了實行森林圓圈日，你必須尋找一個完全靜謐、容你一人獨處的處所，例如位於林間或淡季海濱的小屋。遠離城鎮的處所是最好的，你可以散步，但不碰見任何人；沒有人敲你的門；也沒有車輛喧囂、人聲鼎沸等等。當你抵達處所之際，清除所有的刺激來源：把書籍、雜誌、報紙打包收進箱子；把電視、收音機放進一個得費一些勁兒才能取出這些物品的櫥櫃之中，以避免意志力薄弱時，觀看電視或收聽收音機；並且不收任何郵件，不見任何訪客。

這是森林圓圈日發揮效用的關鍵。你必須擁有全然的靜謐，一種你全然獨處而進入你心中的靜謐。事先規劃，如此一來，你就不必會見任何人，不必與任何人談話；你必須確定，你的家人親友清楚地了解這一點。手機關機，購買足以維持整整兩個星期的日常用品，並且不要進城。實行森林圓圈日的最佳場所，即是不見人煙之處——沒有車輛，沒有孩童，甚至沒有任何露營者之處。切記，**森林圓圈日不是度假日；它是一個企及內在較高層次的認真企圖，也是一段由你自己完成、最強而有力的旅程**。

迎接內在靈光的洞見

此刻，你獨自在你所選擇的處所，接下來你應該怎麼做呢？如每週圓圈日一般，你安排布置一個安靜宜人的角落——房子或房間中一個特別的角落，只供靜坐之用，別無它途。你最好不要在該角落進食，該角落也不要太靠近你睡覺的處所。那個特別的角落必須只有一個用途，即是讓你專心一致、投入全副精力地靜坐。在那個角落，你不必擺置正式的禪坐坐墊，或諸如此類的物品；一張舒適、有著可以強迫你挺直背脊的靠背座椅就足夠了。

在森林圓圈日期間，最基本的作息是：大約一個小時的靜坐，僅僅思考人生與事業的重大事件；一個小時安安靜靜地研讀偉大思想家的精神與思想（或許也包括本書闡釋的空性原則，特別是關於商業問題及其解決辦法的部分）；一個小時靜靜地出外散步，或從事其他運動；一個小時吃一頓簡餐，稍事休息；如此交替進行。重要的是，你必須攝取非常健康，非常清淡的飲食：大量的青蔬，富含蛋白質的食物，避免削減或抑制創造力的糖分與碳水化合物。如果寂靜使你感到焦慮或頭昏眼花，務必從事足量的運動，並且攝取一些諸如起士通心粉、奶油爆米花或義大利千層麵等油膩的食物。

經過了一天之後，你可能對森林圓圈日產生相同的疑問，如同你懷疑每週圓圈日的功用一般。對一個忙碌的主管級人員來說，你很難去克服你無所事事、白白浪費時間的感覺。在這些懷疑的時刻，你必須提醒自己實行森林圓圈日的眞正目的：靜謐以及全然拋開工作促使所有內在創造能力的開展。

在此之前的成人生活，你從未如此做過，從未刻意地避免外在刺激，以開啓內心的創造力。你將發現，在處理工作與家庭問題方面，你的心更富創造力，更有力量。在靜默獨處時，問題的答案在意識之下隱然形成；過了五天或一星期後，那些答案如同靈光一閃般出現在你面前。**放鬆自己，並且信任此一過程**；在過去數千年來，千千萬萬個東方智者遵循此一過程，成效非凡，同樣地，它也適用於你。但是，你得放手一試。

記住，隨身攜帶一本小小的筆記本，做為日誌或札記。多多使用你的筆記本，記錄於森林圓圈日開始之初所湧現的所有微小構思，並且準備在第十天至第十二天之後，迎接排山倒海而至的靈感與深刻的洞見。同樣地，你也必須準備面對實行森林圓圈日一週左右，所產生的低潮；這是正常的現象，也是此一過程的一部分。

在森林圓圈日期間，心的正面和負面的力量都增強了，因此你將發現自己開始迷戀家人的美好，又深受主要供應廠商延遲交貨的困擾。此時，你必須學習把心專注於前者，並且放下後者，不要因此而產生煩惱。

在森林圓圈日的最後三、四天，你應該針對人生與事業做總體的檢討回顧。在這三、四天的每一天中，你挪出一段特定的時間，寫下你想到的所有絕妙企劃構思，然後開始規劃新的日程表，包括一個簡短可行的生活解決方案。

在靜謐的影響之下，你的心將比以往更加清晰強壯，而你的生活形態、事業，以及家庭狀況將自動地有所改變。重要的是，你必須了悟，這可能是你一生之中，心境如此清澈細膩的唯一幾個時刻之一；你必須認清此一事實，信任此一事實，即使在森林圓圈日結束、返回日常生活之後，你仍要信賴在圓圈日期間所形成的決定和解決方案。

稍後，當你坐上返回家庭與事業生活的特快火車之時，你在森林圓圈日所做的人生與事業的決定，將顯得不切實際，甚至幼稚天眞。別相信這種感覺。當你的心重返喧囂擾攘的世間之時，在靜謐時刻誕生的洞見，本就顯得不切實際。**森林圓圈日的主要目的，即在於準備就緒返回喧鬧的世界，再創一個新世界。而創造一個新世界，都需要一點點的冒險與勇氣。**

爲了幫助每一個人而做

最後你必須謹記在心的是，在森林圓圈日所獲得的絕妙構想，如同外界的事物一般，都來自過去善待他人而在心中種下的銘印。有益於靜坐和自我反思的氣氛，以及獨自置身自然而產生的寧靜心思，使得善的銘印更快速地浮上意識層面。

在你進入森林圓圈日之前的一、兩個星期，特別體貼友善、開誠布公地處理你與同事、家人之間的問題，這一點損失也沒有。相反地，你帶著這些正確的銘印進入你的森林圓圈日；而這些銘印肯定會在森林中成熟茁壯。

在此，我們依照原先的承諾，提供一些如何取得額外兩個星期休假的建議。坦白來說，唯一的方法就是花錢買時間；也就是說，你提議從薪資中扣除同等或超過兩星期薪水的薪資。相較於公家機關，在私人公司中，這個方法簡單容易多了，但總歸一句話，如果你自己願意做一些犧牲，並且擁有足夠的決心，你就會找出解決之道。你必須記住，不僅僅是你的事業陷入危急，還包括你的健康、你平靜的心、你的幸福快樂，以及你的創造力。用一、兩個星期的薪水來換取時間，再値得也不過。而且，如果你下定決心，你的老闆或上司也將能夠體會你的嚴肅認眞。

無論何時，特別當我需要請假以實行森林圓圈日的時候，我都提議公司扣除請假時期的薪資，而公司也仁慈地同意！無論如何，這向資方傳遞了一個訊息：你深信你能夠從森林圓圈日中獲益。而你也必須獲得家人的許可。無論是在家庭或事業兩方面，你都必須愼重考量、擔負責任，才不至於構成同事或配偶子女的不公平的負擔。

每一個人了解你的目標，每一個人全心全意地支持你實行森林圓圈日是很重要的；如此一來，你將擁有更佳的能量，也更可能成功。但這不意味，如果你在一開始遭遇了一些阻力，就應該放棄森林圓圈日的活動。森林圓圈日不是一種奢華享受或休閒，而是決定你的人生和事業是否圓滿成功、是否能夠利益所有的人的內在活動。剛開始，他們都不認爲如此，因此**你必須堅定果決**。**你是爲了幫助每一個人而做**。

關於森林圓圈日，仍有一些細節需要學習，而且最好跟隨上師一起學習，如同在運動領域，最有效率的方法就是向經驗豐富的教練學習。（請參閱本書四四八頁，可與台灣金剛智慧成功學苑聯繫以取得幫助）

12
化危機爲轉機的空性

你認為那是一個問題，
它就是一個問題。
一件事物好壞，
全是你自身的觀感。
是問題還是新契機，
要專注凝神，敞開心胸來轉化，
痛苦帶領我們遇見最美好的事物。

在討論如何創造財富，又兼顧身心健康的方法之時，一個被稱爲「化危機爲轉機」的古老佛教技巧是不可或缺的。這個技巧分爲兩個層面：立即的或終極的層面。

你記得在第十章裡，我們購買了一萬克拉的鑽石，幾乎使公司破產的故事嗎？那個故事的要點在於如何成功地處理來自老闆毫不留情的批評與指責；在被怒斥的頭幾秒鐘，如何平息憤怒與挫折，甚至在它們有時間形成之前，即平息憤怒與挫折。此舉的立即結果是：你帶著清晰明澈的心境離開老闆的辦公室，胸有成竹地準備處理手邊的問題；而長期的結果是，你停止植入新的銘印——再次面對暴跳如雷的老闆的銘印。從此以後，你的工作生活將越來越平順流暢。

問題或是新契機

假設我們能夠冷靜沉著地走出辦公室，那麼一萬克拉的鑽石該怎麼處理呢？你應該立刻把你的想法專注於每一個問題所蘊含的空性之上，此舉的立即結果是：你保護了你的心，免於傷害；長期的結果是你避免身體受到新的損害。此處的**空性意指，只要你的銘印使你認爲那是一個問題，那麼它就是一個問題。當你了解了空性的意義，你就能夠化任何危機爲轉機**。

此時此刻，了解一萬克拉的鑽石可以被視爲一個問題或一個新契機的開端是很重要的。把它視爲一個問題，已經讓你感到緊張不安；它使你心生防衛，壓抑了創造能力。你應該做如是想：上個星期，我有一個絕妙的主意，才需要一萬克拉的鑽石；只是現在我想不起來罷了。那麼，仔細想一想是什麼樣的好主意吧！

在安鼎國際鑽石公司，我們常用的策略是：利用我們不小心購買過剩的鑽石，重新設計一種產品。在這種情境之下，保持鎮定，不要驚慌失措，即能夠避免創意遭到壓制（創意遭到壓制，將阻礙解決問題方法的產生）；也能夠防止負面銘印在接下來的數天或數週，從潛意識浮上意識層面，促使你把機會視爲問題。

因此，保持冷靜沉著，並且專心回想處理一萬克拉鑽石的好主意，是很重要的。假設所有的鑽石都是混合了各種形狀及各種切割的小鑽石，想要在市場上出售難上加難；在足智多謀的印度鑽石交易商想出一個價廉的切割方法，把小鑽石們切割琢磨成爲著名的「一克拉心型鑽」之前，它們最後的命運都是鑲嵌在油井鑽的鑽頭之上。

對於擁有一大批混合了各種形狀鑽石、苦於無法脫手的鑽石交易商與珠寶公司來說，一克拉心型鑽的出現無異是天賜之物。在安鼎國際鑽石公司，我們把此一概念發揮到極致。首先，我們把所有的鑽石（一百萬顆碎鑽）一股腦地扔進鑽石篩網。經過附有細小金屬條的圓柱形鋼筒一整天不停地擊打之後，鑽石被迫通過一連串細小的洞孔，最後大小相同的碎鑽則自成一堆。然後，你用一個靈敏度極高的鑽石秤盤，衡量每一堆鑽石的每一顆鑽石的平均重量（記住，每一顆鑽石的重量大約只有百萬分之一磅）。

在你面前，大約有五堆鑽石，每一堆鑽石的大小僅有些微的差異。然後你取來一個有著五十個呈心型排之杯狀小孔的金製垂物，把碎鑽放進每一個小孔之中；在金製垂物的襯托之下，原本不起眼的鑽石更添璀璨。你坐在那兒，用一只計算機計算哪一種組合可以使選自五堆鑽石的五十顆碎鑽，完美地達到百分之九十九點五克拉的重量，即當時一克拉鑽石合法的最小重量。

那天結束之際，整個事件的處理結果令人激賞；由於你精密準確地控制金子與鑽石重量，那些璀璨耀眼的鑽石商品因此可以賣出一個好價錢。最後的結果是，當這些鑽石商品在商店熱賣，造成一股旋風之時，你已經把購買一萬克拉鑽石的疏失，轉化成一個出乎意料的成功之舉。你知道在此之後的發展了。你的老闆囑咐你再去購買一模一樣的一萬克拉鑽石回來如法炮製，而你可能還無法如前一次一般順利達成使命。

困境開啓新道路

這個練習的要點顯而易見。在這個世界上，每一個存在的事物皆是空的。換句話說，在這個世界上，沒有一件事物本身是好的或壞的；一個人眼中的蜜糖，可能是另一個人眼中的毒藥。**一件事物的好壞，完全取決於你自身的觀感；而過去種入心中的好的**

或壞的銘印，則支配了你對事物的觀感。問題本身不是問題；更確切地說，你心中的銘印促使你把問題視爲一個問題。因此，**每一個問題都能夠轉化爲一個契機**。

你不妨嘗試這個練習。下一次，當你面臨了一個商業困境，當競爭對手拋給你一個難題之時，你假裝你的競爭對手是一個愛護你的公司，是試圖讓你成功的貴人。爲了讓你獲得成功，他們認爲，他們必須推動你往不同的方向前進。爲了讓你走上不同的方向，他們必須阻擋你在舊有方向的進展。當事情的進展不盡人意的時候，不要擔憂或心煩意亂，相反地，你應該**完全地敞開心胸，邁向新的方向**——試著去探看他們希望你走上的新的陌生道路，不要頻頻緬懷過去熟悉的道路。

這種看待事物的態度切合實際嗎？或許是，或許不是。切合實際與否，眞的無關緊要。無論如何，最終的結果如出一轍。擔憂、心煩意亂，只會在心中留下負面的銘印。當你的心被煩亂佔據的時候，代表解決問題的創意空間相對減少了許多。煩亂擔憂只會使情況惡化。**專注凝神地思考如何去發掘潛藏於問題之中的契機，不但能夠鼓舞你的心，也種下了正面的、享受成功未來的銘印**。因此，用這種態度看待事物，十分合情合理。

在本章的開頭，我們提及化危機爲轉機的兩個層次：立即的層次與最終的層次。而每一個問題的最終契機，即是深刻地洞見所有事物的空性。

何以見得？問題本身，即是我們所能擁有的最重要契機。古老的西藏智慧指出，如果事事順遂，那是最糟糕也不過的了。因爲，如果事事稱心如意，我們就不會對人生的境遇有所疑問。你絕不會看到一個好運當頭的人搥胸頓足，哭著問：「爲什麼是我，爲什麼這種事發生在我身上？」**只有面臨了煩惱苦痛，我們才會思考何處是幸福與痛苦的源頭**。

沒有什麼比一個自滿、坐享成功太久、太穩定的公司或高級主管，更令人傷感、更棘手的了。世事變化無常；而深入艱困地尋找痛苦與快樂源頭的人們，無法從自滿中找到答案。因此，問題本身即是最佳契機的說法，不是曲高和寡、遙不可及的論調。痛苦敦促我們去尋找所有事物的源頭；如果痛苦也帶領我們去發現空性與銘印的法則，那就是我們所遭遇的最美好的事物。

【第3部】

回首前塵
了悟價值

13

萬物皆有盡時

學習看清依緣而生之萬物如同星辰，
如同你眼中之困境，
如同一盞油燈，一個幻象，如同露珠，或如同泡沫；
如同一場夢境，或如同閃電，或如同一朵雲彩。

截至目前爲止，《金剛經》的智慧已經引領我們進入了兩個深奧奇妙的領域。一個是潛在可能與銘印的領域；在此一領域之中，周遭世界是由一面空白的螢幕組成，我們完全仰賴過去行爲的銘印，把對事業與人生成敗的觀感投射其上。簡而言之，我們已經了解金錢財富的眞正來源，以及獲致財富的方法。

如果我們無法享受財富、運用財富，金錢本身就完全喪失了意義。同時，我們也必須學習如何保持強健的體魄以及清晰明徹的心境；如何維持朝氣蓬勃的活力與創意，長長久久地經營事業與事業以外的人生。儘管如此，我們終究必須論及一些無可避免的必然事物，也就是說，無論你的事業多麼成功，並且維持清澈明淨的心去享受財富，你的事業、甚至你的人生終有結束之時。

在佛教傳統之中，一個賺進巨額財富的人，並不算是一個眞正成功的商人；甚至一個賺進巨額財富、並且熟諳享受財富之道的人，也不算是一個眞正成功的商人。最終的結果與起頭和中間的過程同等重要；你必須能夠走到盡頭，走到一個不可避免的、必然的盡頭，然後回顧前塵往事，可以俯仰無愧地說，「這一生活得有意義、有價值，所有的努力都有了某種眞實的意義。」

然而，**除非你能夠從萬事萬物皆有其盡頭的觀點來審視你的人生與事業，否則你不會決心讓你的事業發揮某種意義來造福世界**。除非你能夠時時練習，假設自己已經到了生命盡頭，回顧一生的所作所爲，你才會猛然覺醒，決心讓生命充滿意義。因此之故，本章的內容將環繞一個名叫雪萊的女士。

無常之詩

爲了介紹雪萊其人其事，我們必須回到《金剛經》。在《金剛經》中，最爲著名的部分或許是最後的幾行文字，稱爲〈無常之詩〉（Verse on Impermanence），在佛教界具有舉足輕重的地位，每逢滿月以及新月之時，西藏僧人必須完整、毫無失誤地吟誦此一詩文。〈無常之詩〉的內容如下：

學習看清依緣而生之萬物，
如同星辰，
如同你眼中之困境，
如同一盞油燈，一個幻象，如同露珠，或如同泡沫；
如同一場夢境，或如同閃電，
或如同一朵雲彩。❶

❶《金剛經》最後的偈語為：「一切有為法，如夢幻泡影，如露亦如電，應作如是觀。」宣講世界上的一切事物皆是空幻不實的，故世人不應對世界有所執著。

邱尼喇嘛對此一詩文的闡釋如下。你將發現，邱尼喇嘛不僅認爲此詩文在探討無常，也強烈地蘊含了萬物空性之理。

以下的結論顯示了**依緣而生之萬物**的空性，以及萬物之無常。而這一切的道理全都蘊藏於此段詩文之中。

我們可以援用人身五蘊❷，例如身體（色）等等，或其他諸如此類的事物做爲例子。這所有的事物都將在下列的隱喻中加以描述。

星辰於夜幕低垂之際閃耀天際，於白晝降臨之時消失退隱。一個人的身體部位或其他依緣而生的事物也是如此。如果一個人的心充滿黑暗無明，則星辰或其他事物將因而存在顯現。假若太陽升起（覺知沒有任何一件事物是自生的智慧之光出現），這些事物將不復存在。如此，我們應該把這些事物視爲**星辰**。

假設你的眼睛被**困境**所蒙蔽、被塵土或諸如此類的物體所蒙蔽，那麼你試圖觀看的事物便失去了其眞實面貌，更確切地說，你對它產生了不同的觀感。心之眼也是如此；當心被無明所蒙蔽之時，便不再認爲萬事萬物皆依緣而生。

一盞**油燈**的火焰藉由一根纖細的燈芯才得以燃燒閃爍，待燈芯燒盡，火焰也隨之熄滅。每一件依緣而生的事物，皆依靠各種不同的因與緣才得以生成；當緣起之時，事物依緣而生，當緣滅之時，事物也隨火焰之熄滅一般不復存在。

一個幻象不同於它原本眞實的面貌。如此，一個錯誤的心境將誤認依緣而生的事物是自生的。

露珠稍縱即逝；依緣而生的事物亦是如此，迅速地止息消逝。

當水被攪動或類似情況發生之時，泡沫迅速生成，又突然地破裂消失。依緣而生的事物也是如此；當各種不同的緣聚合之時，它們生成，隨之迅速消逝。

夢境是一個由睡眠引起的錯誤認知的例子；被無明影響的心，誤認依緣而生的事物眞實存在。

閃電來去無蹤。依緣而生的事物也是如此，迅速生起迅速消滅，完全依靠緣的聚合而生。

❷色、受、想、行、識五蘊，即類聚一切有為法的五種類別。

天上雲彩的聚集消散，全憑天龍的旨意。依緣而生的事物亦是如此，端賴生起滅盡的銘印的支配影響。

上述每一個隱喻的用意，都在於揭示依緣而生的事物，無一是自生的。前述的說明是以「所有依緣而生的事物」爲解釋範圍；以下引自龍樹大師所著經典的一段偈頌，則針對較狹小的範圍加以闡釋：

色如泡影，
受如浪潮尖端之白沫，
想如海市蜃樓，
行如空心杖，
識如幻象——
佛陀如是說。❸

這些即是前述的人身五蘊。

迦摩羅什羅大師❹把最後三個隱喻（夢境、閃電、雲彩）指爲「三世」：過去世、現在世、未來世。這種說法與此處解釋稍稍不同，但兩者不相牴觸。

簡而言之，佛陀指出，我們應該「把每一件依緣而生的事物視爲無常，事物的本質是空的，如同上述的九個例子一般。」我們也應該認清，人不具有任何與生具來的本質，事物也不具有任何本質。

龍樹大師的偈頌，主要點出了人之無常。身爲一個人，我們必定會走向事業的盡頭，走向生命的盡頭。再更深一層地說，這個偈頌也可以用來說明銘印與潛能；也就是說，我們心中的銘印創造了我們對周遭世界的觀感，甚至創造了我們對於身體與心靈的觀感。這些銘印如同其他形式的能量，也是在各種因緣之下，不停地生起滅盡。

緣起緣滅，有生有死

具有「生命」的、流動的事物，或如同銘印一般的事物，必有停止滅盡的時候，如同緣起緣滅、有生便有死一般。根據佛教的觀點，萬物生滅的過程是一樣的。當你用球

❸原偈頌為：「觀色如聚沫，受如水上泡，想如春時焰，諸行如芭蕉，諸識法如幻。」
❹Master Kamalashila，大乘佛教中觀學派衍化出之瑜珈中觀派創始人寂護之弟子，於西元八世紀，應聘入藏從事譯經，宣揚中觀思想。

棒擊出棒球的時候，你知道，球一定會在某個地點落下，在某個時候停止轉動。同樣地，你展開了事業，事業就必有結束之時；你一旦出生了，便一定會面臨死亡。你必須努力讓你的事業與人生在面臨不可避免的盡頭之時，充滿意義。

那一天，當我走進安鼎國際鑽石公司接受我第一份正式的工作之時，我遇見了雪萊；遇見她一點也不難，因爲她是當時公司唯一的員工。那時，我剛剛從一座小寺院結束爲期八年、密集地追隨上師學習禪定，紐約市的喧囂與惡臭，使每天早晨從紐澤西州搭乘將近兩小時公車進入紐約市的我感到厭惡作嘔。然而，看著雪萊，讓我的心情豁然開朗。

雪萊是一個堅強、自豪的牙買加女人，有著一頭平順滑潤的黑髮，以及一臉燦爛的笑容。她在亞利桑那州長大成人。在此之前，我從未遇見任何一個來自島嶼的人；當我看著雪萊如燦爛的陽光般在走廊上穿梭，用愉悅動人、輕快活潑的英國節奏唱著美麗的歌曲時，我爲之陶醉狂喜。我和雪萊及其丈夫泰德很快地打成一片，情同家人。

當安鼎國際鑽石公司的營運有了起色，銷售量達雙倍或三倍成長時，我們和安鼎的老闆歐佛及爾雅患難與共，直到創造了目前每年超過一億美元銷售額的成績爲止。最後，雪萊和我掌管公司的兩大部門，雪萊負責鋪貨銷售，我則負責鑽石部門。

雪萊不受任何事物動搖影響的好脾氣與愉悅心情，以及她對周遭所有人士所傾注的愛是出了名的。有時候，我們工作到凌晨一、兩點，雪萊仍然如一天之始般地興高采烈，滿面笑容。她的唇上向來跳躍著音符，即使在指揮將近一百名員工趕在指定交貨日期前、每天包裝運送一萬件精緻珠寶首飾的壓力之下，她依舊歌不離口。

在早晨，她第一個進公司；在晚間，她最後一個離開公司。雪萊願意為部屬赴湯蹈火，兩肋插刀；這個特點以及其他特點，使她贏得了部屬熾烈不渝的忠誠和愛戴。從她眼中流露出來的內在力量，以及對於基督教深刻不移的信念，使她成為我們所有人的中流砥柱、堅固磐石。

我記得第一個問題發生的情景。人們說，雪萊的身體出了毛病，我們要不要到醫院去探望她。當某個你認為強壯不屈的人突然間倒下，那是多麼深刻的震驚！當我母親的胸部出現一個巨大的腫塊之際，或當我的父親外出打獵卻突然間昏了過去、開始從山上滾落，而我一個十來歲的男孩拚命試著不讓他巨大的身軀跌落山崖之際，便有了這種深刻的震驚。我們探病的結果是，雪萊罹患了十分嚴重的糖尿病，但是，如果她能夠稍稍放鬆，注意營養，飲食規律，每天在固定的時間服用一些藥丸，她就會沒事了。

你必須了解，我們的公司在市場上獨領風騷，所向披靡，無往不利。每一個小時，在雪萊和我手中處理的是數十萬美元，甚至數百萬美元的生意。我們的薪資瘋狂地往上飆漲，其上漲的程度如同我們的產品與員工人數一般失了控地成長。我們成為事業王國之中的小小神祇，在中午用餐時分商討一個人的未來，或一整個房間的人的未來，彷彿他們是我們手中玩偶或玩具兵，我們一時心血來潮，要他們往東，他們就得往東，要他們往西，他們就得往西。

對我們來說，「安鼎國際鑽石公司」是一種熾烈的激情，也是一名情婦，對我們提出種種不可能的要求，驅策我們使出渾身解數，完成遠遠超出我們能力之外的表現，並且以做夢都想不到的財富做爲報酬，因此雪萊深深著迷，開始加班至深夜，而且越加越晚。

工作第一，沒有什麼事比工作重要。剛開始，雪萊忙得忘了吃午飯，要不就是忘了吃晚餐，後來這種情況變得越來越頻繁。有時候，她記得按時吃藥，有時候不記得，然而，送給潘妮百貨公司的巨額訂單可一分鐘也等不得。長期虐待身體的結果，使雪萊付出了無可避免的代價，但是，她仍然拒絕停下腳步。我想，大約就在這段時期，我獲得了一個最重要的職場教訓，那就是：**眞正優秀的員工會不斷地驅策自我，直到他們的身心受到傷害爲止；而經理人員必須具備極大的智慧以及自我控制，才能夠知道何時應該強迫員工停下腳步，即使公司的營運會因此而受到影響。**

後來，到了雪萊的身體狀況無法帶領一大群員工的時候，歐佛與爾雅出於純粹的愛惜之情，特地爲雪萊成立顧客服務部門，讓她能夠以較緩慢的步調繼續工作。之後，雪萊離開公司，移居至新罕布夏州休養，並且開始接受昂貴的洗腎治療。安鼎國際鑽石公司的業務蒸蒸日上，我們每天忙碌得很難與雪萊保持聯繫。

儘管雪萊的生活步調逐漸緩慢，但每一天，我仍然忙進忙出，彷彿以每小時一千英里的速度前進一般。有時候，我一次得同時處理三、四通電話。每一天，我的部門得經手成千上萬顆、用垃圾袋或垃圾桶盛裝的寶石，而非裝在小小信封中的數百顆寶石。

死亡冥想

有一次，我致電雪萊，恰好碰上她做完雙腿截肢手術，從醫院返家；那也是我們倆之間最後一次的談話。她一如往常般的興高采烈，充滿慈愛，談論我的時間多過談論自己。那也是雪萊頭一次對自己的未來充滿困惑。不久之後，雪萊便過世了。

當我們面對雪萊的死訊，面對一個多年來長相左右、共同分享喜樂哀愁的人已不在人世的事實，我們第一次用一個已經離世的人的眼光來審視我們的工作生涯。無可避免地，我們開始自問，「這一切是否值得？」在安鼎國際鑽石公司工作樂趣橫生，不只是充滿樂趣，而且耗人心神；然而，面對死亡的事實，面對雪萊永恆的離世，所有榮華與顯赫的假象立即消失無蹤。追逐金錢財富的欲望戰爭也不如從前了；現在，它是嚴肅認眞的，它是眞實的，無可退換的。

我們把人生投注於此，最後也耗盡於此。無論我們的公司在市場上的勢力逐漸壯大，無論我們的職位隨著安鼎的擴張而累積了多少權勢與財富，沒有人能夠再忽視此一事實：在我們退休之後幾天，這些榮華富貴都將成爲不堪回首的惡夢。我們被迫自問，我們在安鼎工作究竟是爲了什麼？

就佛教的觀點來看，面對工作有一個方法，就是每天早晨，我們應該帶著一個疑問走進辦公室：**「如果我今天晚上即將死去，我要如此度過我生命的最後一天嗎？」**這麼自問的目的不在於讓自己抑鬱消沉，也不是某種病態的想法——它非常切合實際；它自由地釋放了你；它成就了偉大的事業，一個當你的事業生涯走到了無可避免的盡頭之時，驀然回首，眞正能夠讓你引以爲傲的事業。那麼，我們應該怎麼做呢？

在西藏寺院之中，有一種稱爲「死亡冥想」（Death Meditation）的修持法門。當你聽到「死亡冥想」的時候，你的腦中可能出現一種想法：想像自己平躺在冰冷的人行道上，鼻子插滿了許許多多的管子，親人在一旁呼喊哭嚎，心跳監測器發出嗶嗶聲，顯示心跳停止——這完全不是重點所在。簡而言之，死亡冥想是指，每天早晨你清醒之時，不要起身，雙眼睜開地躺在床上，然後你對自己說：「我今晚即將死去，我應該如何度過餘生，才是最好的選擇？」

此時，在你的腦中立即浮現一些想法。你可能想毫無預警地休假一天，反正你今晚就要死了。或者，你想要嘗試一些你一直想要去做，但有點瘋狂甚至有點危險的舉動。如果你今晚就要死了，即便有點瘋狂危險，又何妨呢？因此，我猜想你可能亟欲嘗試特技跳傘（由飛機跳下時先自由墜落一段時間後再張開降落傘），或到卡拉OK瘋狂歡唱，或購買最昂貴的票去觀賞百老匯的劇目（假設有日間場次的話）。

死亡冥想必須持之以恆地修持，而且是長時期的修持才能夠產生強大的效果。**修持死亡冥想立竿見影的成果之一是：你簡化了你的生活，捨棄你所擁有的事物，放慢你的生活步調。這是一種獲得身心自由的開端。**你擁有多少雙鞋子？你過去度假時拍攝，如今全都束之高閣、不再翻閱的照片在哪兒？當你聽到這些問題時，你開始想像各種不同款式的鞋子；你的心進入櫥櫃，看著你最常穿的那雙鞋子。然後你的心走進衣櫥，尋著一疊裝了相片的封套；你的心進入一、兩個封套，大略地看了看其中幾張照片。

這所有的一切證明了，在某種程度上，在你的心中有一張存貨清單，記錄了你所擁有的所有事物；這也意味著，你的心的某些空間被這些細微末節給佔據了。切記，你的心如同電腦的硬碟，就只有那麼些空間，它是有限的。你知道，當電腦硬碟的空間幾乎全滿的時候，電腦是如何運作的：所有的電腦程式停擺，運作的速度變慢，電腦系統當機；你也知道，使用一台擁有大量硬碟空間的新電腦是多麼的有趣，執行的速度飛快。

死亡冥想的概念，即是把速度緩慢的心轉變成速度飛快的心。一個迅速省事、能夠達成此一目標的方法，即是丟棄家中不需要或不使用的物品。如此一來，你大約可以丟棄家中大約百分之七十五的物品。有一個丟棄物品很好的基本原則，就是問問自己：在過去六個月，我曾經使用過它嗎？如果沒有，就把它給扔了吧。

今晚即是大限之日

當你修持死亡冥想更長一段時間之後，你將開始調整你的作息。如果你今晚眞的就要死去，你還會坐在那兒上網看一整天的新聞嗎？你還會坐在電視機前面，急切地搜尋任何讓你略感興趣的電視節目？你還會出門花一、兩個小時用餐，到處說其他經理的閒話？你必須痛下決心，在你離世的那一天，不把光陰虛擲於這等事物之上。此時此刻亦是如此。因爲坦白說，今天可能眞的就是你的大限之日。

在此一過程中，你將開始審視你的事業。如果你今晚即將死去，它仍舊是你眞心想要從事的工作嗎？你是否寧願從事其他工作，卻害怕嘗試，因爲你不確定你是否能夠從中賺取足夠的金錢，或因爲你怯於嘗試新事物，或只是因爲你懶得嘗試？人生眞的苦短，你的工作年齡（最精力充沛，最健康，最敏銳的時期）也十分有限。**如果每一天你能夠從事一些你眞正感覺十分重要的工作，少賺一些錢也是値得的。**

到了死亡冥想的最後一個階段，「今晚即是大限之日」的想法將觸發你的本能，開始深受人生最美好、最饒富意義的事物所吸引。透過內在思考與冥想的過程，你已經把思維往前推進，從萬事萬物皆有盡頭的角度來看待你的人生與事業。你或許已經擁有了可觀的財富；你已經滿足了生活的基本需求，甚至過得優渥舒適，並且提供家人同等的享受。在工作方面，即使你的體力與精神已不若巔峰時期的強健敏銳，你仍舊擁有豐富的經驗，足以成功地完成任何的工作挑戰。

就在此時，一些成功的商業家在晚年開始醉心於慈善事業。這不是因為他們無所事事才投入慈善工作，而是因為他們經歷了人生的風風雨雨、點點滴滴之後，具備了某種智慧，得以準確地看出，慈善事業是運用累積多年的財富、權勢以及經驗，所能從事的最有意義的工作。這種類型的人，即是我們先前所談論的，從事業有其盡頭的觀點回顧他們的事業，然後開始了無可避免的過程，自問：「這麼做值得嗎？」

死亡冥想的要點在於，事先預期未來幾年的演變，並且在當下做出一些決定，以便在未來能夠以欣喜滿足的心情回顧過往。此舉不僅僅使最終的目標更加有趣，也使得整段旅程（你的整個事業生涯）更加樂趣橫生、更加愉悅。因此之故，你不妨立即嘗試死亡冥想。我相信，最後你將獲得一種心境，我們稱之為「自他交換」，在下一個章節中將加以描述。

在死亡冥想的過程中，你的心態必須前進至未來，如此你才能夠用萬物皆有盡時的心境回顧人生，並且帶著欣慰滿足之情，明白自己已經完成了整個事業生涯中最重要、最具意義的事情。公司與人之間沒有任何差異，如萬物的本質一般，它們被成立、被創造，它們擁有自己的生命，經歷種種過程，然後它們走下坡，最後結束營運。你必須用評價人生的觀點來評估你的事業；你必須走到事業的終點，然後加以審視回顧。

事業確有終了之時。一個商業家即使在事業登峰造極、如日中天之際，也能夠眞正認清世事無常、繁華皆有落盡時的事實，那麼他在商場上將站得更穩、更強。這種「萬物皆有盡時」的態度，使你的頭腦保持清晰明澈，人生的優先順序、輕重緩急也了然於心。佛陀清楚深入地洞見了他事業的盡頭（佛教的盡頭，即末法時期的來臨）並且經常提及佛教的衰亡，以保持自身和信眾的清明。《金剛經》包含了佛陀對於佛教衰亡的宣講；這段文字以須菩提向佛陀提出一個疑問爲始：

「喔，世尊，在未來，佛陀殊勝的教法即將被摧毀殆盡的最後五百年之中，將發生什麼？任何一個在末法時期的人，如何能夠正確地了解如《金剛經》這般的古老經典的含意？」❺

世尊回答，

「喔，須菩提，你不應該問如你剛才所問的問題：『在未來，佛陀殊勝的教法即將被摧毀殆盡的最後五百年之中，將發生什麼？任何一個在末法時期的人，如何能夠正確地了解如《金剛經》這般的古老經典的含意？』」

此處的爭議在於，在未來是否有任何一個人相信如《金剛經》這般闡釋佛之身相本質的古老經典，或有任何人對如此的經典產生極大的關注與愛好？為了提出此一爭議，須菩提以「喔，世尊，在未來，佛陀殊勝的教法即將被摧毀殆盡的最後五百年之中，將發生什麼？」做為問題的起始。

世尊回答：「喔，須菩提，你不應該問如你剛才所問的問題。」佛陀如是說的意義在於，須菩提不應該抱持不確定的心態，懷疑未來是否有任何人相信如《金剛經》這般的古老經典；而且，如果須菩提從未有此懷疑，他絕不會提出此一問題。

於是佛陀又說：

❺世尊。頗有衆生。得聞如是言說章句。生實信不。佛告須菩提。莫作是說。

「喔，須菩提，在未來，在末法時期的最後五百年，當佛陀殊勝的教法趨於毀滅殆盡之時，將出現偉大的勝者；他們持有戒律，持有美好的品質與智慧。

「這些勝者偉大崇高。喔，須菩提，他們不僅僅恭敬地供養承事一位佛，或僅僅從一佛處積聚福德資糧；相反地，他們恭敬地供養承事無數無量、千千萬萬的諸佛，從無數無量、千千萬萬諸佛處積聚了福德資糧。在那時，如此偉大的勝者將來到世間。」❻

《金剛經》記載：喔，須菩提，在未來，當佛陀殊勝的教法趨於毀滅殆盡之時，將出現偉大的勝者。他們將持有無上的戒律；他們將修持無上的禪定而擁有美好的品質；他們將持有無上的智慧。

這些偉大崇高的勝者不僅僅恭敬地供養承事一位佛，或僅僅從一佛處積聚福德資糧；相反地，他們恭敬地供養承事無數無量、千千萬萬的諸佛，從無數無量、千千萬萬諸佛處積聚了福德資糧。世尊說，這是我目前能夠洞察的事實。

而針對「末法時期的後五百年」，迦摩羅什羅大師的闡釋如下：「此段經文中的『五百』是指一群五百，即如一句著名的話所指：『世尊的教授將持續五五百。』」

就迦摩羅什羅大師的闡釋而論，「五五百」意指佛法將在世間延續兩千五百年。

單單是「佛法將在世間留存多久」這個問題，就有來自各種古老經典的不同解釋與評註，其中包括佛陀的教授將延續一千年，或兩千年，或兩千五百年，或五千年。當我們仔細思量這些闡釋與評註背後的含意，就會發現其中並無衝突相悖之處。

不同的闡釋互不抵觸的原因在於，有些經典把「五五百」解釋爲：人們將持續修持佛法的長度；其他的經典則解釋爲：佛教經典實際留存世間的長度；最後還有一些經典則認爲是佛法在證悟者之地（Land of the Realized，即印度）流傳的時間長度。

❻如來滅後。後五百歲。有持戒修福者。於此章句。能生信心。以此為實。當知是人。不於一佛二佛三四五佛而種善根。已於無量千萬佛所種諸善根。

在經典之中，關於各種勝者的描述不勝枚舉。在證悟者之地印度，有所謂的「贍部洲六勝者」（Six Jewels of the World of Dzambu），以及其他類似的勝者。在西藏，則有薩迦班智達（Sakya Pandita）或布敦仁波切（Buton Rinpoche）或三位國王：法王宗喀巴（Je Tsongkapa）及其兩位嗣子。

對於西方人士而言，閱讀此段經文是多麼令人矚目，因爲知悉世界主要宗教的創始者在該宗教創立之時，即預言他的宗教將在兩千五百年之後從世間消失。所有的機構，包括企業、政治團體、家庭以及個人，皆普遍深信：任何成功運作的事物，其榮景將持續下去。然而，佛教哲學卻指出，萬事萬物皆受我們心中銘印的驅使，以及銘印所造成的觀感的驅使。而銘印如同樹木——樹木的種子被播入土中，發出嫩芽，長成樹木，開花結果；當種子的能量消耗殆盡之時，樹木不可避免地枯朽死亡。既然周遭世界及我們自身都是受到心的種子的力量（業力）驅使所形成的觀感，那麼我們自身與周遭世界，也將如同樹木的種子一般發芽茁壯，最後步入無可避免的死亡盡頭。

即使我們的事業發展如日中天，即使我們的公司在市場上所向無敵，我們必須時時謹記萬事萬物皆有終了之時的道理。爲了能夠從最清晰透徹的角度經營我們的人生與事業，我們在心理上必須先行至我們退休的那一天，行至我們死亡的那一天，以及行至我們公司告終的那一天，然後審視回顧我們的所作所爲——它值得嗎？它充實而有意義嗎？它是我們度過短暫又難得的人生的最佳方式嗎？

在下一個章節中，我們將提供幾個審視人生是否充滿意義的方法。別擔心，事情一定能夠兩全其美，你既能坐擁財富，又擁有豐足的心靈。你的目標在於：(1)賺取巨額的財富；(2)保持強健的身心，如此才能夠享受財富；(3)用日後你將引以爲傲的方式善用你的財富。善用金錢的最佳方式，往往也是經營公司、經營家庭，以及經營人生的最佳方式。

14

終極的經營法門

佛告須菩提。諸菩薩摩訶薩。
應如是降伏其心。所有一切眾生之類。
若卵生。若胎生。若濕生。若化生。
若有色。若無色。若有想。若無想。
若非有想非無想。
我皆令入無餘涅槃而滅度之。
如是滅度無量無數無邊眾生。
實無眾生得滅度者。

我不相信，在美國有哪一個經理人員會不清楚明白「意義非凡」與「毫無意義」之間的差異。我們的心時常被財物或自私的人際關係所佔據，但是很快地，我們的心又開始對這些事物感到厭倦——對於任何有思想的人而言，這些事物的毫無意義是必然的。古老的佛教典籍指出，在每一個人的內心深處，都藏有發掘「什麼是眞正充滿意義」的欲望；而唯有找到答案，否則我們無法獲得幸福快樂。對於何謂眞正的、終極的意義，《金剛經》有相當清楚的說明。

我們先引用《金剛經》中的一段文字做爲起始：

> 須菩提，那些在菩薩道上，擁有追求無上正等正覺的心願的善男子善女人應該如此思維：
>
> 我將使所有一切眾生進入涅槃，❶諸如依卵而生的生命；❷在母腹中受形成胎的生命；❸因溫暖潮溼而形成的生命；❹無所依託，僅因其業力而形成的生命❺等等；有色、❻無色；❼有想、❽無想、❾非有想非無想等等。
>
> 儘管有許許多多的眾生，不管是哪一界的眾生，只要有「眾生」之名者，我將把他們全數帶入無餘涅槃，❿斷除他們的所有煩惱。
>
> 然而，即使我救度了無量無數無邊的眾生，把他們帶入無餘涅槃，但是實

際上，沒有一個眾生眞正地獲得救度，進入涅槃。⓫

這段文字背後的觀點是清晰的，但是其中許多用語卻不容易明白。讓我們看一看邱尼喇嘛如何解釋，以及如何應用於公司管理：

❶涅槃為梵語，意為「滅」「滅度」等，佛教徒修行所要達成的一種最高理想。涅槃的分類很多。
❷卵生，佛教認為六道眾生有四種形態，即卵生、胎生、濕生、化生。
❸胎生。
❹濕生，由潮氣陰腐中所生，如腐肉中生出的蟲等。
❺化生。
❻佛教所指，在欲界和色界中的有情有色身者，一般指有血肉有情感的人和物。
❼指非生命、非物質之實體。
❽具有感覺、認識、意志、思考等意識作用，或指具有此等作用之有情眾生。
❾指全無想念之狀態，或指入滅盡定，證得無想果者。
❿無餘涅槃與有餘涅槃相對，指生死的因果已盡，不再受生於世間三界者。
⓫佛告須菩提。諸菩薩摩訶薩。應如是降伏其心。所有一切眾生之類。若卵生。若胎生。若濕生。若化生。若有色。若無色。若有想。若無想。若非有想非無想。我皆令入無餘涅槃而滅度之。如是滅度無量無數無邊眾生。實無眾生得滅度者。

《金剛經》說道：須菩提，那些在菩薩道上，擁有追求無上正等正覺的心願的善男子善女人應該如此思維：

儘管有許許多多的眾生，不管是哪一界的眾生，他們是無數無量無邊的。如果有人依照出生的形態來區分眾生，則可以分爲四種：依卵而生的生命；在母腹中受形成胎的生命；因溫暖潮溼而形成的生命；無所依託，僅因其業力而形成的生命等等。

同樣地，還有欲界與色界的有情眾生：有色；另有非物質之實體：無色。此外，「有想」是指除了居住在大果天⑫和有頂天⑬之外的眾生；「無想」是指居住在大果天的眾生；再者，生於有頂天之眾生，屬於沒有粗略想的非有想，以及仍然存有細微想的非無想。

簡而言之，只要有「眾生」之名者，我將把他們全數帶入無餘涅槃，斷除他們的所有煩惱。在涅槃之中，沒有障礙，沒有痛苦。

總結來說，諸菩薩爲了眾生立下誓願，帶領眾生進入沒有生死的涅槃，成就佛的法身。⑭

基本上，發此誓願的人分爲兩種。第一種人修持慈悲之道，發願保護眾生遠離三苦，這使得他們首次感到要帶領眾生進入最終涅槃；第二種人早已立下帶領眾生進入涅槃的願望，因此他們把心專注其上，持續增強其誓願。

別去理會世間有多少種眾生；根據佛教古老經典的記載，在整個宇宙之中，有許多界以及許多生物是我們無法知曉的。這段經文的重點在於，佛陀描述一個人立下誓願，要使宇宙中的每一個生物都獲得究竟的快樂，也就是最高層次的涅槃。

在佛教中，認為這種誓願是所有快樂的源頭，然而，這跟經商之間有什麼關聯呢？這段經文的末尾又如何解釋？在末尾，佛陀說，「即使我能夠把每一個眾生帶進涅槃，獲得全然的快樂，但是沒有一個眾生能夠眞正獲得涅槃之樂。」這是怎麼回事呢？

自他交換

切記，我們一直在談論賦予生命意義，包括你的事業以及私人生活。在前一個章節，我們探討了「死亡」或「盡頭」的概念：事業的盡頭、公司的盡頭，以及你生命

⓬色界十八天之一，位於第四禪天之第三。
⓭又名「色究竟天」，乃色界四禪天之第九天，為有形世界之最頂峰，故稱有頂。
⓮指佛所說之正法，佛所得之無漏法，以及佛之自性真如如來藏。

的盡頭。死亡是生命的一個事實，我們將從生命的盡頭回顧我們的人生，評價我們的人生；你必須能夠回顧人生，而且不僅僅說你賺取了財富，不僅僅說你能夠盡情地創造並且享用財富，你也必須能夠說：**在你賺取金錢的同時及其後，你改變了世界，你讓世界有了些許不同**。

這或許是佛教經典最深奧偉大的祕密：一個簡單、每天實行的法門，使你的生活與事業充滿意義，而不僅僅只是權力、財富、活力逐漸崩潰瓦解，邁向衰老與死亡。這個法門也是最佳的管理工具。

在安鼎國際鑽石公司的鑽石部門，十多個不同國籍的工作人員在同一層樓一起工作是常有的現象：來自泰國的紅寶石和藍寶石專家；斯里蘭卡的黃寶石專家；印度籍的綠寶石分級師；來自中國的珍珠揀選人員；來自波多黎各以及多明尼加共和國的寶石配對師；以色列的鑽石採購人員；來自越南和柬埔寨的寶石鑲嵌師傅；巴貝多籍的品質控制與有色寶石採購人員；來自南美蓋亞那的採購協調人員……等等。

你可以想像，在一個寶石揀選分級室中，同時聽到十種不同的語言，該是什麼樣的景況了；還有在中午用餐時間，十種不同國家食物的味道從微波爐中散發出來；而且同時尊重十種文化的禮儀規範，例如，雙腳不可對著泰國人；不要給來自印度古哈拉省的人任何長在地底下的食物；在廣東人的婚禮上，別忘了買點金飾送給新娘當作禮物。

然而，鑽石部門運作得如同一個一人部門般和諧；我可以坦白地說，和他們每一個人共事眞是人生一大樂事。儘管部門人員的背景懸殊（最令人沮喪的是，每一次一說美國笑話，沒有人覺得滑稽好笑，而且沒有人在美國土生土長，所以你把一些老的電視節目、老歌等等拿出來大談特談，也沒有人搞得清是怎麼一回事），儘管我們之間有明顯的代溝，但最後我們建立了深刻的愛與尊重；這份情感，使得鑽石部門的運作如同上了潤滑油的機器般順暢。而其中絕大部分的原因，**僅僅是原本應該出現的私人問題從未發生**。

我認爲，我們之所以有此成就，主要是因爲我們秉持部門成立之初即奉行的哲學；而這套哲學的精髓即是古代佛教徒所修持的法門：自他交換。如果你眞心希望事業或部門成功，我建議你嘗試這個修行法門。它非常簡單易行，十分強而有力，而且不花費任何金錢和時間；它只是一種態度，從上往下開始——從你開始，然後往下傳給所有的員工，不需要寫在備忘錄上、不需要通知布告、也不需要開會宣布。

稍早佛陀提及證悟成佛的誓願，「自他交換」即爲其核心要義，這包含了三個主要的步驟，而第三個步驟則解答了佛陀何以說「當你帶領眾生進入涅槃，事實上，沒有一個眾生進入涅槃。」這個深奧的修行法門已經超過兩千五百年的歷史，我們將用古典的方式呈現，同時援用現代的、眞實生活的範例。

從自我中抽離

我喜歡把第一個步驟稱爲「蔣巴法」。蔣巴是一個年輕羞澀的西藏僧人，他住在位於紐澤西州的小小蒙古寺院之中，而我也曾在同一個寺院完成許多訓練。蔣巴是一個廚子，他也清理草皮，照料年紀較長的喇嘛，並且持續不斷地、默默地、無私忘我地處理上百萬件工作。每當訪客出現在緊臨住持房間的小小廚房時，他便開始修持蔣巴法。他對著你修持，但你渾然不覺。當他帶著滿滿的笑容打開門，隨著笑容所輻射出來的陽光覆滿你的臉龐時，他已經在修持蔣巴法了。到底什麼是蔣巴法？

蔣巴在色拉寺的主寺接受訓練，受教於兩位最傑出的高僧：羅薩格西（Geshe Lothar）以及圖登天津格西（Geshe Thupten Tenzin）。當你踏進廚房那一刻，蔣巴便要你挨著廚房餐桌邊坐下，他接著慢慢地架起爐子，從冰箱翻找食物，並在你說明何以造訪寺院的同時，爲你張羅吃的喝的。當他在廚房內穿梭之時，他注視著你的眼睛，以及你的身體語言：當你的眼睛掃視廚房的時候，你的眼光是否停在爐上的水壺；或者當他觸碰冰箱的門把之際，你的眼中是否流露遲疑之色——他就是這麼觀察，知道你想要喝點熱的，或是喝點冷的；而在廚房餐桌上有一碗糖果、較遠的地方放了一疊餅乾，爐上則是供應不斷的湯，你的眼睛最常走到哪一種食物？

在幾分鐘之內，蔣巴就把你摸得清清楚楚。他知道你喜歡茶或咖啡，冷的或熱的，加牛奶或加糖或什麼也不加，餅乾或麵條，以及一大籮筐關於你的喜愛與憎惡。下一次你再出現的時候，你將發現，在你開口之前，蔣巴已經把你最喜愛的飲料放在桌上了，爲什麼？因爲他記得，他把它當做一件重要的事來記得。他把它當成一件重要的事，完全是因爲他眞的希望給予你所想要的事物。

簡而言之，「蔣巴法」就是**學習如何敏銳地觀察其他人的需要與喜好**。如此一來，你就能夠給予他們最想望的事物。這聽來有一點天眞，但是花一些時間訓練自己去觀察他人的喜好和需要的簡單練習，將爲你的整個事業帶來深刻的影響。

商業的本質及公司生活的本質在於，經理主管人員傾向爲了自己的利益，而全神貫注於手邊的、立即的議題；他們向來各自尋求表現，各自邀功。最近一次，你和另一位副總裁一起合作、表現出色而共享假期獎金是什麼時候？自我中心的結果，使我們把焦點放在自己身上，而忽略他人。

蔣巴法，這個自他交換的第一個步驟，即是把我們從「專注於自我」中抽離，開始去關心他人。這個練習將爲工作流程及財務狀況帶來立即的利益，也會在你的心中植入了最強大、最具利益的銘印。以下的段落說明如何把蔣巴法應用於工作之中。

由造作變成第二天性

當你在部門內行走之時，觀察你的員工。我們大多數人都認爲，成爲公司營運的財務專家是很重要的，通曉影響事業的重要職業規章是很重要的，以及熟悉提供我們所需生產原料與服務的供應廠商的狀況是很重要的。現在，你必須刻意訓練自己成爲另一種專家，那就是察言觀色、洞悉周遭人士的喜好與憎惡的專家。你必須知道每一件事，每一個可以讓這些人們開心快樂的細節，例如，如何調製他們的咖啡；他們喜歡哪一種椅墊；他們偏愛哪一種鋼筆；他們有幾個孩子，孩子們的名字，以及孩子們的近況；他們上一次度假是什麼時候，去哪裡度假，他們玩得開不開心等等。

然後你回辦公室坐著，記憶每一個親近的人的細節。如果你必須做筆記，那就做吧。我發現，擁有一台筆記型電腦很管用；在你下班返家途中，可以再把檔案叫出來，重新回顧你所記錄的內容。無可避免地，這個練習將改進你對待別人的方式，即使只是你在他們盛注咖啡時、遞上糖精而非糖的小小舉動，在人們內心深處，都會有所留意。我們所有人就如同家中豢養的狗一般，當愛狗的人走進屋子的時候，牠知道；當厭惡狗的人走進屋子的時候，牠也知道；甚至在那個人有所行動或言語之前，牠便明白，而牠也依照客人的喜愛或厭惡採取行動。

人們具有一種直覺，那直覺告訴他們：你不在乎他們的喜好或需要，反之亦然。剛開始，這麼公然地發掘他人的喜惡似乎有點矯揉造作，然而，這本就是過程的一部分，剛開始，就是這麼的造作。稍後，它之所以變成你的第二天性，也是你在一開始矯揉造作的結果。

如果你給予員工六個星期的假期或雙倍的薪水，大多數的員工都會歡天喜地。但是，我們所談論的喜好與憎惡並非屬於此一類型。我們不是在建議你採取任何重大的財務或人事的更動。你只要靜靜地觀察，然後在你能力範圍之內，給予周遭人士最喜愛的事物。此舉的必然結果是，你的員工將投桃報李。想像一下，整個部門的員工都以相同的態度彼此對待，是多麼美妙的感覺啊！

我在安鼎國際鑽石公司任職期間，有一次我清楚地理解到，公司之所以支付我高得如此離譜的薪資，主要原因在於：我能夠讓員工們融洽共事。我了解到，我所扮演的最重要角色，僅僅是在部屬之間調停仲裁；而中午用餐時間是我一整天之中最重要的時刻，我幾乎老是被兩個水火不容的管理階層人員帶出去解決他們之間的問題。

主管甲對主管乙有一點點不滿，但除非有絕對的必要，否則主管甲將盡力避免開誠布公；然而，這種衝突正靜靜地侵蝕著、傷害著公司。一個小小的問題，如果能夠盡早處理，就很容易解決；但是如果事情拖久了，那就會演變成大災難。

主管甲在星期一就知道了那個問題，但是他在主管乙面前隻字未提，否則主管乙早就可以輕易地解決問題。那不是應該在星期一全體職員會議中提出的問題，而是主管甲和主管乙偶爾一起在飲水機前面喝著飲料閒聊的時候（如果他們有此習慣的話）就這麼談開的事情。我眞正想要說的是，存在於員工之間的一點點善意，比你所夢想的金錢財富更有價值。而蔣巴法就是第一個步驟。

美麗的刺探

你不需要當著全公司宣布或發表政策聲明，你只要親身實行，其他人就會如法遵循。我記得，當喇嘛上師造訪我的家鄉亞歷桑那州，發表一系列演說的時候，我高中時期的一個老朋友問了喇嘛上師一個問題：「什麼是教導年輕的孩子過著道德生活的最佳方法？」「在那個年紀，」喇嘛上師說，「你告訴他們做什麼，一點也不重要。他們會觀察你、模仿你；你做什麼，他們就跟著做，因此你面對了最艱難的課題——你必須以身作則，行事合乎道德。」你必須開始暗中監視你的部屬；**那是一種非常美麗的刺探，去探看他們的喜好，以及他們生命中的重要事物，然後幫助他們取得心中嚮往的事物。**

自他交換練習的第二個步驟是：假裝把你的心放進他人的身體之中，然後打開你的眼睛，注視著自己，看一看你（他們）想從你（你）身上獲得什麼。如果你認爲，這聽起來實在令人困惑，那麼試著想像一下，把這個法門從梵文或藏文翻譯過來有多麼多麼困難！

這個步驟稱爲「身體互換」，比起觀察周遭人的喜好，這個步驟的確有一點深奧，有一點困難。我記得，我曾經把這個方法用在一個來自蓋亞那、剛剛加入鑽石部門的年輕男子，他母親的一個朋友在安鼎任職，年輕男子就是受了母親朋友的引薦而進入公司（從事寶石這一行的人，一向是經過推薦介紹的；你根本沒有任何法子可以阻止這些人哪一天順手牽羊，摸走幾百美元。因此必須經人介紹，讓人清楚他們的背景底細）。第一天，我們要他坐在一大堆的碎鑽前面，要求他數出幾百個或幾千顆碎鑽，做爲特殊戒指訂單之用。

那一天結束之時，我已經知道一點關於他的爲人：他討人喜歡、學習的速度很快、安靜、謙虛、手腳快如閃電。在我離開辦公室的時候，我又發現了另一件事：我注視著他的臉，我看見了混合著歡喜與痛苦的表情；他喜歡安鼎，但是一想到接下來幾年，他必須每天坐在椅子上數著小小的寶石，便感到痛苦絕望。

於是我做了身體互換的練習：我把自己放進他的身體之中，注視著我的臉，問我自己，「我希望我（我）對我（他）說些什麼？」因此我說：「明天早上到我辦公室來，我們看看是不是能夠讓你做一些更有挑戰性的工作。」說完，我覺得我的眼睛害羞地稍稍垂了下來，笑容在我的（他的）臉龐綻放。

從那一刻開始，我不斷地把我的心放進他的身體，並且發現了我（他）一直以來的夢想：學習程式設計。我們讓他跟著公司最好的電腦程式設計師學習，在他證明了他確實一心向學之後，我們幫助他通過一連串的大學課程。在鑽石業界，上夜校是一種禁忌。在生產旺季，每一個人工作至深夜；即使是在淡季，你也不希望一個身心疲累的員工弄亂了存貨盤存系統，或一堆一堆的鑽石。

然而，每當我看見他，每當我看著我的（他的）臉，我就知道，上學是我（他）想要的，我也知道從中獲得的成就感，於是我們想出了他去上學、不在公司時的工作方法。最後，他成爲安鼎最傑出的電腦程式設計師，更重要的是，身爲一名員工，他知道，即使公司因此而有了些許損失，仍然爲他著想，幫助他完成夢想。如此一來，我們造就了一個在關鍵時刻挺身付出的員工，一個竭心盡慮幫助公司與周遭人士的員工。

這樣的員工是無價的；他們在部門之中，不斷地費心尋求解決訂單、體制或人事等等問題的方法，甚至在你有所耳聞之前，即有所行動。當那一天結束，當你自己的事業到了盡頭之時，你回顧過往，映入心簾的不會是你締造的業績，或你完成的企劃，或你記得的盈虧得失；你將看到一張年輕的臉龐注視著你的面容，知道你曾經給予他一生中最珍貴的事物。

如果你持續這種想法，持續把自己的心放入員工的身體，注視著尋求協助的自己，你將發現，有一種深邃的滿足在你心中滋長。這種深刻的滿足，只有在非常難得、非常特殊的時刻，才得以感受；不過，如果你越是練習，你就越能擁有此一滿足的感受。事實上，這種深刻的滿足，正代表你的工作有了眞正的意義。

我認爲，身體互換的想法不僅僅是一種正確的想法，也是最具利益的想法。在這種想法之下，你的部門、你的公司開始自行運轉，開始被一些眞正在乎公司、在乎部門的人經營著，因爲你關愛他們如同關愛自己。你既賺了大錢，又獲得了幸福快樂，一舉兩得。

泯除你我的區別

你已經準備就緒，接受第三個步驟了嗎？這個步驟需要一些練習，而且在你嘗試之前，先練習第一和第二個步驟是很重要的。這是自他交換練習的最後發展過程；事實上，根據古老的佛教經典，這是人類的心性（heart）與心識（mind）的最後進程。第三個步驟很難去做，甚至連想去做都很難；然而，在這個世界上，沒有什麼比第三個步驟更可以使你成爲一個更成功的主管，成爲一個更圓滿的人。

我們稱第三個步驟爲「繩索特技」（Rope Trick），它適用於任何一名員工，你只要在某一天，走到該名員工的桌邊站著即可。你假裝你手上拎著西部牛仔使的大套索，然後把大套索扔在地上，環繞著你們兩人。現在想像，你們兩個人合而爲一。

你瞧，在前兩個步驟之中，我們學習去觀察、去思考周圍人士的眞正喜好，我們甚至互相交換身體，注視著自己，看看我們（他們）最想從我們（我們）身上獲得什麼。然而，這其中仍然存在「你」「我」的區別。前兩個步驟是「我」觀察「你」，「我」試圖進入「你」的身體。藉由第三個步驟，我們可以把自他交換的練習帶入更徹底的層次：你是你的員工，而他或她（員工）是你，你們是同一個人。

在第三個步驟之中，你的心完全脫離了許多經理主管級人員擁有的自我中心模式；那是一個多麼自私的模式，卻一直受到公司獎賞制度的推波助瀾。現在的問題不再是我領到獎金或那個人領到獎金，而是我們如何獲得我們的獎金？此刻，你進入了員工的心坎，你把自己的福利與員工的福利等同視之，如同你們是一對連體雙胞胎一般。現在，你的頭上有兩張嘴嗷嗷待哺；現在你有兩雙腿，要買四雙鞋（或許一雙翼波狀蓋式男鞋，一雙高跟鞋）；現在你有四張耳朵，如果其中有一張耳朵忘了訂購半克拉的公主切割（princess-cut）鑽石，那麼就是四張耳朵一起聽大老闆的咆哮。

如果你是一般的美國商人，這種思維方式可能會令你吃不消。「繩索特技」的含意深遠，你的心中立時出現兩個問題：第一，自他交換的過程到了第三個步驟，完全變得矯揉造作——你怎麼能夠實際成爲另一個人；更精確地說，你們兩個人怎麼能夠成爲一個人？然而，這完全是可能的，這是可能發生的；而讓它成爲可能的關鍵，即隱藏於本章之初、佛陀的開示之中：「有一天，我將帶領所有的眾生進入涅槃，獲得大樂，但是沒有一個眾生能夠眞正地獲得大樂。」

爲了理解佛陀的開示，讓我們回到關於創造財富的討論，回到你何以面對某種境遇的原因。我們一再地說，圍繞在我們周圍的事物是中性的，如同空白的螢幕一般；這便是所有事物的潛能。對你來說，一個咆哮的上司是令人不悅的，但是對於坐在你身旁的人來說，上司或許是討人喜歡的；這其中存在了上司的「空性」或上司的潛在可能。換句話說，上司基本上是中性的，無論我認爲他討喜或討厭，無論我認爲咆哮的聲音是好是壞，都並非源自上司本身。

更確切地說，那是我心中銘印發生作用的結果；是我過去對他人所行之善業或惡業，留存在潛意識的銘印所造成的結果。現在這些銘印進入意識層面，影響了（不，事實上，應該是創造了）我看待世界的方法（那個大吼大叫的上司，只是我眼中世界的一小部分）。

暫時忘了那個咆哮的老闆，讓我們回頭看一看那個被罵的可憐蟲，那個可憐的我。如果事物的潛能是眞實的，銘印的影響是眞實的，那麼我和咆哮的上司不就一模一樣。

換句話說，我看待自己的方式，以及我看待咆哮上司的方式，都受到相同原因的驅使。我看自己的方式，以及我看他的方式，都源自相同的原因。我對自己的觀感，源自心中的銘印；當銘印從潛意識進入意識層面之後，開花結果，影響支配了我對自己的觀感。

此處的重點在於，**你必須了解銘印不僅僅決定了你看待自己的方式，也使你不斷地注視著自我**。換句話說，僅僅因爲過去的習慣以及留存心中的銘印，你界定自己是什麼樣的人，然後在你自己與其他人事物之間劃下界線。在你過去的思維之中，你把包裹在身體皮膚之內的部分界定爲「你自己」，日後，這種思維所種下的銘印，再度促使你用相同的觀點看待「你自己」——把包裹在身體皮膚內的部分界定爲「你自己」。「你」的範圍在它終止的地方終止，不是因爲那是它自然終止的範圍，而是你習慣把你自己終止在那個範圍。

把別人看成自己

在先前的章節之中，我們曾經稍稍探討了「自我」的定義。任何人只要稍加思考，就可以了解，「『我』的範圍結束之處，即『他們』的範圍的起始」是多麼不明確的說法。例如，母親生育子女之後，「我」的範圍立時擴大，延伸至孩子身上；當一個母親說「別傷害這個孩子」的時候，你可以預期，如果你攻擊孩子，就如同攻擊母親，那麼母親的反應會有多麼激烈。罹患嚴重糖尿病的人的反應則恰恰相反。例如，糖尿病患的雙腳生瘡，接著瘡形成壞疽；醫師告訴他們若不截肢，就只有等死。

在你決定失去雙腿好過失去生命的那一刻，你已經把「我」的定義或範圍縮小了。這證明了，你有能力把「我」擴張或縮小至更大或更小的範圍，因此別說「繩索特技」是不可行的。把套索拋出去，圈住彼此，直到你們合而為一。人我之別的產生，僅僅是過去的銘印、過去的思考習慣的結果。想像一下，如果全世界每一個人思想行動之時，彷彿每一個其他人都是自己一般，那會是什麼樣的景況。**我們能夠帶領每一個人進入涅槃，進入全然的快樂，但是「沒有單單一個人」能夠獲得全然的快樂，因為每一個人都只是我們的一部分**。

你心中的第二個問題是：假設我真的實行「繩索特技」的練習；假設我真的把「我」的範圍擴大，延伸包含了另一個人、甚至更多其他人，則我應該在何處劃下界線？它的限度、它的範圍是什麼？

人生夠艱難的了，光光是要滿足一個人身體的與心靈的需求（也就是我的需求）已經幾乎不可能了。如果照顧我自己都如此艱難，如果努力保持我自己的身體健康、免於衰老疾病都如此艱難，如果呵護自己的心靈免於崩潰都如此艱難，我要如何能夠再把另一個人或更多人當成真正的我來照顧？我哪來的辦法，哪來的能力？

諷刺的是，**能力來自每一次你擴張自己、接納他人的舉動**；也就是說，當你決定在身體上與情感上照料他人如同照料自己的時候，你便獲得了能力。如果潛能與銘印創造了我們眼中的世界，那麼無人我之別地共享財富，便是創造財富的最佳方法。簡而言之，如果布施一分錢所種下的銘印，是我能夠「看見」一美元的唯一方法，那麼確定在我周圍的所有人都擁有金錢財富，如同我們是同一個人一般，將爲我帶來無窮無盡的財富。**想像每一個人都把其他人當做自己、當做自己的責任的世界！**我們沒有任何理由不把其他人當做自己、當做自己的責任。

一個聰明理智的人讀了這些段落之後，能夠感覺到，我們切入了重點。克服忽略他人的習慣；把「我」的範圍擴大，納入所有的員工以及圍繞在你身旁的每一個人；**不要爲了他人而工作，而是彷彿沒有他人一般，不分人我地工作，這就是眞正的快樂，眞正的滿足**。

在內心深處，你知道這是對的；你知道，現在開始去做是對的；你也深深明白，如果你用這種方式經營你的事業，經營你的人生，如同爲了自己的利益一般，努力地爲所有人的利益而奮鬥，你就能夠帶著驕傲與自豪回顧你的人生，因爲這便是難得人生的眞實意義。這就是最終的財富。

15
財富之源，無限經濟

何以故。
若菩薩不住相布施。其福德不可思量。
須菩提。於意云何。東方虛空。可思量不。
不也。世尊。須菩提。
南西北方四維上下虛空。可思量不。不也。
世尊。須菩提。菩薩無住相布施。
福德亦復如是不可思量。

如果你仔細思考經濟學，以及從資本主義、社會主義到共產主義等各種經濟制度來看，你將發現，其整個思想概念可以總結爲：我們如何分享我們的資源，如何分享我們的財富，以及分配資源與財富的規則。如果你再做更深一層的思考，你將發現，我們所有的制度，都有兩個相同的前提：第一個前提是，區分「你」「我」來「分享」事物；第二個前提是，我們必須想出一個分享事物的制度，因爲物資是有限的。如本書所揭示的，你現在可以把這兩個前提都拋諸腦後。讓我們回到《金剛經》，看一看來自佛陀的醍醐灌頂之語：

> 何以如此？喔，須菩提，想一想菩薩行布施，卻不執著事物的表面現象而行布施所積聚的功德。這種功德，喔，須菩提，是你無法輕易思量的。❶

如往常一般，讓我們求助於邱尼喇嘛來解釋這段經文的意義。我們必須承認，一個執著於「事物本身具有一些與生俱來特質」的人，仍然能夠透過類似布施等行爲以累積功德。

> 但是，如果一個人已經從「事物本身具有一些與生俱來特質」的鎖鏈中解

脫，並且繼續從事布施等行爲，則他所積聚的功德，肯定比以前更廣更大。爲了強調這一點，於是佛陀說，「何以如此？喔，須菩提，想一想菩薩行布施，卻不執著於布施所受的福德而積聚的功德。這種功德，喔，須菩提，是你無法輕易思量的；事實上，它很難去思量。」

然後，佛陀繼續宣說：

「喔，須菩提，你認爲呢？東方的虛空廣大，我們可不可以思量得到呢？」

須菩提回答，

「喔，世尊，不可以。」

世尊又說，

「那麼，南方、北方、上下、四維的廣大虛空，我們可否思量得到呢？十方的廣大虛空，我們可否思量得到呢？」

❶何以故。若菩薩不住相布施。其福德不可思量。

須菩提回答，

「喔，世尊，不可以。」

最後，世尊說，

「那麼，須菩提，菩薩不執著於事物表象所行的布施，其所獲得的福報功德也如十方虛空那般不可思量。❷」

這段經文傳達的某些概念十分明顯，但至少有一個概念不明顯。佛陀首先想要傳達的思想是，「功德」或善業或特定銘印的力量（業力）是無邊無際的；第二，爲了獲得不可思量的功德或力量，我們「行菩薩道的生意人」必須「不執著於事物的表象來行布施」。「不執著於事物的表象來行布施」究竟是什麼意思？「菩薩」又是什麼？這兩個問題的答案，正是所謂無限經濟的整個基礎。

財富的眞正來源

我們先說明何謂「不執著於事物的表象來行布施」。這其實只是綜合了本書所有思想的一個簡單概念而已。任何一個稱職的生意人都會承認，「商業策略是不可測的，是誰也拿不準的」的事實。

有時候，一個保守穩健的財務政策失敗了；有時候，卻非得穩健保守才行得通。有時候，一個冒險的財務政策成功了；有時候卻一敗塗地。不論你是精明幹練或才幹平庸的生意人，結果如出一轍：有些精明幹練的生意人飛黃騰達，有些則一敗塗地；有些才幹平庸的生意人失敗了，有些卻成功了。

如果我們真誠地面對自己，沒有一種標準是安全可靠的。對於一個佛教徒來說，這個事實明確指出了：我們尚未找到財富的真正來源，我們真的不知道如何創造財富。

如果你仔細思考，你將能夠發現，世間的財富分配所蘊含的深奧真理。財富隨著個人的得勢與死亡而來來去去，隨著國家帝朝的興衰起落而來來去去；在繁榮昌盛的時期，財富散布整個世界，在經濟蕭條或戰亂時期，則普遍貧窮。個人的發明，例如盤尼西林或槍枝或個人電腦，能夠有效地增加或減少全世界人口的財富，然而儘管效力再大，也不過幾年的光景。

我的意思是，財富的量不是固定不變的，而它從來也不是固定不變的。**財富的量是不停變動的**。這也使我們開始懷疑「財富是有限的，資源是有限的，我們必須發展出分

❷須菩提。於意云何。東方虛空。可思量不。不也。世尊。須菩提。南西北方四維上下虛空。可思量不。不也。世尊。須菩提。菩薩無住相布施。福德亦復如是不可思量。

享財富資源的優良制度」的概念。或許還有另一種可能。或許我們可以找出財富的眞正來源，那麼我們就能夠增加整個世界的財富；也就是說，或許每一個人就能夠擁有足夠的財富，或更多的財富。

我們已經證明，一個咆哮的上司是我們自己的觀感所創造出來的產物。在此，讓我們再次運用相同的邏輯。就技術層面以及嚴格的科學層面來說，一個咆哮的上司，事實上只是一大團顏色（主要是紅色！）、形狀（大部分時候，在你面前舞動）、分貝（高分貝），以及母音與子音（abc、ㄅㄆㄇㄈ，不斷地向你飄來）。你的心，在過去種植的銘印的影響之下，把這些形狀、聲音解讀爲一個令人厭惡、大吼大叫的老闆。

切記，坐在你身邊的人（他可能不是很喜歡你）或老闆的妻子，可能認爲同一組形狀和聲音十分討喜可愛。如此一來，「令人厭惡」以及「討人喜歡」就不會是老闆具備的特質；這種特質必定源自他處，否則我們所有人都將一致認爲老闆是令人討厭或討人喜歡。

而事實上，這個現象的唯一解釋是：**老闆令人厭惡或討人喜歡，皆由心造**。**此外，顯而易見的是，儘管一切皆是心的作用，但卻不是出於自主**。一個咆哮的上司或許是心創造出來的觀感，但是我們似乎沒有任何力量，可以打開或關閉心的作用。在我們的心中，有一個東西迫使我們產生那樣的觀感；那是銘印從潛意識進入意識層面的結果。

顯然，無論一個咆哮的上司是否完全是自生的，或只是一個特定觀感所造成的結果，都不影響他存在的事實。我的意思是，他生氣了，他將要扣除我的假期獎金，無論他的憤怒是與生具來的特質，或是我心中銘印成熟的結果，他都會扣除我的獎金。

「他是我的觀感」的想法，確實有所助益，但卻無法改變當時的情況，因爲事情已經發生了。然而，在我決定如何面對咆哮的上司時，「他是我的觀感」的想法確實助益良多；也就是說，我問自己，我眞的想要再看他大吼大叫嗎？因爲，如果我同樣用大吼大叫的方式回敬我的上司，那麼我種下的銘印，將在未來迫使我再經歷相同的情境。只有種下一個迫使你面對咆哮上司的銘印，才能夠製造一個咆哮上司的觀感；而也唯有頂撞上司，才會在心中種下面對咆哮上司的銘印。然而，這個原理跟經濟學有何關聯？

擴展布施的層次

如果銘印的理論是正確的（的確如此），如果我了解其中的來龍去脈，拒絕用大吼大叫的方式回應上司，那麼在理論上，我就能夠阻止類似的情境再度發生。然後在未來某一個時候，當老闆走進辦公室的時候，我們兩個人（我和坐在我旁邊的人；記住，那個人很不喜歡我，看著我被老闆斥責，他高興得很）都會覺得老闆很可愛，很討人喜歡。

如果你仔細思考，你就會豁然開朗：那個辦公室中的財富、快樂或福利，在沒有人犧牲、沒有人受到損害的情況下加倍了。我的快樂並非建立於同事的損失之上。此刻，我們擁有了雙倍的幸福快樂。同樣地，金錢也以相同的方式運作。

當你布施之時，用雙手、用時間、用金錢幫助任何一個生命之時，你在心中種下了一個特殊的銘印；你的布施行爲被意識記錄下來。你的意識總是開啓著，分分秒秒地記錄著你的一言一行。這個布施的銘印停留在潛意識，如同植物或樹木一般，不斷地蓄積力量，成長茁壯。待時機成熟，銘印進入意識層面，影響（甚至創造）你對周遭世界的印象，甚至對自己的觀感。

商業交易和商業決策如同一面空白的螢幕，無論它們是否發揮作用，無論它們是否獲致成功，諸如商場趨勢、聰明才智、冒險的程度等等外在因素都不是關鍵；過去的銘印迫使你對買賣交易或決策產生的觀感，才是眞正的決定因素。事實證明，外在因素不是決定交易或決策成功失敗的關鍵。例如，使用相同的策略，不一定都能過關斬將；或一些新產品炙手可熱，一些舊商品開始被淘汰。

另外，爲什麼人們會突然認爲，畫家安迪．沃荷（Andy Warhol）繪著的漫畫書的場景之一具有非凡價值？爲什麼任何一個孩子都可能塗鴉完成的畢卡索畫作，會成爲無價之寶？爲什麼一些白癡歌曲或電視節目大紅大紫？而一些經過認眞推敲、富有思想的歌曲或電視節目，甚至更白癡荒謬的歌曲或電視節目卻慘澹收場？這其中必有原因。決定成功與否的因素，完全非我們所能想像。

如果所有的理論是正確的，那麼任何成功的冒險事業（不論是聰明的或愚蠢的投機冒險）以及創造巨額財富，都僅僅是善的銘印（善業）的結果。換句話說，**成功人士之所以能夠獲致財富，僅僅是因爲他們在過去種下了致富的銘印。而這種特殊的銘印，唯有透過布施的行爲才得以種下**。如我們所了解，這種布施始於、也應該始於一種有限的形式，例如，你先從你的公司或家庭著手，仔細地觀察他們的期望與需要而行的小善。

然後，布施逐漸擴展到更大更廣的層次。例如，在財務方面，以公司的每一個部門爲對象，給予更大量更實質的布施；你也可以貢獻你的時間，給予情感與專業的支持，提供各種意見來協助他人。當慷慨大度發揮到了極致，你將認眞把個人的及公司的所有財富、情感、專業資源以及能力，投注於一個完善周慮的計畫，爲你的家庭、公司、社區、甚至整個世界帶來幸福快樂，因爲**你已經有意識地把「我」的範圍擴大，把所有的「他們」也包含在「我」的範圍之內。基本上，你只是在照顧一個更大的「我」罷了**。

切記，除非你投入時間去了解潛能與銘印的眞實意義，否則自他交換的最後一個步驟是無法圓滿達成的，你也無法眞正獲得本書所描述的、最終的財富與人生的成功。唯有了解潛能與銘印的眞實意義，你才能眞正地領會「布施可以創造無限財富的道理」；

也唯有到了那個時候，你才能眞正地認清，「我」必須超越目前極其有限的自我。

種下無量的財富種子

假設一個人了解了所有的理論，並且加以應用而獲致了金錢財富；假設這個人把所有的理論傳授給另一個人，後者加以應用之後，也因此致富。那麼，他們兩人便如同我先前所描述的兩個人，並肩坐著，一起看著原本咆哮憤怒、如今卻異常美好的老闆。於是，原本只有一個富翁，現在卻有了兩個富翁。

由於財富是銘印的結果，由於本身是中性的、空白的或具有各種潛在可能的商業交易或商業決策突然獲致成功，我們可以說，新的財富的產生，不需要犧牲或損害原先存在的財富；也就是說，現在的財富是之前財富的兩倍。假設現在那兩個富翁，把致富之道傳授給第三個人……嗯，你應該知道結果了。

更深入地說，目前有些人富有、有些人貧窮的事實，證明了每一個人都能夠致富。換句話說，**由於現下的財富是有限的，所以世間的財富可以是無限的**。你可以揚棄分享有限資源的想法，你也可以棄絕貧窮的觀念。**富有是一種觀感；這種觀感來自過去慷慨大度的銘印**。因此，每一個人都能夠擁有財富。

心，那個受到滿懷善意的雙親傳承下來的文明神話摧殘的心，對於「所有眾生都有可能獲得綽綽有餘的財富」的觀念感到畏怯。這種心態在過去的歷史上不曾有過，那麼現在也不可能存在。我們曾經聽說此一論點；過去它不是眞實的，現在也不會是眞實的。

哥倫布，小心！你會從地球的邊緣掉下去，因爲地球是平的。鋼鐵絕不可能在天上飛翔或飄浮。全世界的每一個人不可能擁有相同的管道，來接收由玻璃管線輸送、或從遠超過飛鳥能及的天際所發送的全球資訊。哥倫布是如何發現地球不是平的？鋼鐵如何在天上飛翔？全世界的人們如何接收相同的資訊？難道這些發明沒有改變世界財富的絕對數量嗎？新的財富從何而來？你現在已經知道答案了。

於此，我們再稍稍講述無限經濟的機制，然後你就可以把書本放下，親身嘗試書中的理論了。如果你了解潛能與銘印的運作原理，創造新財富的過程將順暢多了。換句話說，你應該一再重複閱讀本書，直到你清楚地了解潛能與銘印一起運作的過程。有了這層認識之後，再行布施，即佛陀說「不執著於事物的表象而布施」的眞實含意。古老的智慧經典指出，你必須對這些理論具有深刻堅定的信心，才能夠投注所有的時間與精力，親身實踐理論。古老的經典也指出，你親身研究理解這套理論，從邏輯的觀點，知道它確實可行，即是建立深刻堅定信心的唯一方法。

你還記得什麼是「菩薩」嗎？答案很簡單，可能簡單得令你吃驚。菩薩就是任何經歷了自他交換修行法門的三步驟的人。這合情合理，不是嗎？**一個沒有人我之別**（即沒有分別心）**的人，才是眞正唯一能夠行布施、在心中種下銘印，於未來獲得大量財富的人。**一個人若發現了人生最大的祕密：所有快樂的最大來源；一個人若發現，只爲一個「我」、一張嘴、一個肚皮工作，是在浪費人生、是極其無聊、大錯特錯的，那麼他便擁有了眞正慷慨布施的絕佳機會。

把「你自己」的範圍擴大，把其他人一起納入此範圍之內，然後照顧他們，是一種未經探索的、無盡的喜悅，你將發現其中樂趣橫生。如果潛能與銘印的理論是眞實不虛的，那麼照**料他人的最佳方式，即是教導他們如何致富，如何享受財富，以及如何使財富充滿意義。如果你仔細思量，你將發現，以教導他人如何創造財富的方式來分享財富，是在心中種下獲致無量無邊財富種子的最殊勝深奧的方式。**

財富有各種形式，超乎我們的想像，如同我們走進一座花園，尋找一朵花，最後卻始料未及地滿載寶藏而歸。

【二十週年新增附錄】

切割鑽石

自從《當和尙遇到鑽石》初版上市以來，在這二十年間，我和金剛商業學院專精經營管理訓練的同仁一起，獲邀到全球七十五座城市，總計爲超過二十萬名聽眾演講。如你所料，每年數百次站在廣大觀眾面前的經驗，幫助我們開發出有效的工具，以助世人更快達到個人和生意上的成功。

在本書第一個新增單元中，你會看到三個我們開發出來的最佳工具。只要學會運用這些工具，你就會更快達到目標，並且獲致更大的成功。我稱這三種工具爲「筆」和「四步驟」，以及「廚房裡的兩個丈夫」。

筆

「筆」簡單明瞭地闡釋了萬物潛質的概念，而萬物的潛質正是本書和《金剛經》原著的核心。《金剛經》原著寫於兩千多年前。在傳授「筆」這個舉足輕重的概念時，拿起任何一件簡單、常見的物品來問幾個問題是傳統的教法。

那麼，如果我拿起一枝筆，問你這是什麼，你自然會回答：「這是一枝筆！」

接著，我問：「那現在假設有一隻狗進來這個房間，我把這東西拿到牠鼻子前揮一揮，牠會怎麼樣？」

你回答道：「牠會去咬它。」

「所以，在這隻狗眼裡，這是一枝筆嗎？」

「不是。在牠眼裡，這是一個磨牙玩具！」

「嗯哼，那所以誰是對的？」我問：「人對還是狗對？這究竟是一枝筆，還是一個磨牙玩具？」

你想了想說：「嗯，兩邊都對。畢竟人類把這東西當成筆來用，狗族則把它當成磨牙玩具，兩邊皆大歡喜！」

「正是如此。現在，假設我把這東西放在桌子上，接著我請人和狗都離開這個房間。他們走出門去，我們把門關上，現在房間是空的。此時，桌上的東西是筆，還是磨牙玩具？」

你又想了想說：「嗯，此時房間是空的，一個人也沒有，一隻狗也沒有，那我會說它……什麼也不是，它還沒成爲任何東西。」

「很好。現在，假設有個人開了門，回到這個房間裡，走近這張桌面放了東西的桌子，低頭看著桌上的東西。此時，這東西成什麼了？」

「這個嘛……」你答道：「此時這東西成了一枝筆！」

「對。那如果狗在人前面進來呢？這時同一件東西成了什麼？」

「嗯，如果是狗先進來的，那同一件東西就變成磨牙玩具了。」

「又對了。現在仔細想一想再好好回答我：如果這東西在有人進來時成了一枝筆，在有狗進來時又成了一個磨牙玩具，那麼，筆的概念是來自於人類的觀點，還是來自於它本身？」

「這……既然它在不同的觀看者走進房間時成了不同的東西，那它的概念就不可能是來自於它本身。所以，筆的概念一定是來自於人類的觀點！」

「你又說對了。但容我們好好想一想：照這樣說來，全世界是否只是正面思考的產物？如果我們剛剛證明了全世界來自於我們的觀點，那麼，我們能不能閉上眼睛正面思考，把萬事萬物都變成我們想要的樣子？」

「呃，不行吧。我是說，筆是來自於我的觀點沒錯。但這顯然不代表我要怎樣就怎樣，只要用念力就好了。如果是這樣，那全天下每個人都可以隨時擁有自己想要的一切，但事實顯然並非如此！」

完全正確。萬物可能來自於我的心，但我顯然不能從心裡「選擇」要萬物成為什麼。我的心裡一定有什麼力量，使得我把筆看成筆。而狗的心裡一定有別的力量，讓牠把同一件物品看成磨牙玩具。那股力量是心識的種子，我們接下來會再討論到。

所以，就它本身而言，這東西既不是筆，也不是磨牙玩具。就它本身而言，它只是「有待」成為某件物品。這東西本身很像一片空白的電影銀幕，就如同在電影院員工打開放映機放電影之前的空白銀幕。

這個有待成爲某件物品的東西，這塊空白的電影銀幕，就是《金剛經》和這本金剛商業書所揭示的萬物潛質！

四步驟

《金剛經》所揭示的第二個重要概念，我們稱之爲「種子系統」，亦即心識裡的意念種子，以及如何種下這些種子。

世親菩薩對此做了最淺顯易懂的論釋。遠在一千七百年前，世親菩薩可能是《金剛經》最早的論釋家；他在《俱舍論》這部名著的第四章，解釋了這些種子如何創造我們周遭的世界，以及我們若是知道種下必要種子的確切辦法，實際上又要如何將我們的世界「設計」成一個完美的世界。

容我們回到靠近桌面物品的人身上。當這個人低頭看著那件物品，種子就在他的心識裡綻放。當一顆種子迸裂開來，一枝筆的小小影像就從那顆種子冒了出來，我們的心就將這幅小小的畫面投射到擺在桌面的物品上。

當等在桌面的顏色與形狀蒙上了這幅畫面，我們就開始將這件物品看成一枝筆。狗狗的心識種子冒出另一幅不同的畫面或影像——以狗狗來講，種子裡迸出的是磨牙玩具的畫面，這幅畫面罩在眼前的顏色與形狀上，使其顯現出磨牙玩具的樣貌。

正如我們憑直覺所做出的判斷，磨牙玩具的概念和筆的概念一樣都能成立。事實上，種子後續還會綻開，讓我們看到那枝筆在一張紙上寫出字來；或者，讓磨牙玩具挑逗狗狗舌頭上的味蕾。

所以，我們大可名正言順地說：即使我們周遭的人事物本身是空白的，即使一切都是心識產生的心像，這些人事物還是照常發揮各自的作用。即使是從我心裡的種子迸出來的，一枝筆還是可以把我的口袋弄髒，如果這枝筆在我的口袋裡裂開的話。

在古老的智慧中，從我自己的心識種子迸出這個世界的過程，傳統上有幾個不同的名稱：「因果」或「緣性」或「緣起」。無論怎麼稱呼，重點很清楚：這世界本身是一塊空白的電影銀幕，什麼也沒有，有待變出影像來。接著，在我腦內投影機的種子綻開，讓周遭的人事物化為我心目中的樣貌。

現在，如果我們能學會控制這個過程，如果我們能學會「種下」這些心識種子的確切方法，那麼，理論上我們就能創造一個完美的世界：不再有饑饉，不再有戰爭；沒有匱乏，沒有死亡。這就是我們需要世親菩薩的四步驟來種下心識種子的地方。這些步驟很簡單，而且不分國籍、種族或宗教，任何人都能加以運用——

步驟一、決定你要什麼

立定你想達到的目標。世界上多數人都有五個很經典的目標。現在，在我的人生中，我想達到的是——

㈠經濟獨立
㈡良好的人脈和人際關係
㈢健康、青春和活力
㈣源源不絕的靈思和平靜的心
㈤一個人人都同樣享有這些福分的世界

從這些目標當中選一個出來，言簡意賅地定出你在接下來六星期內想達成的目標。舉例而言：我想看到我的收入增加百分之十，這樣我才有能力幫助更多人。或許，舉例而言，你想達到政治家祇陀太子或生意人給孤獨長者的地位，《金剛經》開篇就提到在兩千年前，給孤獨長者向祇陀太子買下一座園子，史上第一次專供講授《金剛經》之用！

步驟二、選一個種下種子的夥伴

一般而言，心識種子只能透過和另一個人互動來種下，意思就是你需要一位栽種種子的夥伴，而這個人必須要在大方向上和你尋求一樣的目標。以我們所舉的例子來說，你必須找到另一個想對這世界有貢獻、所以要增加收入的人。

步驟三、一週一次幫忙你的夥伴

心識種子是在我們看見或聽見自己做某件事時種下的——就算只是聽見自己在想一個念頭。就實務面來說，爲了達成目標，我們要採取一些具體的行動，協助這位夥伴達成他自己類似的目標。

你要每週至少花一小時，免費幫忙你的種子夥伴達成一小部分的目標。舉例而言，你或許可以幫他招攬顧客，或是幫他找到完美的員工。你所說的每一句話、你所做的每一個動作，都會在你自己心裡留下銘印，不出幾小時，這個銘印就成爲一顆心識的種子。

步驟四、為心識種子澆水

所以，前面三個步驟是種下心識的種子。但心識種子有一個很大的問題，就是它可能在心裡待上一百年，才綻放開來或迸出我們的目標。要加速這個過程，有一個古老的方法可以爲心識種子「澆水」。

畢竟，如果在我幫忙另一個人之後，心識種子過了三年才爲我帶來更多收入，那我恐怕很難把這個結果和當初幫忙那個人聯想在一起，我也就很難相信這套系統是有用的，如此一來，我就不會經常使用它。所以，爲心識種子澆水很重要！

傳統上，讓種子快快成長茁壯，也讓我們很快對這套系統產生信心的「澆水」法，是一種很簡單的冥想法，我們金剛商業學院稱之爲「咖啡冥想」（靈感來自於多年前教我這個竅門的上師）。當你躺在床上，把頭靠上枕頭準備睡覺時，請你先暫停幾分鐘，想想這星期你爲種子夥伴做的好事。

這不是一種沾沾自喜的傲慢行爲。（所謂的傲慢是比方說：「我是一等一的大善人，放眼整座城市沒人像我那麼好！」）你單純只是在你的腦內螢幕上，重播一下這星期爲了幫忙種子夥伴所做的每一件小事。還有（這部分非常重要），你默默慶幸一下自己新學到一套不敗的系統，可以幫自己提高收入！

這兩股思緒對種子有直接、立即的效用，種子會更快綻開，而且長得更壯，創造出我們想要的收入和世界。

廚房裡的兩個丈夫

《金剛經》裡再再重申的一大重點，關係到筆（潛質）和四步驟（因果關係）的交集。

也就是說，空白銀幕（筆）如何爲放映機播放的電影（四步驟種下的心識種子）提供一個「空間」？

金剛商業學院用「廚房裡的兩個丈夫」作爲教材，完美闡釋了這個問題的答案。一旦明白了兩個丈夫的奧義，你就眞的參透金剛法了。

兩個丈夫的寓言要從一位職業婦女說起。這位職業婦女有兩個年幼的孩子，還有一個成天盯著電視看球賽的丈夫。一天，她老闆要她第二天提早一個小時進辦公室，跟海外的職員開視訊會議。

於是，當晚她來到兩個孩子的臥房，交代他們說：「孩子們，媽咪明天要提早一個小時上班。所以，你們兩個可不可以早早起床，換好衣服，收拾書包，七點整準備好出門？」

兩個孩子信誓旦旦地保證沒問題！

第二天早上七點整，媽媽打開兩個孩子的房門，只見他們還穿著睡衣，在床上跳上跳下、鬼吼鬼叫地鬧著玩。媽媽很不高興。

「你們兩個是全天下最蠢的孩子！」

兩個孩子聽了很受傷，但他們趕緊做好準備，展開一天的行程。（值得注意的是，不只兩個孩子聽到了這句傷人的話語，媽媽自己當然也聽到了。所以，這句話在媽媽心裡種下了心識的種子。）

一星期後，有一天上班特別辛苦，媽媽拖著疲憊的身子回家，途中接了兩個孩子，還買了晚餐要用的食材。她累得筋疲力竭，但當她伸手打開屋子的前門時，她提醒自己：老公最棒的一點，就是每當她回到家就會給她溫暖熱情的擁抱。

她打開廚房門，放下剛剛採買的食材，然後張開雙臂。

結果她老公以爲一小時前就能吃到晚餐，他伸出手指，指著她的鼻子吼道：「妳這個笨蛋！」

當然，媽媽的反應是莫名其妙地想著：「我什麼也沒做，才剛打開門，他就罵我笨蛋！」

然而，學過「筆」和「四步驟」之後，我們知道媽媽並非什麼也沒做。一星期前對兩個孩子怒吼時，媽媽也聽到自己說什麼了；這在她心裡留下了銘印，那個銘印很快就變成一堆心識的種子，種在潛意識的土壤裡。

一星期後，在她打開門的當下，這些種子綻開，迸出一個怒吼丈夫的小小影像。就跟筆的影像一樣，這個影像飛出去，降落在外在的形狀和顏色上，形成了一個眞實存在的、大吼大叫的丈夫。

這裡有幾個很重要的重點。事實上，這幾點能幫助我們更充分地掌握《金剛經》原著的神髓，並學會如何用來達致個人與生意上的成功。

㈠如何證明我們是笨蛋

當然，一般而言，我們立刻就會落入人類的正常反應，對著丈夫吼回去：「我不笨，你才笨！」有這種反應就證明了我們是笨蛋，因爲透過聽到自己吼回去，我們就在自己心裡種下負面的心識種子。再下一個星期，這些種子又會在孩子們的臥房裡開花結果，我們又會看到他們不乖。

㈡輪迴：惡性循環

當孩子不乖，我們當然又會對他們吼，於是又種下更多種子，導致我們日後再看到老公怒吼。老公一怒吼，我們又對他吼回去，如此這般，形成沒完沒了的惡性循環。

一星期七天諸如此類的小循環日漸累積，變成一個負面的大循環，古時候的亞洲人稱之爲「輪迴」，或「痛苦的循環」。《金剛經》開宗明義就說了，這整部經書的宗旨，就是要打破這些循環，將負面的循環逆轉爲持續不斷的良性循環。

㈢廚房裡的兩個丈夫

仔細想想，廚房裡隨時都有兩位丈夫。在我們還沒學會種子系統時，其中一位丈夫對著我們大吼。面對廚房裡的這位丈夫，我們直覺認爲他這個樣子不是我們造成的：「我才剛走進廚房，還沒來得及做任何事，他就對我大吼。」所以，我們可以說一號丈夫「不是」來自於我，他「不像」那枝筆。

再來，廚房裡當然還有第二位丈夫。只要我們稍微想一想，就知道這位丈夫是從不好的心識種子迸出來的，不好的心識種子則是上星期我們聽到自己吼小孩時種下的。二號丈夫的存在「是」我造成的。

㈣因果丈夫

二號丈夫就是因果丈夫，他是從我吼小孩時種下的種子裡迸出來的。照亞洲人古時候的說法，因果丈夫就等同於「緣起」丈夫——你現在知道，以淺白的話來說，這指的就是「我在吼小孩時自己種下的丈夫」。我們必須承認因果丈夫確確實實眞的存在。

㈤潛質丈夫

一號丈夫亦可稱爲「潛質丈夫」。在古書上，他可能被稱爲「空性丈夫」。因爲他「不是」來自於我，他「不是」我造成的，因爲「我什麼也沒做，他就對著我吼起來了」。

我們之所以稱他爲「空性丈夫」，純粹是因爲「他不存在」。這個道理，在古書上常常是這樣說的：「他現在不存在，過去不存在，未來不存在。」❶

因爲他純粹就是不可能存在。如果「筆」的論證證明了什麼，那它所證明的就是：一切存在皆來自於我們自己種下的種子，我們怎麼對待別人，就會受到怎樣的對待！

㈥唯有空性丈夫能惹妳不高興

現在，當妳在丈夫罵妳「笨蛋」之後不高興，妳不高興的丈夫是哪一位？是一號丈夫（這位丈夫不是我造成的，因爲我什麼也沒做，他就對我吼），還是二號丈夫（這位丈夫是從我吼小孩種下的種子迸出來的）？

嗯哼，我們不爽的一定是一號丈夫囉！因爲我們知道二號丈夫是誰造成的——正是我自己。如果妳知道這個人百分之百是妳自己上星期吼小孩的結果，那麼妳就不可能對他不高興。

(七)當你不高興的時候，你其實是在為不存在的人事物不高興

如果以上所說的都成立，那麼，每次我們對某個人（甚或某件事物，例如天氣或交通狀況）不高興，其實都是在對不存在的東西不高興，這東西現在不存在，也永遠不可能存在。意思就是，在這一生當中，我們有過的每一份負面情緒，對象都是根本不存在的人事物。

一旦明白了這一點，我們就可以永遠不再對任何人事物不高興。（除非你想對自己不高興，因為一開始是你自己種下種子的！）

根據《金剛經》，這是人類永遠不再生氣或心情惡劣的不二法門。

好啦。就是這樣。這三件工具實際上就給了你獲致成功需要知道的一切，無論是事業上的成功，還是家庭裡的成功。

❶即金剛經所謂「過去心不可得，現在心不可得，未來心不可得。」

【二十週年新增附錄】

成功：五大洲五目標

在《當和尚遇到鑽石》的十週年增訂版當中，我們收錄了世界各地三十八個成功故事，以顯示本書傳授的方法眞的有效！

回顧起來，我注意到三件事。首先，十週年增訂版當中的成功人士，有許多甚至繼續變得更成功，而且往往成爲下一代成功人士的導師。所以，你在這裡讀到的是金剛商業學院第三個成功世代的故事（我自己算第一代！）。

其次，我們決定減少涵蓋的人數，只聚焦在少數幾個人的成功故事上。這是因爲我們想要針對每個案例如何獲得成功、還有他們達到了什麼樣的成功，談得更深入一點。我們也採取了訪談的形式，好讓他們每個人可以直接對你說話。爲能容納較長的故事，卻不必占去本書太多篇幅，但仍讓你感受到成功的案例遍地開花，我們從全世界五大洲各收錄了一個故事。

第三，坦白說，我認爲在十週年增訂版中，我們太過著重於將這些成功的朋友刻畫得完美無瑕，彷彿他們的成功無懈可擊。當然，若能完美地遵循種子系統，我們確實會擁有家庭事業兩得意的完美人生。

但別忘了，心識種子是以每一秒六十五顆的驚人速度種下，而且它們的力量每二十四小時就會加倍。這代表我們只要對自己的生意夥伴、客戶或孩子不爽幾分鐘，就足以毀了半天的成功。然而，又有誰能夠完全避免掉這偶一爲之的幾分鐘呢？

所以，就實際情況而言，我們往往會看到誠心透過四步驟種下成功種子的人，一不小心就種下了一些搗蛋的種子，混進成功的結果當中。與別人相較之下，他們還是成功得不得了，但即使有這份成功，他們也是人，在他們的人生中也會有做不好的時候。所以，在接下來的成功故事中，我們盡量以更眞實的方式，勾勒他們的樣貌。

如同我們在這本二十週年紀念新版前面的段落中所述，世人普遍想在人生中達到五種不同的目標。對居住在這個星球上的許多人來講，成功就意味著：

㈠經濟獨立：有足夠的錢讓我做任何想做的事，包括盡我所能幫助越多人越好。

㈡良好的人脈和人際關係：天底下最淒涼的事，莫過於有錢卻沒有家人和朋友了。

㈢健康、青春與活力：舉例而言，像是長年受嚴重背痛所苦的人，恐怕也很難享受經濟上的成功和美好的人際關係。

㈣平靜愉悅的心境：成功要內外兼備，而不僅止於外在。

㈤活在一個人人享有同等福分的世界：沒有人不想幫忙打造這樣的一個世界；我們都愛電影裡的超級英雄，因爲我們每個人都想成爲超級英雄！

所以，整體而言，我們之所以特別挑了你即將讀到的幾個成功故事，還有一個原因，就是這些故事涵蓋了這五種目標。而我們也從本人口中，聽到了每一個目標實際上是如何達成的。

那麼，什麼都不能阻止我們親自運用金剛法，為自己達到這些目標了。我們開始吧。

一個新家和完美的伴侶

約翰・布蘭迪（John Brady，圖右）和柯妮・歐布萊恩（Connie O'Brien，圖左）
北美洲：亞利桑那州塞多納市

麥可・羅區格西：能跟我們說說你們兩位從事什麼工作嗎？

約翰・布蘭迪：目前我是亞洲薪傳圖書館的執行長。亞洲薪傳圖書館是收藏亞洲古文獻的免費線上圖書館。三十三年前，我們在惠普資訊科技股份有限公司（Hewlett Packard Corporation）的協助下，於普林斯頓大學展開藏書計畫。

我的同仁和我一起行遍全球，蒐羅古老的珍本。而後，我們培訓世界各地生活貧困的人，支付酬勞請他們將這些古籍數位化。

我們已經掃描了四千七百萬頁的原稿，並完成全世界各大圖書館三十多萬冊藏書的編目。我們在世界各地的工作人員，已將一萬六千本雕版印刷的珍本打成可供電腦搜尋的格式。事實上，《當和尚遇到鑽石》這本商業書的原始手稿就是我們其中一個大發現；我們在俄羅斯聖彼得堡一座巨大的舊書倉庫發現它的蹤影。

柯妮．歐布萊恩：目前我主導一個叫做「綠色伸展筆」的計畫，這是墨西哥政府爲了幫助兩千三百萬兒童預防肥胖症所做的努力，作法是鼓勵兒童吃更多綠色蔬菜和其他健康的食物，乃至於養成每天運動和做伸展操的習慣。該計畫藉由讓孩子了解心識種子是如何透過對待別人的方式種下的，以及這些種子如何創造出我們周遭的人事物（例如「筆」）。此計畫也致力於保護兒童反霸凌，防止他們未來加入販毒組織❶是另一個長遠的目標。

❶墨西哥毒梟猖狂，青少年加入販毒組織的問題特別嚴重。

麥可・羅區格西：如你們所知，《當和尚遇到鑽石》二十週年紀念版的這個部分，是關於來自五大洲的成功故事，旨在探討世人如何實現最常見的人生五大追求：經濟獨立、良好的關係、活力與健康、平和的心境，以及廣泛幫助普世眾生。兩位能否舉例說明，你們如何運用本書的種子系統法則達到自身經濟的獨立？

約翰：就讓我來告訴你一個不可思議的故事吧。經濟獨立有很大一部分在於有地方可住——有一個屬於你的好住處。這對現代人來講尤其重要，因爲全世界有越來越多人工作、生活都是在家裡。

我想，所有人都希望有足夠的空間住得舒舒服服。我們寧可有自己的住處，才不用一直付越來越高的房租。我們也希望這棟房子或這戶公寓很寬敞、很安全、採光又很好！在世界各地，小市民要找到這樣的居住空間是越來越難了。

柯妮和我花很多錢繳房租。由於我們居住的小城市房價頗高，所以我們買房子的希望不大。我們的本業是擔任金剛商業學院及聖多納國際管理學院的講師和教授，聖多納國際管理學院是一所爲金剛商業學院培訓師資的學校。儘管本業的收入不錯，但我們也投入大量時間到全世界不同的國家旅行，無償分享金剛商業學院成功訓練課程的基礎概念和冥想法。這些行程我們往往是自掏腰包。

接著，突然有一天，完全出乎我們的意料，來聽講座的一位學生提議幫我們支付款項，買下一棟寬敞、漂亮的房子。看到種子系統眞的有用，我們都受到莫大的鼓舞！

柯妮：約翰太謙虛了，他沒提到我們的房子有一顆很特別的種子！由於古籍典藏計畫的數位稿是免費放在網路上，不向大眾收取使用費，所以整個計畫完全仰賴贊助。

有一段時間，美國經濟不佳，藏書計畫迫切需要新的贊助管道。那時，約翰也是美國一間大規模郵購公司的副總裁。他的收入優渥，在紐約市中央公園買了位於頂樓的高級公寓，那一區可是美國房地產最貴的地段。

就在古籍計畫快要撐不下去的時候，約翰賣掉他的公寓，捐出一大部分收入給這個計畫。舉凡愛他、認識他的人，包括我自己在內，都相信是這個舉動爲我們日後更大、更高級的房子種下了種子。事實上，這房子是美國一位知名建築師的作品，本來她是要蓋給自己一家子住的。

麥可・羅區格西：這眞是種子系統最棒的證言了！那麼，爲了確保想得到同樣結果的讀者知道具體該怎麼做，兩位能否說說爲自己種下好房種子要遵循的四個步驟？

約翰：當然，樂意之至。以下就是柯妮和我要推薦給大家的經典四步驟具體計畫：

步驟一、說出你想要的是什麼

「我們想要一棟屬於自己的漂亮房子。」

步驟二、選一位種下種子的夥伴

某位也想要有一個住處的朋友。

步驟三、幫助你的種子夥伴

一週一次、每次一小時，免費幫他們找房子。

步驟四、練習咖啡冥想

夜裡靠上枕頭準備睡覺時，仔細想想你幫了種子夥伴什麼忙，以及下星期你還要怎麼幫忙他。

麥可．羅區格西：那麼，兩位一再提到「我們的」房子，讀者可能不清楚你們結婚了。對於你們邂逅彼此，並決定共結連理，種子系統是否發揮了什麼作用？

約翰：問得好。早在我們結婚之前，柯妮和我多年來都對靜坐有著濃厚的興趣。我們分別上完亞洲經典機構一系列三十六堂的靜坐課，以備參加短期的週末僻靜營。

正如《當和尚遇到鑽石》一書所述，這些「圓圈靜心日」是一個強大的工具，我們兩個都把它用在事業上——我本身是曼哈頓一家大型企業的主管，柯妮則是溫哥華一家熱門餐廳的創辦人兼老闆娘。

我們從週末的禁語「創意僻靜」（creativity retreats）練起，一直練習到長達一個月以上的進階僻靜——這對我們的生意和個人創造力甚至發揮了更大的作用。最後，經過多年的準備，我們終於挑戰了僻靜界的奧林匹克金牌：傳統的三年三個月又三天的靜語冥想「大僻靜」（Great Retreat）。

我們連同其他三十五個人左右，一起進入亞利桑那州南部的熊泉僻靜及會議中心（Bear Springs Retreat & Conference Center）。一方面，那可能是我們這輩子最棒的體驗了；但另一方面，也是最具挑戰性的一次經驗，因爲有個剛結束僻靜的年輕人過世了。

柯妮：事實上，約翰和我當時不是那麼熟，但我們剛好湊在一起，雙雙爲其他學員扮演起輔導的角色，幾個月下來，兩人漸漸就日久生情了。

僻靜結束不久，我們就步入禮堂。回想起來，我們覺得是諮商輔導的工作爲這段姻緣種下了心識的種子：透過照顧其他學員的心理需求，我們其實就完成了傳統的四步驟播種計畫，爲自己種下了美好的姻緣。

特此爲想要種下良緣的讀者溫習一下，以下是你要採取的四個步驟：

步驟一、說出你想要的是什麼

「我想爲自己種下一個完美的伴侶。」

步驟二、選一位種下種子的夥伴

找一個孤單寂寞的人，給對方陪伴。要找到像這樣的鰥寡孤獨者，安養院是一個好地方——就挑舉目無親、沒人來幫忙或探訪、看起來最孤單的那一位。

步驟三、幫助你的種子夥伴

舉例而言，一星期一次、每次一小時，帶這位老人家出去喝個咖啡或下午茶，或是看場電影。

步驟四、練習咖啡冥想

夜裡靠上枕頭準備睡覺時，仔細想想你幫了這位孤單老人什麼忙，以及接下來的那星期你還要怎麼幫助他。

麥可・羅區格西：咖啡冥想似乎是種下心識種子的關鍵步驟。但根據我的經驗，要肯定自己平日種下好種子的小小善舉，我們有許多人都會覺得很彆扭，即使只是默默在心裡讚賞自己。針對四步驟當中的這個步驟，兩位對難以克服這種彆扭的人有沒有什麼建議？

約翰：我自己也對咖啡冥想有一個另類的困擾，那就是我很容易倒頭就睡，一沾到枕頭就立刻睡著了。所以，我後來學會只想一件事，專門針對當天透過助人種下好種子的某一件小事，想想整個過程的細節。

我不會試圖針對某個大計畫來一場隆重盛大的冥想，而是只挑某一件我讚賞的小事來想，或許是我做的某件好事，也或許是當天我看到別人做的好事。

柯妮：我同意約翰的說法，因爲我自己也有一樣的困擾（或福氣），只要躺上床幾乎立刻就會睡著。我想補充一個重點，是我從約翰典藏計畫中的古籍上看來的。書上說我們可以「鎖定」咖啡冥想的目標。舉例而言，如果我在工作上碰到一個喋喋不休的頭痛人物，那麼，我可以想一想當天我洗耳恭聽、讓別人有機會說話的時刻。

我可以把好的能量「傳送」或鎖定在那位聒噪的工作夥件身上，即使這麼做改變的只是我對他的觀感。順帶一提，大家也務必要知道，當我們躺在床上輾轉難眠，或夜半醒來睡不著覺，咖啡冥想也是打發這段時間的絕佳辦法。

如何成爲下一個偉大的企業家

陳唐（Stanley Chen，圖右）和周曉萍（圖左）

亞洲：中國深圳市

麥可・羅區格西：好的，一開始，可否請你們自我介紹一下？

周曉萍：我在廈門長大。廈門是中國東南部一座宜人的臨海城市，全市及周邊人口約有五百萬。

我來自一個在地經營小生意的家庭；如同傳統的中國家庭，我們全家人的關係都很緊密，成長過程中，我和祖父母特別親。大學的時候，我成績很好，主修英語文學、語言學及英文翻譯。

我讀了《當和尚遇到鑽石》的中譯本，本來就讀出了興趣，後來有一天，我得到上台爲麥可格西擔任口譯志工的機會。從那之後，我就加入了金剛商業學院的全球大家庭。在我的人生中，我也成爲活用種子系統的瘋狂粉絲。

陳唐：我在中國廣東省韶關市長大，那是一座內陸城市，離曉萍長大的地方不算太遠，人口約有三百萬。不過韶關市很有名，因爲南華寺就在那裡。

這座寺廟是中國禪宗佛教的其中一個中心，也是惠能大師（西元六三八年至七一三年）的家。惠能大師人稱禪宗六祖，是中國歷史上最偉大的禪宗大師。舉例來說，他的事蹟包括寫下著名的《六祖壇經》——我國歷史上影響最深遠的一部宗教典籍。

據說，惠能大師是偶然聽人誦讀《金剛經》而悟道的。所以，有鑒於我也對《當和尚遇到鑽石》很感興趣，大學的時候，我之所以會攻讀人力資源管理和英文翻譯，並且有機會在金剛商業學院的活動上爲麥可格西擔任翻譯，大概不完全是巧合吧。而我也隨之成爲種子系統的粉絲。

麥可．羅區格西：你們兩位是事業夥伴，也是全球金剛商業學院圈最成功的企業家。首先，能否請兩位聊聊你們主要經營的事業？

陳唐：就像許多企業家一樣，曉萍和我在金剛商業學院學到滿滿的經營技巧，並學以致用開了幾家不同的公司，但我們主要的事業叫做「未來金剛研究院」。研究院分成兩個部分。一是一家叫做「中國軟實力」的經營管理訓練公司，二是一家叫做「純金翻譯服務」的商業翻譯公司。

麥可．羅區格西：這兩家公司典型的服務內容是什麼？當初又是如何開始的？

周曉萍：中國軟實力提供十八個月的高階經營管理課程，幫助成功的企業家拓展業務及改善公司，尤其是開發更廣大的海外市場。成立這家公司的靈感來自於中國和西方之間的古絲路，我們有幾位員工參與了亞洲基礎設施投資銀行（亞投行）的官方會議，亞投行是主導「一帶一路」的領頭羊，旨在開創現代新絲路。

儘管中國在經濟和科學成就上的「硬實力」已是舉世有目共睹，我們認爲對每個國家來講，保存並與全世界分享固有文化及文獻都是很重要的。我們和亞投行的團隊分享了這個想法，不久之後，我們就爲成功的企業家規劃出「中國軟實力」的課程。

陳唐：我們的想法是重現中國幾部名著當中一個特有的概念。其中一部古老文獻就是著名的《易經》（也稱爲《周易》或《變異之書》），相傳作者爲大約三千年前的周公（周公旦）。另一部典籍爲兩千五百年前孔子所作的《論語》。第三部典籍則爲著名的《道德經》，作者是大約同時代的老子。

這些古時候的作者都談到「君子」的概念。以現代觀點而言，君子可指「嫻熟國家古老文化，並用古老的智慧讓自己更成功的成功生意人」。

所以，本身就很成功、很熱門的中國軟實力課程，透過運用古書上的真知灼見來訓練頂尖企業家，讓他們獲致更大的成功與效率。

麥可．羅區格西：你們在中國軟實力課程上所用的中文偉大典籍有哪些？

周曉萍：這個嘛……《當和尚遇到鑽石》商業書的讀者想必已經很熟悉其中一個好例子，那就是古老的《金剛經》原典。中文版的《金剛經》是世上最古老的印刷書，書中還印有日期。所以，要和全世界分享中國最優異的軟實力，我們認爲這部典籍是一個很棒的起點。

然而，這些偉大的古書，有很多要嘛在國際上普遍無法取得，要嘛尚未翻譯成白話文或其他的現代語言。於是我們的公司衍伸出第二個部分：純金翻譯服務。

除了每年爲公司行號提供成千上萬頁技術翻譯的服務（包括翻譯金剛商業學院使用的主要商業訓練手冊），我們也有一個部門負責篩選及翻譯中國作者的古典名著，書中包含的偉大思想有助於企業變得甚至更成功。

舉例而言，我們目前正致力於將圓測大師八大冊的重要文獻翻譯成白話文和英文。圓測大師是唐朝一位偉大的思想家，師承著名的玄奘大師。玄奘大師花了十七年走古絲路往西方取經。後來在著名的《西遊記》當中就敘述了這段壯遊；玄奘本身也是著名的譯經師，翻譯過許多古老的經文。

我們覺得唐朝（公元六一八年至九〇七年）是代表中國軟實力順著絲路擴及全世界的主要朝代，而我們力圖延續此一傳統。

麥可．羅區格西：我認爲，你們二位可說在三個方面非常成功。首先，你們是年輕時髦的企業家表率，不止勇於嘗新，而且創業有成，你們本身就是古代君子的現代典範。其次，我自己親眼在兩位的課堂上看到，你們是如何受到業界前輩的尊敬與愛戴——在亞洲，年輕人一般被期待要遵循長輩的指示，所以這種現象很稀罕。第三，你們二位彼此之間感情很好。你們覺得這三件事是如何同時辦到的？能否和我們的讀者分享一下？

周曉萍：確實，我們兩個才三十歲左右，而我們已經獲得這三方面的成功：成爲擁有新點子的成功企業家；人之一生都渴望受到周遭旁人的尊敬與傾聽，而我們已經做到了；我們兩人之間還享有這份特別的情誼。

我認爲，我們之所以能同時達到三方面的成功，原因在於我們很年輕就學到了《當和尚遇到鑽石》的種子系統，而且我們努力身體力行。我們學到了四步驟，並且真的日復一日加以實踐；成功就是我們得到的結果。所以，我們真心鼓勵大家認識一下種子系統，並且親自試一試！

麥可．羅區格西：說到這裡，我們不妨談得具體一點。如果有人想要獲致跟兩位一樣的成功，你們會建議他採取什麼確切的步驟？

陳唐：好的。我們的朋友約翰．布蘭迪和柯妮．歐布萊恩已爲讀者提供得到新房子和美好姻緣的四步驟計畫，在此，我們想分享的則是成爲成功企業家的四個步驟。

在剛開始接觸種子系統那幾年，我們兩個都在世界上的不同城市爲麥可格西擔任過口譯。過程中，我們漸漸對格西在曼哈頓所用的四步驟有了體會。在曼哈頓時期，格西也是一個年輕的企業家，幫忙打造全世界最大的珠寶公司。我們兩人用的也是一樣的步驟，接下來就推薦給各位讀者：

步驟一、說出你想要的是什麼

「我想成爲這世界的下一個大企業家！」

步驟二、選一位種下種子的夥伴

當然，你顯然可以選擇另一個也想成爲大企業家的人當種子夥伴，這是一個很好的選擇。但我們在麥可格西身上注意到，針對鑽石公司的成功，他所做的是選擇將種子系統的奧義本身當成種子夥伴。

也就是說，透過分享種子系統本身的智慧，透過保存關於種子的古老思想，他爲自己種下了成功的種子。爲此，他和約翰．布蘭迪合作多年，發掘載有這些古老思想的典籍，並與世人共享。針對如何種下成爲大企業家的種子，他和世人分享他的領悟，這個分享的舉動本身就變成最大的一顆種子。

步驟三、幫助你的種子夥伴

所以，曉萍和我努力保存這些中國古老文化的思想，並與全世界共享。不久前，我們甚至有機會和墨西哥聯邦議會的議員分享《金剛經》的思想，從三七六頁的照片就可以看到我在那裡演講，暢談中國軟實力和四步驟。所以，只要和人分享筆、四步驟和兩個丈夫的概念，一週一次，或許是在家裡，或許是在公司，或許只是在和別人喝咖啡時，就是一個強而有力的步驟三了。

步驟四、練習咖啡冥想

當然，成為成功企業家眞正的關鍵，在於每天練習咖啡冥想。趁入睡之前，想一想你透過分享這些概念帶給別人的幫助。

麥可．羅區格西：在《當和尚遇到鑽石》二十週年紀念版新所收錄的成功故事中，我們問到每位受訪者有沒有什麼咖啡冥想的獨門訣竅，那麼兩位能否跟我們分享一個你們的錦囊妙計？

周曉萍：樂意之至！大家都知道在咖啡冥想的過程中，我們要想想這星期自己如何花一小時幫助別人，以及下星期打算再幫別人什麼忙。

但很多人不知道的是，咖啡冥想也可以想想今天我們看到別人做了什麼好事。事實上，古書上說，單單是爲別人所做的好事高興，甚至就能從別人的善舉上得到百分之十的能量。

所以，陳唐和我喜歡把彼此當成咖啡冥想的對象，不只是在就寢之前，還有白天和客戶及員工工作時，我們把握每一個和別人分享對方做了什麼好事的機會。舉例而言，我可能會在某一場主管訓練活動中站上講台，花幾分鐘談談陳唐爲了籌備這場活動，整個星期都做了些什麼。

我們身爲年輕企業家能夠得到這麼大的成功，這種雙方互相的咖啡冥想是一個重要的關鍵。我們強力推薦給其他想達到相同目標的有志者！

❖ ❖ ❖

在大企業裡步步高升，並成功幫助家人對抗憂鬱症

維克多・岡薩雷斯（Victor Gonzalez，圖左）和薩齊・阿巴卡（Zazi Abarca，圖右）

拉丁美洲：墨西哥墨西哥市

麥可・羅區格西：截至目前爲止，我們的四步驟成功故事都著重在創業、結下良緣和得到一個好住處。不過，你們兩位有很不一樣的成功故事要和讀者分享，亦即如何用四步驟在大企業裡步步高升，以及獲得成功的家庭生活，尤其是對抗憂鬱症。那麼，維克多，我們可以從大企業這部分開始嗎？

維克多・岡薩雷斯：當然。年紀比較輕的時候，我當過祖國墨西哥兩家大型企業的經理。第一家是我國排名第七大企業的可口可樂芬莎公司，❷該公司每年獲利逾十兆美元，員工多達十八萬人。第二家是墨西哥最大的連鎖電影院悉尼坡里斯（Cinépolis），悉尼坡里斯旗下計有六百多間電影院、五千個大銀幕、兩萬五千多名員工，分布於

十七個國家。

麥可・羅區格西：你是怎麼闖進兩家這麼大的企業的？

維克多：大學的時候，有個朋友推薦我到可口可樂芬莎，我投了履歷過去，他們打電話問我想不想從實習生做起。即使在當時實習生每月只有兩百五十美元的薪資，我還是毫不猶豫把握機會。

四、五個月後，他們升我當分析師。分析師的工作內容不怎麼有趣，和我本身所學無關，也不符合我的志向。我真正想做的是行銷。

我保持虛心學習的態度，瘋狂投入工作，展現出我的熱忱。無論接到什麼任務，我都準時完成，總之就是努力不懈。老闆對我很滿意，後來就幫忙把我調到我夢寐以求的部門：媒體公關與廣告業務。

我在這個部門升到主管的位置。約有一年左右，我是全公司最年輕的經理，手上管理兩百個人。我還是拚命努力工作，一切如期交件，把所有報告寫好，保持全勤的完美紀錄——當一個模範員工。

---

❷ Coca-Cola FEMSA，此為墨西哥飲料大廠芬莎公司旗下的可口可樂裝瓶商。

接著，我的直屬主管獲得升遷，我也連帶獲得升遷。在二十四歲的年紀，我一下子成了全廣告部的老大！那是我人生中超級風光的一段歲月。我經手的客戶多如牛毛。我搞定鉅額交易。我在公司步步高升。

麥可．羅區格西：有鑒於你是金剛商業學院的要角，在為金剛商業學院培訓師資的聖多納國際管理學院中，你是管理團隊的重要成員。若是有讀者任職於可口可樂芬莎這種大公司，想要獲致跟你一樣的成功，你對他們有沒有什麼建議？

維克多：對此，我有一個很深的感觸。在任職於大型企業的人當中，最常發生的一件事就是「自我中心」，他們後來變得非常自我中心。

說穿了，你只是在為一家屬於別人的大公司工作。但我們開始覺得自己「擁有」這個職位、「擁有」這個部門、「擁有」這筆預算，好像公司的錢是我們自己的。

在這個虛妄的幻想裡，你開始覺得自己能力超強，彷彿全公司你最厲害。

所以，針對任職於大型企業的讀者，我想我最重要的一項忠告就是：永遠不要忘記你是「可被取代的」。這些大公司少了你也沒差。

麥可．羅區格西：可是，這種心態如何幫助你在公司裡出人頭地呢？

維克多：仔細想想你在大企業裡的職位有多麼仰賴其他人，一旦明白到自己其實能力多麼有限、多麼需要依靠別人，你自然就會破除自私的心態，變得更關心周遭同事。

而當我們向身邊的人伸出援手時，我們自然就是在種下種子。

這些更有意識的種子會推我們在公司裡往上爬，而且讓我們保持在高處。

我說的甚至包括你的老闆，在公司裡，對你的頂頭上司也不要自私。一般而言，我們都想坐上主管的位置。我們嫉妒他們。當獲得升遷的是別人，而不是自己時，我們難免覺得忿忿不平。企業整體的環境往往也會加重這種激烈競爭的心理。

然而，當你終於明白一切都來自心識的種子，當你明白了「筆」的奧義，你的眼界就會有一個很大的突破。你會看到在大公司裡當上主管最好的辦法，就是盡你所能去幫你的主管。

幫助主管成功！我們常說要幫助自己的員工成功，但反之亦然，我們也要助公司裡的上司一臂之力。

而你如果眞的很想快快在大公司裡出人頭地，那你種下種子最好的辦法，就是去幫助你在公司裡的競爭對手。

麥可・羅區格西：這是什麼意思？你能不能再多說明一些？

維克多：你知道，在執行四步驟成功計畫的過程中，我們需要選一位種下種子的夥伴。種下種子就很像讓籃球彈回來，爲了把種子種下去，我們需要讓它從另一個人身上「彈回來」——我們要爲別人做好事。

慎選種子夥伴關係到我們的種子力量會有多強大。舉例而言，如果我們想種下一顆健康的種子，但我們手頭資源有限，那麼，與其專爲一個人買一堆藥，我們不如把一樣的預算花在雇用一位醫生，請他到一個貧困的地區服務一、兩星期。

至於競爭對手，我們幫助的如果是朋友或家人，種下的種子就只有一定的力量。如果是幫助我們沒有私交的人，那種子的力量就再強一點。但要種下最強大的種子，要在像可口可樂這麼大的公司裡獲得升遷，辦法就是幫助某個我們可能很反感的人：公司裡某個和我們競爭同一個職位的人。

麥可．羅區格西：維克多，既然你現在是種子系統的行家了，能否請你爲我們勾勒一下四步驟的內容？

維克多：當然，以下就是四步驟的內容——

步驟一、說出你想要的是什麼

「我想在公司裡升到更高的位置。」

步驟二、選一位種下種子的夥伴

同一家公司裡，在我周遭有沒有其他想要獲得升遷的人？

步驟三、幫助你的種子夥伴

盡你所能讓種子夥伴的努力被看見；注意他做得好的地方，向其他人稱讚他，尤其是向他的上司（順帶一提，這不代表你要捏造不實的事蹟或誇大其詞，照實說他做了什麼即可）；試試看，你會發現你的對手有很多眞的值得稱讚的地方）。

步驟四、練習咖啡冥想

夜裡把頭靠在枕頭上，想想你爲了幫助對手獲得升遷所做的一切，默默讚賞一下自己的善行。別忘了也要想想下週你要偷偷做些什麼，幫助他獲得升遷——即使是你自己想獲得升遷，**尤其**是你自己想獲得升遷！

麥可．羅區格西：很好！聽起來是很實在也很替人著想的升遷計畫，而且保證有效！但是，有鑒於我自己也在一家大公司待過很多年，我必須問一句：獲得升遷就夠了嗎？這樣你就高興了嗎？

維克多：這個嘛……獲得升遷是一回事，它有它自己的心識種子；爲你的升遷高興又是另一回事，我在可口可樂付出很大的代價才學到這個道理。

先是身爲可口可樂廣告部門的重要主管，接下來在悉尼坡里斯也位居要職，我過著很高調的生活：開名車，度奢華的假期，和媒體高層及供應商共進高檔的午餐，順帶一提，我的職責也包括不斷跟他們喝酒應酬。很快的，我就付出了代價。我的情緒越來越不穩定。不出六個月，我就被開除了。我走投無路，完全找不到一份工作。再接下來，我就深深陷入一段憂鬱低潮期。

薩齊・阿巴卡：身爲維克多的太太，那是我這輩子最辛苦的一段日子了。你想想，我很年輕就認識他，想當初我們才十四歲。一開始只是朋友，但在十九歲開始交往時，我就知道自己對他的感覺不一樣，我想跟他共度一生。所以，在二十一歲時，我們年紀輕輕就結婚了。事實上，我們的二十二週年結婚紀念日就快到了。

婚後不到一年，我們生下第一個孩子，老大是個男孩，接著老二也來報到，這次是個女孩。所以，你可以想像我們有多辛苦——才二十出頭歲就要養兩個小孩，突然間又沒了收入，我老公還陷入長年的憂鬱。

麥可・羅區格西：維克多怎麼走出那些年的憂鬱？妳是怎麼幫助他的？

薩齊：關於掙脫憂鬱的枷鎖，我想我們必須要說的第一件事，就是即使有種子，眞正要戰勝憂鬱症還是要很努力、很有決心。我覺得憂鬱症是一顆埋得很深的種子，或許因爲那顆種子開花結果的地方是在心裡，而不是像金錢、一棟新房子之類外在的東西。

所以，我想，針對試圖要幫忙憂鬱症患者的人，我的第一個建議就是永不放棄。針對努力要把孩子拉拔大、養孩子養得很辛苦的人，我給的建議也一樣。最重要的就是要知道種子會發揮作用，然而即使有種子，有些事情仍需要時間，而辛苦是值得的。

也就是說，我們對太太或丈夫有責任，我們對孩子有責任。我們選擇結婚，選擇生小孩，選擇共組家庭。身為太太或丈夫，身為母親或父親，我們許下了盡一己之力讓這些人幸福的承諾，我們一輩子都要幫助他們擁有幸福快樂的生活。如果做太太的或做媽媽的放棄孩子和丈夫，那麼誰要來實現這個承諾呢？誰要來幫助他們呢？

我父親是職業軍人，在軍隊裡他是將軍。我和維克多及孩子們共度的那段艱難歲月裡，我不斷告訴自己：「我絕不投降。」

我想，我們的婚姻和家庭之所以能維持下來、成長茁壯，變得很成功，而從那之後，我們攜手打拚的廣告事業連帶也很成功，其中一個主要的原因就在於此：一切都建立在我們全家人對彼此許下的承諾，我們一心一意要幫助彼此得到幸福。

麥可・羅區格西：針對家中有人受憂鬱症所苦、而正在跟嚴重的憂鬱症長期搏鬥的配偶或家庭，你們有沒有一套四步驟方程式可以提供給他們參考？

維克多：有的。對抗長期憂鬱症，以下就是經典、古老的四步驟策略。以第四個步驟來講，薩齊和我加了一些我們覺得特別有用的特殊技巧！

步驟一、說出你想要的是什麼

「我們想看到這位家庭成員擺脫纏著他不放的憂鬱。」

步驟二、選一位種下種子的夥伴

這是最重要的一個步驟。當一個人陷入憂鬱，或當家中有人在對抗憂鬱症，我們很有可能會變得自我中心，就跟任職於大企業裡的問題一樣。也就是說，陷入憂鬱的人滿腦子想著自己的感受、自己的需求，當這個人是我們的家庭成員時也一樣——我們老是想著：「我的」家人需要幫助、「我們家」有一個特殊的問題要解決。

但即使是在最困難的時刻（尤其是在最困難的時刻），我們也要記得，想種下改變的種子，唯一的辦法就是去幫助另一個陷入憂鬱的人，去幫助另一個在跟憂鬱症對抗的家庭。所以，我們需要另外選一個憂鬱的人來當種子夥伴。然而，因為對一個陷入憂鬱的人來講，要他們自己做到這件事實在太難了，我們就要全家一起幫助這位家人把注意力轉移到別人的需求上，即使只是一星期一、兩個小時也好。

步驟三、幫助你的種子夥伴

要知道我們可能不是幫別人治癒憂鬱症的完美人選，儘管如此，我們還是要向別人伸出援手，即使只是一星期一次、每次一小時，盡我們所能給他們安慰。或許我們能做的只是送他們一束花，或是跟他們分享一首我們鍾愛的新歌，但這樣就夠了。再搭配誠心的咖啡冥想，小小的種子也能結出大大的果實。

步驟四、練習咖啡冥想

把頭靠在枕頭上準備睡覺時，想想你所幫助的那個人，計畫接下來一星期你要做什麼很酷的事情去幫助他。

我們的咖啡冥想獨門絕招有三個步驟：

㈠準備就寢時（比方在上床前開始刷牙時），把所有的電子設備關掉：不接電話，不傳簡訊，不用筆電。這麼做就已經是在進入咖啡冥想的情緒了。

㈡買一張螢光貼紙，就是你會給小孩子買的那種，看你喜歡什麼造型，泰迪熊也好，一隻傻氣的貓咪也好，只要在關燈以後會發出螢光的就好。把這張貼紙貼在你的床鋪正上方的天花板上！關燈之後，你就會看到這個幼稚的小玩意兒在上頭發光，提醒你別忘了做咖啡冥想，爲這週你幫助別人對抗憂鬱症所做的好事高興一下。

㈢在黑暗中準備入睡時，幫彼此回憶一下，互相聊聊你們爲了幫助其他傷心或憂鬱的人，各自種下了什麼樣的好種子。

還有，永遠不要忘記堅持你的決心——絕不投降。即使有了種子，憂鬱症也不會輕易消失不見，或三兩下就好起來。但是只要時候到了，種子總會發揮神效。繼續種下去就對了！

麥可・羅區格西：謝謝你們分享讓種子快快長大的獨門訣竅！最後我有一個忍不住要問的問題。你談到自己任職於可口可樂那樣的超級企業，接著也談到你對一雙兒女的愛；爲這間大公司工作，你不會感覺怪怪的嗎？畢竟它所生產的產品要爲數百萬墨西哥兒童的肥胖症和糖尿病負責。竟然有人甘於從事一份對人有害的產業，你怎麼看這件事？

維克多：對，這確實是一個問題！而且，麥可格西，我們得問鑽石產業的從業人員一樣的問題。鑽石產業要爲嚴重破壞自然環境負責，甚至也要爲某些鑽石生產國的恐怖分子籌資活動和種族大屠殺負責。我們該怎麼看這件事？

麥可・羅區格西：啊，這下你把問題丟回來給我了！一開始是我的上師引導我朝鑽石產業發展的，才剛進入這個產業短短幾星期，我就問了他一樣的問題：「既然我已經看到鑽石買賣這門生意是如何運作的（往往有許多的虛假不實、陰險狡猾，相關商品也傷害了地球和許多人），我在想，或許我應該立刻退出！」

我的上師在寺院裡是出了名的善辯，他一如往常對我還以亞洲古老辯論術中所謂的「諷喻」：「這樣啊，那好吧，你就退出吧！讓那些人繼續騙來騙去、逃漏稅、走私鑽石、把土地挖開、用賺來的錢搞恐怖主義。好極了！退出吧！」

當然，我聽懂上師的言外之意了。我回他道：「呃，是啦，但就算我留在鑽石產業，憑我一己之力，如何能改變一個遍及全球各國的龐大產業？」

「鑽石產業的那個世界從何而來？」他問我。

「從種子來。」我答道。

「你的世界又是從何而來？」他舉起一枝筆問道。

「從我的種子來。」我答道。

「那就改變你的種子、改變鑽石買賣這門生意啊！」他提示道。

所以，我必須要說，我努力了很多年，鑽石產業也有了改善。我們有一套新的認證系統，協助證明在挖掘合格礦石的過程中沒有涉及暴力，而且一切謹遵環境保護政策。

現在甚至有一股更令人興奮的潮流，在本書前文中也有提到，那就是在實驗室裡做出純鑽，對任何人都不會造成傷害。舉例而言，這個新誕生的產業已經做出鑽石刀刃的平價刀具，刀鋒永遠不會變鈍，還有一般人都負擔得起的鑽石婚紗，上頭綴滿完美的眞鑽（但不是「天然」鑽石）。

正如同出現在我世界中的筆和其他的一切，這些也來自於我自己種下的種子。如果我持續播種，可口可樂必定會將他們無與倫比的勢力和腦力用在別的地方，轉而製造起超級健康的綠色飲品，讓孩子們苗條又聰明。

如果「筆」的道理是眞理，那麼，這件事是否遲早會發生，完全取決於我們自己，而不是掌握在他們手裡！

❖ ❖ ❖

希望和人文

諾兒・易卜拉欣（Nour Ibrahim）

非洲／中東：敘利亞大馬士革及羅馬尼亞布加勒斯特

麥可・羅區格西：近年來，妳、妳的家庭，乃至於妳的國家，都度過了非常艱困的時期。能否請妳多告訴我們一點？

諾兒：是的，我們吃了很多苦。我在敘利亞首都大馬士革長大，相傳大馬士革於五千多年前建城，是世界上最早有人居住的古老城市。我是四個孩子當中的老大，我們

家有三個女孩和一個男孩。

經濟上，我們家算中產家庭。小時候，我心想只要有機會，我就要到國外念書。但我爸在我念高中時病倒了，如果要父母資助我出國留學，我知道家裡的經濟負擔會太重。

我心想拿到獎學金是我出國留學唯一的辦法，所以我很用功當一個頂尖的學生。我主修人類發展，年紀輕輕就在母校大馬士革大學（University of Damascus）擔任助理教授。

幾年後，我錄取羅馬尼亞一所大學的博士班，主修教育科學，專門研究教學文化差異。就在我快要完成學業時，敘利亞爆發內戰，從此我就回不了家，到頭來，我變成羅馬尼亞的公民。

麥可·羅區格西：妳是怎麼加入金剛商業學院的？

諾兒：完成學業之後，我在聯合國難民事務高級專員署（United Nations High Commissioner for Refugees，簡稱聯合國難民署）找到工作，擔任社會融入諮商師，意思就是我輔導來自中東的難民融入社會，展開新生活，學習適應文化差異。

有一天，我出席了金剛商業學院在布加勒斯特舉辦的講座，聽到麥可格西談「筆」的概念。像是一下子茅塞頓開似的，許多年來，我第一次覺得充滿希望。從那之後，我就付出很多時間，下了很大的工夫，學習關於種子系統的一切。近年來，我甚至去上了聖多納國際管理學院的教師認證課程。

麥可·羅區格西：在一場已有五十多萬人喪命的慘烈悲劇中，筆和小狗的概念爲什麼會給妳希望？

諾兒：對我們這些飽受戰亂驚嚇的人，你必須試著將心比心。大馬士革是一座美得不可思議的城市、敘利亞是一個美得不可思議的國家，到處都有偉大的古建築、古文化和歷史遺跡。如同世界上的多數人，我們在這麼美的國家長大，卻不懂得珍惜它的美。

然後，一夕之間，敘利亞變得腥風血雨；沒人知道該怎麼辦，大家只能倉皇出逃。還記得在戰爭剛爆發時，我從羅馬尼亞到希臘訪視難民營，只要我有什麼就拿出來幫助那裡的人——食物、金錢，甚至是一雙鞋子。正當我在幫助一群難民時，我的幾位同事就在相距不到幾英里的地方，救援一艘小船上的一名年輕女子。那艘小船剛剛冒險橫渡地中海，過去六年間，地中海上有將近兩萬名難民喪命。

那名年輕女子不是別人，正是我的妹妹。我們姊妹淚眼重逢之後，德國金剛管理學院班上一位很棒的學生就帶她去她家。

在這樣的情況下，很少有人像我一樣幸運，整個戰爭期間都置身國外。身在國外的我們總覺得祖國的處境沒有希望。我們實在不懂一開始怎麼會打起來。甚至，每當開始覺得未來有一線希望時，我們立刻就會被罪惡感吞噬，彷彿我們忘了家鄉的親朋好友每天都在受罪。

所以，筆、小狗和希望之間有什麼關係呢？身爲難民最糟的感受，或許就是失去信心，以及怎麼也想不透導致戰亂的原因。在全世界的所有國家當中，爲什麼偏偏是我的國家變成人間地獄？這有道理嗎？爲什麼會發生這種事情？

有時候，我覺得只有難民才能眞正領略「筆」的教誨。對我們來講，「筆」的重點就在於：事情是有道理的，我們在周遭看到的一切都是有理由的。既然有理由，那就有希望。

麥可．羅區格西：何以見得？

諾兒：如果有人中了樂透，突然間擁有昨天還沒有的一百萬，這個幸運兒可不會大聲呼喊：「爲什麼是我？」而是當諸如戰爭之類的悲劇降臨在自己身上時，當事人才會認眞追問事情怎麼會這樣。

戰爭本來就已迫使我去思考這個問題：一切從何而來？難道純屬偶然，沒有半點道理，無緣無故憑空發生？聽到「筆」的概念，並深入了解種子系統之後，我開始覺得發生在我們身上的一切都是有道理的。基本上，我覺得這套思想向我證明了付出什麼就會得到什麼。

身爲難民，我從這一層領悟當中得到的東西，最重要的就是「希望」。如果西瓜種子眞的會長出西瓜，如果對別人好眞的會創造幸福，那麼，要克服像敘利亞內戰這樣的悲劇，我們就有了一條明路，該怎麼做再清楚不過。

麥可．羅區格西：那條路在妳眼裡是什麼樣子？世界上的其他人要用什麼具體的辦法，讓他們的人生走上同一條希望之路？

諾兒：我想，只要憑著直覺，我們內心深處都知道這個問題的答案。儘管如此，把具體的行動計畫講清楚、說明白還是很有用的。就讓我試著用四步驟的形式說明一下吧：

步驟一、說出你想要的是什麼

「我想看到世界上的每個人都活得安全，活得有希望。」

步驟二、選一位種下種子的夥伴

以我的例子來說，選擇種子夥伴花了一些時間，經過一番深思熟慮。我們總要從自己想達成的目標反推回去，找到自己需要種下的種子，接著再據以選擇種下種子的夥伴。

麥可．羅區格西：可以請妳聊聊選擇種子夥伴的具體過程嗎？

諾兒：所以，我心裡有兩個特定的目標。首先，我想在我的世界裡看到更多希望——尤其是在我的國家，在我的家人和敘利亞同胞身上。

其次，我想看到我的國家受到保護，尤其是想看到古老的敘利亞文化保存下來，欣欣向榮地發展下去。

由於我有這兩個特定的目標（姑且稱之爲「希望和人文」吧），我知道自己要種下兩種不同的種子。以「希望」而言，我顯然必須採取一些能帶給別人希望的具體行動。就「保護」和「保存」而言，我必須幫助別人保護對他們來講很珍貴的東西，我必須給別人一份安全感。

於是，我展開了一個叫做「爲智慧穿針引線」的計畫。這個計畫有兩個部分，涵蓋我想種下的兩種種子。

在歐洲近來的整個難民危機中，有五百多萬人逃離動亂的祖國，其中約有四成難民是婦孺。

換言之，有上百萬的婦女從她們的國家逃了出來，而她們多數人就跟我一樣是回教徒。回教傳統上並不鼓勵婦女在外拋頭露面，尤其是外出工作。所以，現在有數以萬計的婦女喪夫，或丈夫不知去向。她們有小孩要養，卻沒有可以養家的一技之長。

世界各地都有一些朋友也在學習金剛商業學院的經營之道和個人成功法則，在他們的幫助之下，我爲這些難民婦女創辦了一個職訓課程。我們和羅馬尼亞這裡的一所技職學校簽約，讓這些女性在安全、安靜、私人的氣氛下，一起學習使用縫紉機。

我們贊助她們的學費和設備，不久，我們的學員就成爲歐洲第一批獲得政府允許、進入業界工作的難民。

在挑選種子夥伴上，我們提醒自己不要存有偏見。所以，除了來自敘利亞的婦女，我們也有來自伊拉克、黎巴嫩、阿富汗、伊朗、巴勒斯坦和約旦的學員。

接下來，我的朋友和我去找尋「獵物」，鎖定需要援手幫忙保留傳統文化的國家——這就是我用來保存珍貴的敘利亞古文化的種子。在帕爾米拉（Palmyra）或阿勒坡（Aleppo）這些受到戰火摧殘的敘利亞古城，岌岌可危的人文遺跡就靠我們種下的種子來拯救了！

不可思議的是，我們在遙遠的蒙古找到了第一個種子夥伴。據學者估計，那裡的國家圖書館收藏了三十萬本左右的雕版印刷古籍。傳統上，這些書的書頁以大片特別縫製的布帛裝裱而成，所以，圖書館的藏書和我們爲難民婦女培訓的職業技能，恰好不謀而合！修復古籍的資金納入約翰．布蘭迪帶領的古文獻保存計畫，本書前面也介紹了他的成功故事。

麥可．羅區格西：妳能不能幫我們總結一下四步驟的內容？

諾兒：當然。首先，我們有了第一個步驟，立定「希望和人文」的目標，一方面要帶給這個世界更多希望，一方面要保存珍貴的人類文化。接下來，我們的第二個步驟也有兩個部分：給這些難民婦女希望，以及協助保存別國的文化。

我要特別說明一下，在這一生當中，學到了種子系統如何發揮作用，我也隨之體認到種下種子的關鍵在於去幫助別人，去幫助和我們「不一樣」的人。在我的生命歷程中，這種和異己建立關係的挑戰再再令我著迷。

尤其是在我爲聯合國做的難民工作上，我一方面要和出身富裕的高層官員交流，一方面要親近身無分文、才剛從危險的小船上走下來的難民。面對來自祖國敘利亞的同胞，我必須步步爲營、小心應對，因爲他們有人支持內戰衝突的其中一方，有人又支持另一方；身爲當今的敘利亞人，勢必要學著同時和敵對雙方的人共處。

這對我的四步驟計畫來講是一種訓練，因為要種下種子總是有賴於走出自己的團體、家庭或業界，去和外界的人建立關係。

所以，這就是**步驟三**：實際執行幫助難民的計畫，並協助另一個國家保存他們的文化。

當然，接著我們就來到**步驟四**：咖啡冥想。在這個步驟，我就只是趁夜裡靠在枕頭上時，想一想自己藉由這些計畫種下的好種子。

你知道，全世界金剛商業學院的講師常常談到人生最普遍的五個目標：經濟獨立、良好的人際關係、健康的身體、快樂的心，以及對全世界的福祉有貢獻。我很慶幸自己在人間悲劇的帶領之下，採取了剛剛所述的四步驟播種策略。我想，任何一位真心想達成第五個目標、為世界帶來改變的讀者，都能為自己量身打造一套專屬策略，就像我在步驟四當中所勾勒的個人計畫。

麥可．羅區格西：我們問了本書每一個成功故事當中的主角，在一日將盡時的咖啡冥想中，他們有沒有什麼特別的訣竅。妳個人有沒有任何想和我們分享的法寶呢？

諾兒：我可以想到三個我想分享的心得。

首先是為咖啡冥想澄清一下。我想，就讚許自己的善行而言，可能有很多讀者都來自跟我很像的文化背景。

也就是說，在敘利亞的傳統中，以及在整體回教文化中，我們有句話說：「右手做的事不該讓左手知道。」意思就是爲善不欲人知，我們應該對自己的善行保持低調，不要拿出來吹噓，甚至只是對著自己吹噓也不要。

所以，一開始我花了一點時間摸索，好讓我在做咖啡冥想時既能眞心讚許自己，又不至於淪爲沾沾自喜。我想，對世界上的每一個人來講，這種健康、不傲慢的自我欣賞都是非常可貴的特質，尤其是在一個不時鼓勵女性或某些族群養成自卑感的全球文化中。

其次，當周遭有這麼多人都在吃苦受罪，有時我不禁會對讚許自己的善行產生罪惡感——其他人時時刻刻活在痛苦之中，我憑什麼爲自己做的好事高興呢？但我後來看到這個自我欣賞的夜間活動是如何讓種子長得更快、更壯，而我也因此能去幫助更多人得到幸福。

最後，我在床頭放了一隻泰迪熊小玩偶。夜裡練習咖啡冥想時，我總覺得像是在跟它分享我努力當一個好人的小勝利。如果要提醒自己別忘了步驟四，在床頭放個小玩偶是人人都很容易就能做到的事。

❖　❖　❖

創造力、美貌與健康

鄔塔・沙爾夫（Uta Scharf）

歐洲：德國柏林

麥可・羅區格西：截至目前爲止，在本書的成功故事中，我們已經看到各式各樣的人生目標，像是擁有自己的房子、婚姻、創業、國家安全等等。妳的人生卻是一個截然不同的例子，有著一整套從創造力開始的目標。我們先來聊聊妳在優雅的高檔藝術品界的事業，接著再聊聊妳對創造力與種子系統的看法吧。妳是怎麼進入這一行的？

鄔塔：我在德國北部長大，在四個孩子當中排行老大。我父親是工程師，母親對藝術有興趣，但我祖父才是集畫家、音樂家、航海工程師於一身的人。我在柏林藝術大學（Berlin University of the Arts）完成碩士學業，我們稍後再聊這個部分。我在一家藝廊找到工作，靠自己半工半讀，也在那裡認識了我未來的夫婿。

結果他們家族四代都收藏非常高檔的藝術品，家中的收藏在全世界數一數二。我們說的可是畢卡索、馬蒂斯和塞尙這些大師的作品。並且，他們專收我們所謂的首開先河之作，也就是在藝術界引爆新主流的作品。

麥可．羅區格西：這場邂逅如何演變成妳的藝術經紀事業？

鄔塔：我先生和我公公教我認識在這個水準的藝術品。「沙爾夫」在藝術界是一個響噹噹的名號，所以，我們自然就把位在紐約市的家當成展場，向世界各地品味不凡的客戶展示萬中選一的高價藝術品。我們做得很好，最終我一路爬到公司總裁的位置。

麥可．羅區格西：當然，那是在妳學到種子系統之前的事了；但根據種子系統的運作原理，妳一定早就在冥冥中種下了成功的種子，即使妳不知道這套系統確切是如何運作的，即使妳不是有意識地種下成功的種子。

鄔塔：對，正是如此。完成了金剛商業學院附屬的聖多納國際管理學院證書課程以後，如今回顧起來，我會說自己在那段時間之所以那麼成功，都是因爲我們戲稱的「鳥屎運」。

麥可．羅區格西：那是什麼意思？

鄔塔：有時候，你家花園裡開出一朵美麗的花，但你不曾種下這個品種的花卉。之所以開出這朵花，是因爲有鳥兒在別處發現了一大堆這種花，一次吃了太多的種子消化不良。飛過你家花園的時候，牠剛好拉肚子，一小包附帶糞肥的種子包裹就這樣從天而降，完美地降落在你家花園裡，然後就自己長起來了。

有許多人都在年輕時突如其來嚐到了不可思議、意料之外的成功，這些成功的經驗確實就是這樣來的：他們透過幫助別人種下了種子，但他們不知道種子系統，也不是有意種下這些種子的。我的例子就是如此，突然間，我就在全球高檔藝術品交易界嶄露頭角。

與此同時，這種突如其來的成功，後來往往都會變得很挫敗，因爲這些鳥屎種子漸漸消耗殆盡，我們發了瘋地想盡辦法要再複製先前的成功。我們看過很多像這樣的年輕音樂家和藝術家，甚至是生意人——達不到昔日輝煌的成就，飽受隨之而來的挫敗所苦。

麥可・羅區格西：不過，有鑒於妳所得到的成果，有鑒於妳現在很了解種子系統（事實上，妳自己也在世界各地傳授這套系統），對於是什麼樣的種子爲妳帶來莫大的成功，妳有沒有什麼想法？創造力的本質是什麼？妳能否和我們分享一點妳自己的體會？

鄔塔：沒問題。我的體會很深也很玄。拜沙爾夫家族所賜（儘管幾年後我和先生離婚了），我有幸經手許多重要的藝術作品。多年經驗累積下來，我越來越覺得「一般」的創造力和「非凡」的創造力之間有一條明確的界線。所謂「一般」的才華，創造出來的就是「一般」的藝術、音樂或文學作品。

在藝術界歷久不衰、而且值很多很多錢的，正是那種「非凡」的作品。在這種作品當中，藝術家努力超越自己的人生、超越個人的故事。不管是有意識或無意識，他們有一股將自己的藝術品化爲共通語言的衝動，他們要讓每個人都能理解，都能產生共鳴。這種共通的藝術語言於是超越了普世所有的文化和語言。

也就是說，藝術家想要把話說進世上每一個人的心坎裡，不管他們來自何方，他們直接用心、用靈魂去交流。這股高貴的欲望就是曠世鉅作的本質，依我之見，正是這股欲望爲不同凡響的藝術創造力種下了種子。

麥可．羅區格西：在截至目前爲止的成功故事中，我們都請當事人將這些抽象的想法化爲具體的四步驟計畫，讓別人也能在自己的人生中如法炮製。妳願意試試看嗎？

鄔塔：當然，這就是金剛商業學院教師群的職責所在！那麼，針對追求非凡創造力（一種不可思議的創作境界）的讀者，以下是你可以採取的四個步驟：

步驟一、說出你想要的是什麼

「無論是在藝術、音樂、文學或商品上，我想達到非凡的創作水準，做出眞正偉大的作品。」

步驟二、選一位種下種子的夥伴

在這個情況下，一般的種子夥伴會是其他尋求創意的人。但以「非凡」的創造力而言，我們的種子夥伴也可以是作品的受眾，亦即賞畫、聽歌的人，或創新商品的使用者，無論是新款的三C用品、新款車種，或諸如此類的產品。重點在於我們有強烈的動機，要讓受眾對這件作品滿意，並從中得到啓發。

步驟三、幫助你的種子夥伴

實際創作出精彩絕倫、昇華人心的作品。順帶一提，我們不必做到每一次都「成功」昇華人心或啓迪人心。我們只要誠心誠意努力去做。照心識種子的慣例，每顆種子的力量有九成都來自於我們的誠意。

步驟四、練習咖啡冥想

每晚務必在入睡之前練習咖啡冥想。不管你做了什麼帶給別人快樂或振奮人心的事，趁著咖啡冥想爲自己的貢獻高興一下。

麥可・羅區格西：如果妳不介意，我想再請妳談談另外兩種成功，因爲妳是這兩種成功的絕佳範例。首先，許多年來，妳都保持著姣好的容貌。妳的祕訣是什麼？

鄔塔：當然是種子囉！

麥可．羅區格西：那麼，每天妳都為保持美貌種下什麼種子？

鄔塔：首先我必須要說，我們都知道重要的是內在美，而不是外在美。常言道，我們可以把外在美想成一朵花：如果我們手裡隨時拿著一朵美麗的花，或在衣服上別一朵花，一整天下來，周遭的人看了都會心情愉快。我想，如果我們這樣看待個人的美貌，把美貌當成一件獻給別人的禮物，那麼，美貌就會變成一件有意義的事情。

所以，習慣上，我的日常例行保養非常簡單。我不買很貴的護膚霜——一罐三美元的保養品和一罐三百美元的兩種我都試過，坦白說，我看不出來有什麼差別。我也試過打肉毒桿菌之類的煥膚療程，但我不喜歡事後那種臉很緊繃的感覺，而且，效果實際上維持不了多久！所以，我也不做這些保養。

我想，我的運動和營養攝取習慣占了很大的一部分。幾年前，我受邀到印度一家特別的水療會館參觀，我們在那裡體驗了各式各樣的阿育吠陀療程。但我從那次旅程延續下來的習慣是吃素——在那之前，我是一個葷食者，但我在會館被迫要吃素，結果意外發現素食料理美味極了，吃完之後感覺也很清爽。

我想，這份內在的清爽反映在我的外貌上了。我必須要說，酒精也是一樣的。在高檔藝術品界，我們三天兩頭要和客戶共進午餐，或是出席博物館的黑領結❸開幕酒會。不管去到哪裡，總有昂貴的葡萄酒或香檳供賓客暢飲。有一段時間，我浸淫在這種飲酒文化裡，但我很快就看到酒精對外貌和健康造成的破壞，所以我現在都敬謝不敏。

最後是美貌的根本原因：種子。種下這顆種子的辦法是常保愉悅的心情，儘管生活中難免有一個又一個的挑戰接踵而至。古老的智慧告訴我們，「生氣」尤其是一顆把內在的好種子侵蝕掉的壞種子。生氣會讓我們的臉很快老化，長出皺紋來。

年輕的時候，我的脾氣不太好，動不動就對著電腦或不如意的事情發脾氣。近年來，既然體認到美貌的根本原因何在，我就把保持耐性看得跟每天敷一層薄薄的面霜一樣重要。這招眞的有效！

麥可・羅區格西：妳也眞的很健康、很苗條，還記得在最近的一堂瑜伽課上，我看到妳劈一字馬，旁邊的年輕人可差遠了！

鄔塔：說到這個，首先，就表面上的原因而言，我父母從小就鼓勵我們兄弟姊妹去上嚴格的體操學校——事實上，我們接受的是奧運水準的訓練。後來，我發現他們只是想讓我們放學後有事可忙，以免在外面學壞。體操練著練著，學校裡的老師注意到我有跳芭蕾舞的天份，最後我就在柏林一所聲譽卓著的芭蕾舞學校念了幾年，大約就在這個時候，我開始涉獵藝術的領域。

當然，我沒有一直保持在專業的舞者水準，但還是練就了一些基本功。不過，我首先想說的是，身爲德國歌劇院等表演場所的芭蕾舞者，苗條纖瘦、身輕如燕是必備條件，所以，我們幾乎隨時在節食。結果許多舞者都罹患了飲食失調症——在週末的表演過後，我們就會跑出去買蛋糕，一口氣吃個精光。

所以，我變得很痛恨節食，後來我就再也不做這件事。我吃健康的食物，吃我想吃的東西。我的健康習慣很簡單：喝純淨的水，吃新鮮的食物，搭配規律的運動，例如定時練瑜伽。

麥可．羅區格西：更深入地探究起來，妳認爲讓「好好吃飯、好好運動」在妳身上發揮作用的種子是什麼呢？

鄔塔：這就是眞正的祕訣所在了！我看過有人來上瑜伽課，非但沒練出苗條的身材，反而還傷到了脖子，好多年都治不好。我也看過有人吃得並不多，但吃下去的食物似乎立刻就變成甩都甩不掉的脂肪。

我個人認爲，這一切適足以證明健康和苗條一定有什麼埋得更深的神祕種子，而我試著每天都要種下這些種子。就跟創造力一樣，常保美麗與健康的關鍵也在於動機。

---

❸ black-tie，意指需著正式服裝出席的隆重場合。

麥可・羅區格西：那麼，請跟我們分享妳的四步驟獨門祕技吧！

鄔塔：樂意之至。以下就是幫助身體保持苗條與健康的四步驟計畫，我根據自身經驗量身打造，另外多加了讓人精神飽滿、活力充沛的種子。我發現，看起來苗條又健康是一回事，隨時有充沛的活力應付生活大小事又是另一回事。所以，我們兩種種子都要。

步驟一、說出你想要的是什麼

「我要穠纖合度的身材、超級健康的體魄，還要有一整天用不完的活力。」

步驟二、選一位種下種子的夥伴

既要有強健的體魄，又要有一整天的活力，你必須從兩個不同的角度種下種子，也就需要兩種不同的種子夥伴。

就身體健康而言，選一個你能幫他養成每天規律運動和健康飲食習慣的人，飲食方面若能吃素又更好。幫助他的方法可以是邀他一星期一起運動幾次，邀他一起吃飯，和他分享新的菜色，教他怎麼料理。幫助他養成每天喝綠色飲品的習慣，你就能輕易種下一顆強而有力的種子。

至於活力的部分，你的種子夥伴可以是同一個人，假設他覺得很難有足夠的活力撐一整天。或者，你也可以另外再找一位老是覺得精神不濟的夥伴。

步驟三、幫助你的種子夥伴

就是在這個步驟，我有一個特別的訣竅提供給你。我是說，每次醫生幫你抽血檢查的時候，驗出來的結果可能都很好，但在同時，你卻覺得情緒低落、無精打采。健康和活力絕對是兩碼子事。

但當我們本身兩者兼備，周遭的人也會感染到你的氣息。我們變成活生生的例子，只要接近我們，旁人就會受到鼓舞，一同過起以助人為樂的健康生活——基本上，這就是依循種子系統過生活的定義了。

既然如此，你要做的就是「把自己當成種下種子的夥伴」。也就是說，你還需要每週花一小時幫助別人好好吃飯、好好運動，「幫助別人」種下的是你的動機種子。

但除此之外，你的目標是要透過這套四步驟計畫，達到自身的健康和每天豐沛的活力。你的目標是要把自己變成活招牌，啓發別人也為了健康、苗條、活力來試試這套計畫。所以，舉例而言，每天在你練習例行的瑜伽動作時，你要謹記自己之所以這麼做，是爲了健康與苗條沒錯，但更重要的是爲了讓自己成爲好榜樣，激勵別人向你看齊。當別人的好榜樣本身就是強而有力的步驟三。順帶一提，一旦決定「不管有沒有時間去瑜伽教室，我都要每天練瑜伽」，我的瑜伽就有了很大的進步。有許多日子，我都擠不出時間去瑜伽教室。我對自己發誓，在這些日子裡，我還是會在家練瑜伽，我做到了。網路上有唾手可得的瑜伽教學影片，這代表如果你還是想跟著老師做，那你隨時都有琳琅滿目的選擇。

步驟四、練習咖啡冥想

睡前靠在枕頭上時，跟你的思緒打一場硬仗吧！幾乎所有人在準備就寢時，腦袋裡冒出來的都是憂慮。我想，理論上，這是因爲我們到了這時已經很累了，所以各種大大小小的問題都顯得更嚴重。半夜醒來尤其如此。所以，我訓練自己要隨時覺察到自己是在做憂慮冥想，還是在做咖啡冥想。一旦逮到自己在擔心這個、擔心那個，我們就要努力把思緒拉回來，想想我們這星期幫助別人的好事。我個人發現，一早再來擔心我們的問題才是一個比較好的時機，比方趁著吃早餐時想一想。在這個時間，愉快的早餐和透過窗户灑進來的陽光，似乎淡化了我們的問題。夜裡就寢時，不要讓憂慮的思緒破壞了你的咖啡冥想。順帶一提，這場不讓自己去想那些問題的夜間思緒角力，堪稱是所有古老冥想技巧的精髓——優質的冥想建立在我們的「冥想肌力」上，冥想肌力則是透過對抗憂慮的習慣鍛鍊出來的。迫使思緒轉往健康的方向，想想我們爲別人做的好事，想想我們種下的好種子，便是在鍛鍊我們的冥想肌力。

麥可．羅區格西：哇，我才剛要開口問妳做好咖啡冥想的獨門訣竅，結果妳就跟我們分享了！

鄔塔：是啊，不過我要補充一點，就跟前述成功故事中的諾兒一樣，無論去哪裡旅行，我都帶著一隻小泰迪熊。當我看到它笑咪咪地在床上等我，我就會記得要練習咖啡冥想。這一招我眞的很推薦！

❖　❖　❖

經濟獨立，有能力幫助別人

高橋荒尾誠治（Seiji Arao Takahashi）

世界公民

麥可・羅區格西：好了，我們已經看到在五大洲不同國家的人身上，種子系統如何發揮作用。但當今還有一種新的公民身分：有些人一輩子都在不同的國家遊走，浸淫在不同的文化中，並與世人分享自身所學。高橋荒尾誠治就是其中一例。誠治，能否跟我們聊聊你的背景？你爲什麼是所謂的「世界公民」？

誠治：這個嘛……首先，我的祖父母和外祖父母都是在第一次世界大戰期間從日本來到墨西哥。所以，在血緣上，我是日本人。但我們世代定居墨西哥已有一百年左右，從小我就說日語和西班牙語兩種語言。

不過，我父母很堅持我要接受國際化的教育。所以，從幼稚園到高中，我念的學校主要是以法語教學。大學期間，我在蒙特雷科技大學（Tech de Monterrey，相當於墨西哥的美國哈佛商學院）主修創新與創業管理，但其中有一年的時間，我到瑞典當交換學生。

至於碩士學位，我則是到澳洲的大學攻讀環境經濟學。在那之後，金剛商業學院附屬的聖多納國際管理學院聘我爲諮商師，過去三年，我就在這裡協助學術課程的開設和行政事務，爲來自二十多個國家的學生服務。

聖多納國際管理學院設有古代語言學院（School of Ancient Languages），我也是十位主要的古代語言翻譯師之一，目前負責翻譯一千年前一份以梵文寫成的種子系統相關文獻。這份文獻現存的版本只有藏文版。

麥可・羅區格西：這樣算起來，你眞的稱得上是世界公民。因爲就文化面而言，你集日本、墨西哥、瑞典、澳洲、西藏、印度和美國的背景於一身，對嗎？

誠治：是啊，確實可以這麼說！

麥可・羅區格西：任何一個深入這麼多種文化中的人，一定都有一份全球化的人生觀。這些文化如何影響你的生涯目標？

誠治：我想，你越是和來自各種不同文化的人相處，就會越想將這些人凝聚在一起。你想貢獻一己之力，把這個世界變成一個人人都能欣賞彼此差異的地方。人與人之間的差異是很可貴的，多元化的差異可說是人生的美味香料。

麥可・羅區格西：你試過實際在生活中和工作上實踐這種觀點嗎？

誠治：有的，無庸置疑。置身於這麼多不同的文化中，自然而然激勵我伸出援手，幫助各式各樣的人。

麥可・羅區格西：舉個例子來說？

誠治：唔……舉例來說，我向來對墨西哥本土文化有很大的興趣。成長過程中，我參與了幫助墨西哥原住民的社會工作，這些民族包括瑪雅族（Maya）、惠喬族（Huichol）和普雷佩查族（Purepecha）。在一項計畫中，我協助某個非政府組織，爲了在保存文化的同時也給族人工作機會，我們試圖幫忙行銷惠喬族的手工藝品。

麥可・羅區格西：你說「我們試圖幫忙」，聽起來像是努力的結果不如預期。

誠治：嗯，是的，如你所想。我開始覺得，試圖振興本土文化這整件事，或許有什麼更根本的問題。我們組成一個非政府組織，著手採取行動，但總是沒有足夠的資金把工作做好。所以，我們會暫時離開組織，去爲「眞正」的公司工作一陣子，存到一點錢了，再回來做我們的社會工作。

所以，你好像永遠只有兩個很壞的選擇：要嘛你去幫助別人，但自己卻沒錢維持生計，也沒錢繼續助人；要嘛你放棄幫助別人，去做能讓你存到一點錢的工作，再接著回來幫助別人。我們彷彿沒有一個兩全其美之計。

麥可・羅區格西：聽你的口氣，好像你找到解決這個問題的辦法了。是什麼辦法呢？

誠治：嗯，正是如此。有一天，我因緣際會聽了一場金剛商業學院的講座，就這樣學到了種子系統。我決定要身體力行一番。我的一個朋友針對這套系統在全市巡迴演講，我把當時全部的積蓄都捐給他，讓他可以繼續到處演講。

我採取的是很經典的四步驟願望實現法，每個步驟都照章行事切實做到。兩星期後，我就拿到去澳洲念書的獎學金，在澳洲待了四年，完成碩士學位。

經過那次的成功，我就開始固定養成用四步驟來實現心願的習慣了。

麥可．羅區格西：那你近來有什麼斬獲？

誠治：唔，如我所說，我想解開這個謎團——我要如何種下賺取大筆收入的完美種子，同時又能貢獻一己之力，幫助來自不同文化的人，像是我在目前爲止的人生中有幸接觸的那些文化。我要如何讓美夢成眞？

爲此，我擬出一套四步驟計畫，涵蓋我們在金剛商業學院所說的第一個目標和第五個目標。也就是說，我想達到經濟獨立（目標一），同時我想對世人的福祉有所貢獻（目標五）。

我執行了我的計畫，結果可謂很成功：我是第一批獲選進入聖多納國際管理學院行政體系工作的人員之一，所以，我就出現在這裡啦！前三年，我一路升上助理教授，幫忙訓練了一百位左右的金剛商業學院講者。這些講者分散到世界各地，幫助各個角落的人。我的美夢眞的實現了。

麥可．羅區格西：在介紹大家的成功故事時，我們請每位成功人士將他們的成功化爲具體的四步驟計畫，讓讀者也可以親自試一試。你能否用淺白的話爲我們說說這套計畫？

誠治：當然；聽好了——

步驟一、說出你想要的是什麼

「我想做我熱愛的事，我想爲這個世界帶來改變，但在同時，我也要有很好的收入。我不想犧牲收入去做熱愛的事，也不想犧牲熱愛的事去賺取優渥的收入。」

步驟二、選一位種下種子的夥伴

從身邊找出既想獲得經濟獨立、又想兼顧熱愛之事的人。

步驟三、幫助你的種子夥伴

一星期一次、每次一小時，實際做點事，幫助這位種子夥伴同時達到這兩個目標。

我們在前面看到的成功故事中，有一位來自德國的鄔塔。在此，我想提出跟她一樣的建議。她談到雙管齊下的播種法。

那麼，我們姑且假設這位種子夥伴跟誠治很像（既然是誠治的種子夥伴，那他理應和誠治很像囉），他想找到一份既能賺錢、又能對不同國家與文化的人有貢獻的工作，我們姑且假設這就是他的熱情所在。

接下來，我首先顯然要每星期找他喝一次咖啡，花大概一小時的時間，和他討論我有哪些新的點子和資源，可以幫他找到這份夢幻工作。我越是這樣眞誠地幫助他，我爲自己的經濟獨立和夢幻工作種下的種子就越多。

但其次還有一個非常重要的策略，就是金剛商業學院所謂的「活生生的例子」。簡而言之，有時候，幫助別人成功最好的辦法，就是自己當一個成功的人。也就是說，你可以成天針對兼顧收入和熱情高談闊論，但要說服別人相信這是有可能的，最好的辦法就是你自己先做到！

所以，以這個例子來說，步驟三要做的就是——沒錯，去咖啡館幫這位種子夥伴出主意，但在同時，你自己務必要以「本身已經達成目標」的成功姿態走進咖啡廳，讓對方看到你「既有優渥的收入，又能活出熱情，實際幫助全世界不同國家和文化的人」。

你的種子夥伴（以及其他每一個人）都能「嗅出」你是否眞的用了自己推薦的那套四步驟計畫。要爲一套成功法打廣告，沒有比自己當活招牌更好的辦法了。所以，針對步驟三，請同時採取這兩種策略。

步驟四、練習咖啡冥想

至於第四個步驟，當然，晚上一定要記得回味一下，想想自己爲了幫助別人成功所做的每一件好事。我已親身體會到，絕對不能漏掉就寢時的咖啡冥想，這是獲得成功的祕密武器！

麥可・羅區格西：由於在四步驟成功法當中，第四個步驟是最關鍵的一步了。所以，針對步驟四的主題，我們請每位成功人士都分享一下自己做好咖啡冥想的獨家訣竅。你有沒有什麼訣竅能跟我們分享呢？

誠治：有喔！別忘了我是在墨西哥長大的，就像前面來自回教文化的諾兒，墨西哥人對於行善也有類似的態度。在墨西哥天主教文化中，我們也是從小就被灌輸不要爲行善沾沾自喜的觀念。我眞的覺得這是很好的觀念，因爲我們都知道「我是全墨西哥首屈一指的大好人，沒有一個人的道德操守比得上我」這種想法，足以摧毀一顆善種子。

話雖如此，但我和全世界許多金剛商業學院的同仁都學到了另一個觀念，那就是「爲行善沾沾自喜」和「讚賞自己的善行」有著很大的不同。讚賞不是拿自己和別人比較，而是看看自己今天爲別人做的好事，甚至也想想自己今天看到別人做了什麼好事，並爲世間的良善高興。

這就是咖啡冥想眞正的神髓，如果你能將睡前的思緒轉往這個美好的境地，我個人敢保證你的人生會有很大的不同。

就實際的做法而言，我還有一個關於咖啡冥想的建議。由於我這一生結交了來自五湖四海的朋友，所以只要有機會，我很喜歡和不同國家的朋友合作，一起練習咖啡冥想。

也就是說，我會從世界另一頭找來其他時區的朋友，跟對方約好時間，在就寢時跟彼此聯絡，準備一起想想當天我們做的好事，以及我們看到別人做的好事。因爲兩個時區的就寢時間不同，我們雙方一天都有兩次機會想想這些好事，這一招眞的讓種子長得快得多，也壯得多。

試試看吧！

❖ ❖ ❖

小談我自己的成功故事

麥可・羅區格西

二十年前，《當和尚遇到鑽石》這整本書就是從分享我的成功故事開始，書中敘述了我運用種子系統所獲致的成功，並鼓勵世人如法炮製。當然，聽到別人在我的幫助之下得到幸福與成功，實屬人生一大樂事。自從本書問世以來，我已無數次嚐到這種美妙的滋味。

這本二十週年紀念版的目的，不是要多談一點我自己的事，但在最後，我也想補充幾句話，說說我現在（過了二十年後）的感受與體會，純粹爲了給你一點鼓勵。如果種子系統眞的有用，那麼，我們想要確保它對傳承這份古老智慧的現代人也一樣有用。

此時此刻，我只想告訴你，這套系統爲我自己的人生帶來難以置信的成功。我不想顯得驕傲自滿，但同時又想坦白說實話。實話就是：我敢說自己是全天下最幸福的人了。

就多數人都想達成的五個人生目標而言，首先，我在經濟上相當成功，生活很有保障（目標一）。一切就從我在安鼎國際鑽石公司的收入開始，本書前文中敘述了這段成功故事，順帶一提，這間公司的年銷售額最終達到兩億五千萬美元，並於二〇〇九年被世界排名第四或第五的富翁、同時也是超級投資家華倫·巴菲特收購。

如同誠治在他的成功故事中所指出來的，我個人從中分得的財務成功，讓我得以創辦及贊助許多成功的慈善計畫，例如約翰·布蘭迪的成功故事中所述、歷時三十年的宗教古文獻保存計畫。

至於人際關係的部分（目標二），我已用四步驟創立了五、六家成功的企業。多年來，這些企業持續營運，同事們和我親如一家人，年復一年相親相愛、相互扶持，轉眼過了十多個年頭。私底下在家，我和攜手一生的愛侶薇若妮卡的關係，也是非常珍貴而美好。

就健康（目標三）而言，我現年六十七歲，幾乎一週七天練瑜伽，有時穿插芭蕾練習。我個人的旅遊行程表排得滿滿，每年持續在全世界二十個國家飛來飛去——航空公司愛死我了！我每年翻譯成千上萬頁的古文獻、新書和訓練手冊。我每年帶領大約兩百堂翻譯課程，乃至於數百堂經營管理訓練課程。如同鄔塔所言，四步驟給了我人人都想要的活力，終其一生取之不盡。

不過，有一件事我還參不透，那就是如何種下生髮的心識種子。所以，到了《當和尚遇到鑽石》的第二個十年，我頭上還是禿了一塊，禿的地方就跟第一個十年一樣。不過，我有在爲這件事努力。我還在翻遍古書，尋覓生髮的種子！

在智力和精神雙方面，我都覺得何其幸福、何其豐足（目標四）。而且，幾乎是每天都有新的靈感和創意從我的腦海湧現。我知道隨著年歲的增長，邁入老年之後，大家普遍會覺得腦袋一年比一年不中用。但坦白說，透過持續不懈地實行我的四步驟計畫，我覺得自己的腦袋只隨著歲月的流逝越來越靈光，思想也越來越深刻——置身於這種狀態中，眞是莫大的喜樂。

至於最後一個目標，我很高興也很榮幸和可貴的同仁們一起，日復一日致力於幫助普世眾生擁有幸福、成功的人生。這些鞠躬盡瘁的同仁包括金剛商業學院前副總裁史考特．凡賽克（Scott Vacek）和奧莉特．凡賽克（Orit Vacek）夫婦，以及爲我擔任了二十五年私人助理的伊莉莎白．汎德帕斯（Elizabeth van der Pas）。我的人生有了他們，一切才成其爲可能。回首過往，我也可以坦白說，正如同《當和尚遇到鑽石》一書向我們保證的，我好好善用了寶貴的人生，活出了精彩的一生。

這一切都是因爲種子系統，也就是你在這麼多頁的成功故事中一再聽到的「四步驟」。如果你連試都不試一下，那我覺得你一定瘋了！爲自己設計一套四步驟暖身實驗，小試一下身手，給它五、六個星期的時間，看看是否眞的有效！試一下對你有百利而無一害。舉例而言，你可以試試以下的計畫——

步驟一、說出你想要的是什麼
「我想增加百分之十的收入。」

步驟二、選一位種下種子的夥伴
某個你知道他也想要增加收入的人。

步驟三、幫助你的種子夥伴
一星期一次、每次一小時，無償幫助對方：帶他去咖啡館，一起聊聊幫他提高收入的可行辦法。

步驟四、練習咖啡冥想
這是最重要的一個步驟，不要忽視它，每天都要用心勤練！
夜裡靠在枕頭上準備入睡時，花幾分鐘想想自己幫了種子夥伴什麼忙，以及下星期打算如何繼續幫助他。

你會成功的！

【二十週年新增附錄】

作者小傳

麥可．羅區格西生於洛杉磯，以優異的成績從普林斯頓大學（Princeton University）畢業，並在白宮獲美國總統頒給總統學者獎章（Presidential Scholar Medallion）。他也因爲終生成就獲墨西哥聯邦議會頒給榮譽博士學位，並獲伍德羅．威爾遜國際事務學院（Woodrow Wilson School of International Affairs）頒給麥克康乃爾獎學金獎（McConnell Scholarship Prize）。

麥可格西是紐約市安鼎國際鑽石公司（Andin International Diamond Corporation）的創辦人之一，該公司後來成爲全球最大的鑽石珠寶公司，並於二〇〇九年由超級投資家華倫．巴菲特收購。

麥可也是有史以來第一位從傳統西藏佛教寺院拿到「格西」或佛學碩士的美國人。一九八七年，在惠普基金會的協助之下，他在普林斯頓大學創立了原版的亞洲薪傳圖書館（Asian Legacy Library），搜羅數百萬頁的亞洲古文獻，並將之數位化，免費提供線上閱覽。

一九九三年，麥可爲了深入研究古老的亞洲傳統智慧，也創立了亞洲經典機構（Asian Classics Institute）。二〇〇三年，他創立了鑽石山僻靜中心（Diamond Mountain Retreat Center），將閉關靜心激發靈感的傳統引介到美國。二〇一〇年，他開辦金剛商業學院（Diamond Cutter Institute），提供個人與商務成功訓練課程。目前，金剛商業學院每年在二十多國為三萬人開課。二〇一六年，麥可成立了聖多納國際管理學院（Sedona College of International Management），為金剛商業學院培訓師資。

二〇〇〇年，麥可出版了《當和尚遇到鑽石：一個佛學博士如何在商場中實踐佛法》，本書很快成為全球暢銷書，翻譯成三十多種語言。他也撰有其他八十多本著作，並翻譯、發表了萬餘頁的亞洲古文獻。

【二十週年新增附錄】

作者著作

- 《西藏心瑜伽》（二〇〇四年）
- 《當和尚遇到鑽石（二十週年金典紀念版）：一個佛學博士如何在商場中實踐佛法》（二〇二〇年）
- 《當和尚遇到鑽石2：善用業力法則，創造富足人生》（二〇〇九年）
- 《當和尚遇到鑽石3：瑜伽眞的有用嗎？身心靈覺醒的旅程》（二〇一三年）
- 《當和尚遇到鑽石4：愛的業力法則：西藏的古老智慧，讓愛情心想事成》（二〇一四年）
- 《當和尚遇到鑽石5：修行者的祕密花園》（二〇一七年）

（以上中文版出版品，皆由台灣橡樹林出版社出版）

- *CHINA LOVE YOU: THE DEATH OF GLOBAL COMPETITION*
- *THE ESSENTIAL YOGA SUTRA*
- *KING OF THE DHARMA: THE ILLUSTRATED LIFE OF JE TSONGKAPA*
- *THE 20 BIGGEST MISTAKES YOU CAN MAKE IN YOUR LIFE, AND HOW NOT TO!*
- *A BETTER HISTORY OF TIME: IMPOSSIBLE SOLUTIONS TO THE BIGGEST*

QUESTIONS OF SCIENCE

- *SUNLIGHT ON THE PATH TO FREEDOM: A COMMENTARY TO THE DIAMOND CUTTER SUTRA*（中文暫譯爲《通往自在之道上的陽光》）
- *THE EASTERN PATH TO HEAVEN: A GUIDE TO HAPPINESS FROM THE TEACHINGS OF JESUS IN TIBET*
- *KING UDRAYANA & THE WHEEL OF LIFE*
- *THE LOGIC & DEBATE TRADITION OF INDIA, TIBET, & MONGOLIA*
- *THE PRINCIPAL TEACHINGS OF BUDDHISM*
- *PREPARING FOR THE DIAMOND WAY: A MOUNTAIN OF BLESSINGS*
- *TO THE INNER KINGDOM: QUIET RETREAT TEACHINGS 1*
- *THE MAGIC OF EMPTY TEACHERS: QUIET RETREAT TEACHINGS 2*
- *SECOND SIGHT: QUIET RETREAT TEACHINGS 3*
- *RIPPLES OF LIGHT: QUIET RETREAT TEACHINGS 4*
- *THREE TREASURES: A BUDDHIST PRAYER BOOK*
- *SUNLIGHT ON SUCHNESS: THE MEANING OF THE HEART SUTRA*
- 十八本亞洲經典機構（Asian Classics Institute）基礎課程專用書

- 十八本亞洲經典機構金剛法（Diamond Way）課程專用書
- 十本亞洲經典機構佛教禪坐與練習教戰手冊
- 六本中國軟實力課程專用書
- 十二本金剛商業學院（DIAMOND CUTTER INSTITUTE）商務與個人成功教戰手冊

【二十週年新增附錄】

延伸閱讀

書籍

〔從亞馬遜網站或其他網路書店訂購，或洽金剛出版社（Diamond Cutter Press）網站：DiamondCutterPress.com；中文版出版品由台灣橡樹林出版社出版〕

下列書籍皆由麥可・羅區格西所寫，有三十五種語言的版本可供選購。針對特定譯本的相關資訊，請洽國際出版統籌 Katey Fetch（聯絡信箱：kfetch009@gmail.com）

- 關於創業或達到財務自由：《當和尚遇到鑽石（二十週年金典紀念版）：一個佛學博士如何在商場中實踐佛法》（二〇二〇年）
- 關於經營事業或當一個成功的經理人：《當和尚遇到鑽石2：善用業力法則，創造富足人生》（二〇〇九年）
- 關於找到眞愛或改善關係：《當和尚遇到鑽石4：愛的業力法則》（二〇一四年）
- 關於改善體質、常保健康、增進活力：《當和尚遇到鑽石3：瑜伽眞的有用嗎？身心靈覺醒的旅程》（二〇一三年）
- 將種子撒向世界：*China Love You: the Death of Global Competition*

- 深入研究《瑜伽經》（*Yoga Sutra*）：*The Essential Yoga Sutra*
- 瑜伽練習技法實務：《西藏心瑜伽》（二〇〇四年）
- 尋求身心靈的平靜與成長：《當和尚遇到鑽石5：修行者的秘密花園》（二〇一七年）
- 關於古老智慧傳統的歷史：*King of the Dharma: the Illustrated Life of Je Tsongkapa*
- 廣泛的人生建言：*The 20 Biggest Mistakes You Can Make in Your Life, and How Not To!*
- 關於科學和認識宇宙的新點子：*A Better History of Time: Impossible Solutions to the Biggest Questions of Science*

靜坐練習與僻靜

亞洲經典機構（Asian Classics Institute）臉書專頁

https://www.facebook.com/asianclassicsinstitute/

鑽石山僻靜中心（Diamond Mountain Retreat Center）臉書專頁

https://www.facebook.com/diamondmountainretreatcenter/

紐約市三寶瑜伽教室（Three Jewels NYC）臉書專頁
https://www.facebook.com/threejewelsnyc/

心靈成長免費線上課程

請洽亞洲經典機構網站 acidharma.org

大約五千場麥可格西的免費講座

請洽 TheKnowledgeBase.com 網站

成功訓練

麥可格西及金剛商業學院全年在大約二十個國家提供成功和個人發展專業訓練，報名資訊或課程諮詢詳見 diamondcutterinstitute.com，或來信洽詢 info@diamondcutterinstitute.com。在台灣可透過 www.diamondsuccess.com.tw. 聯絡金剛商業學院主辦單位。

金剛商業學院師資培訓課程

來當金剛商業學院的講師吧！

一年三學期，在聖多納國際管理學院上課。

詳見 sedonacollegeinternational.com

或來信洽詢 info@sedonacollegeinternational.com

商業僻靜及研討會

金剛商業學院也在熊泉僻靜及會議中心舉辦商業僻靜營及研討會，地點位於亞利桑那州山間美不勝收的自然景觀中，有三十棟舒適的閉關小木屋供團體或個人使用。如欲租用場地安排活動，請透過 info@diamondcutterinstitute.com 信箱與我們聯絡。

橡樹林文化 ❖❖ 衆生系列 ❖❖ 書目

JP0080	當和尚遇到鑽石 3	麥可・羅區格西◎著	400 元
JP0081	AKASH 阿喀許靜心 100	AKASH 阿喀許◎著	400 元
JP0082	世上是不是有神仙：生命與疾病的真相	樊馨蔓◎著	300 元
JP0083	生命不僅僅如此─辟穀記（上）	樊馨蔓◎著	320 元
JP0084	生命可以如此─辟穀記（下）	樊馨蔓◎著	420 元
JP0085	讓情緒自由	茱迪斯・歐洛芙◎著	420 元
JP0086	別癌無恙	李九如◎著	360 元
JP0087	甚麼樣的業力輪迴，造就現在的你	芭芭拉・馬丁＆狄米崔・莫瑞提斯◎著	420 元
JP0088	我也有聰明數學腦：15 堂課激發被隱藏的競爭力	盧采嫻◎著	280 元
JP0089	與動物朋友心傳心	羅西娜・瑪利亞・阿爾克蒂◎著	320 元
JP0090	法國清新舒壓著色畫 50：繽紛花園	伊莎貝爾・熱志－梅納＆紀絲蘭・史朵哈＆克萊兒・摩荷爾－法帝歐◎著	350 元
JP0091	法國清新舒壓著色畫 50：療癒曼陀羅	伊莎貝爾・熱志－梅納＆紀絲蘭・史朵哈＆克萊兒・摩荷爾－法帝歐◎著	350 元
JP0092	風是我的母親	熊心、茉莉・拉肯◎著	350 元
JP0093	法國清新舒壓著色畫 50：幸福懷舊	伊莎貝爾・熱志－梅納＆紀絲蘭・史朵哈＆克萊兒・摩荷爾－法帝歐◎著	350 元
JP0094	走過倉央嘉措的傳奇：尋訪六世達賴喇嘛的童年和晚年，解開情詩活佛的生死之謎	邱常梵◎著	450 元
JP0095	【當和尚遇到鑽石 4】愛的業力法則：西藏的古老智慧，讓愛情心想事成	麥可・羅區格西◎著	450 元
JP0096	媽媽的公主病：活在母親陰影中的女兒，如何走出自我？	凱莉爾・麥克布萊德博士◎著	380 元
JP0097	法國清新舒壓著色畫 50：璀璨伊斯蘭	伊莎貝爾・熱志－梅納＆紀絲蘭・史朵哈＆克萊兒・摩荷爾－法帝歐◎著	350 元
JP0098	最美好的都在此刻：53 個創意、幽默、找回微笑生活的正念練習	珍・邱禪・貝斯醫生◎著	350 元
JP0099	愛，從呼吸開始吧！回到當下、讓心輕安的禪修之道	釋果峻◎著	300 元
JP0100	能量曼陀羅：彩繪內在寧靜小宇宙	保羅・霍伊斯坦、狄蒂・羅恩◎著	380 元
JP0101	爸媽何必太正經！幽默溝通，讓孩子正向、積極、有力量	南琦◎著	300 元
JP0102	舍利子，是甚麼？	洪宏◎著	320 元
JP0103	我隨上師轉山：蓮師聖地溯源朝聖	邱常梵◎著	460 元
JP0104	光之手：人體能量場療癒全書	芭芭拉・安・布藍能◎著	899 元

JP0105	在悲傷中還有光： 失去珍愛的人事物，找回重新聯結的希望	尾角光美◎著	300 元
JP0106	法國清新舒壓著色畫 45：海底嘉年華	小姐們◎著	360 元
JP0108	用「自主學習」來翻轉教育！ 沒有課表、沒有分數的瑟谷學校	丹尼爾．格林伯格◎著	300 元
JP0109	Soppy 愛賴在一起	菲莉帕．賴斯◎著	300 元
JP0110	我嫁到不丹的幸福生活：一段愛與冒險的故事	琳達．黎明◎著	350 元
JP0111	TTouch® 神奇的毛小孩按摩術——狗狗篇	琳達．泰林頓瓊斯博士◎著	320 元
JP0112	戀瑜伽．愛素食：覺醒，從愛與不傷害開始	莎朗．嘉儂◎著	320 元
JP0113	TTouch® 神奇的毛小孩按摩術——貓貓篇	琳達．泰林頓瓊斯博士◎著	320 元
JP0114	給禪修者與久坐者的痠痛舒緩瑜伽	琴恩．厄爾邦◎著	380 元
JP0115	純植物．全食物：超過百道零壓力蔬食食譜， 找回美好食物真滋味，心情、氣色閃亮亮	安潔拉．立頓◎著	680 元
JP0116	一碗粥的修行： 從禪宗的飲食精神，體悟生命智慧的豐盛美好	吉村昇洋◎著	300 元
JP0117	綻放如花——巴哈花精靈性成長的教導	史岱方．波爾◎著	380 元
JP0118	貓星人的華麗狂想	馬喬．莎娜◎著	350 元
JP0119	直面生死的告白—— 一位曹洞宗禪師的出家緣由與說法	南直哉◎著	350 元
JP0120	OPEN MIND！房樹人繪畫心理學	一沙◎著	300 元
JP0121	不安的智慧	艾倫．W．沃茨◎著	280 元
JP0122	寫給媽媽的佛法書： 不煩不憂照顧好自己與孩子	莎拉．娜塔莉◎著	320 元
JP0123	當和尚遇到鑽石 5：修行者的祕密花園	麥可．羅區格西◎著	320 元
JP0124	貓熊好療癒：這些年我們一起追的圓仔 ~~ 頭號「圓粉」私密日記大公開！	周咪咪◎著	340 元
JP0125	用血清素與眼淚消解壓力	有田秀穗◎著	300 元
JP0126	當勵志不再有效	金木水◎著	320 元
JP0127	特殊兒童瑜伽	索妮亞．蘇瑪◎著	380 元
JP0128	108 大拜式	JOYCE（翁憶珍）◎著	380 元
JP0129	修道士與商人的傳奇故事： 經商中的每件事都是神聖之事	特里．費爾伯◎著	320 元
JP0130	靈氣實用手位法—— 西式靈氣系統創始者林忠次郎的療癒技術	林忠次郎、山口忠夫、 法蘭克．阿加伐．彼得◎著	450 元
JP0131	你所不知道的養生迷思——治其病要先明其 因，破解那些你還在信以為真的健康偏見！	曾培傑、陳創濤◎著	450 元
JP0132	貓僧人：有什麼好煩惱的喵～	御誕生寺（ごたんじょうじ）◎著	320 元
JP0133	昆達里尼瑜伽——永恆的力量之流	莎克蒂．帕瓦．考爾．卡爾薩◎著	599 元

JP0134	尋找第二佛陀・良美大師—— 探訪西藏象雄文化之旅	寧艷娟◎著	450元
JP0135	聲音的治療力量： 修復身心健康的咒語、唱誦與種子音	詹姆斯・唐傑婁◎著	300元
JP0136	一大事因緣：韓國頂峰無無禪師的不二慈悲 與智慧開示（特別收錄禪師台灣行腳對談）	頂峰無無禪師、 天真法師、玄玄法師◎著	380元
JP0137	運勢決定人生——執業50年、見識上萬客戶 資深律師告訴你翻轉命運的智慧心法	西中　務◎著	350元
JP0138	心靈花園：祝福、療癒、能量—— 七十二幅滋養靈性的神聖藝術	費絲・諾頓◎著	450元
JP0139	我還記得前世	凱西・伯德◎著	360元
JP0140	我走過一趟地獄	山姆・博秋茲◎著 貝瑪・南卓・泰耶◎繪	699元
JP0141	寇斯的修行故事	莉迪・布格◎著	300元
JP0142	全然接受這樣的我： 18個放下憂慮的禪修練習	塔拉・布萊克◎著	360元
JP0143	如果用心去愛，必然經歷悲傷	喬安・凱恰托蕊◎著	380元
JP0144	媽媽的公主病： 活在母親陰影中的女兒，如何走出自我？	凱莉爾・麥克布萊德博士◎著	380元
JP0145	創作，是心靈療癒的旅程	茱莉亞・卡麥隆◎著	380元
JP0146	一行禪師　與孩子一起做的正念練習： 灌溉生命的智慧種子	一行禪師◎著	450元
JP0147	達賴喇嘛的御醫，告訴你治病在心的 藏醫學智慧	益西・東登◎著	380元
JP0148	39本戶口名簿：從「命運」到「運命」・ 用生命彩筆畫出不凡人生	謝秀英◎著	320元
JP0149	禪心禪意	釋果峻◎著	300元
JP0150	當孩子長大卻不「成人」……接受孩子不 如期望的事實、放下身為父母的自責與內 疚，重拾自己的中老後人生！	珍・亞當斯博士◎著	380元
JP0151	不只小確幸，還要小確「善」！每天做一 點點好事，溫暖別人，更為自己帶來365 天全年無休的好運！	奧莉・瓦巴◎著	460元
JP0154	祖先療癒：連結先人的愛與智慧，解決個人、 家庭的生命困境，活出無數世代的美好富足！	丹尼爾・佛爾◎著	550元
JP0155	母愛的傷也有痊癒力量：說出台灣女兒們 的心裡話，讓母女關係可以有解！	南琦◎著	350元
JP0156	24節氣　供花禮佛	齊云◎著	550元

JP0157	用瑜伽療癒創傷： 以身體的動靜，拯救無聲哭泣的心	大衛・艾默森 伊麗莎白・賀伯◎著	380 元
JP0158	命案現場清潔師：跨越生與死的斷捨離・ 清掃死亡最前線的真實記錄	盧拉拉◎著	330 元
JP0159	我很瞎，我是小米酒： 台灣第一隻全盲狗醫生的勵志犬生	杜韻如◎著	350 元
JP0160	日本神諭占卜卡： 來自衆神、精靈、生命與大地的訊息	大野百合子◎著	799 元
JP0161	宇宙靈訊之神展開	王育惠、張景雯◎著繪	380 元
JP0162	哈佛醫學專家的老年慢療八階段：用三十年照顧老大人的經驗告訴你，如何以個人化的照護與支持，陪伴父母長者的晚年旅程。	丹尼斯・麥卡洛◎著	450 元
JP0163	入流亡所：聽一聽・悟、修、證《楞嚴經》	頂峰無無禪師◎著	350 元
JP0165	海奧華預言：第九級星球的九日旅程・ 奇幻不思議的真實見聞	米歇・戴斯馬克特◎著	400 元
JP0166	希塔療癒：世界最強的能量療法	維安娜・斯蒂博◎著	620 元
JP0167	亞尼克　味蕾的幸福：從切片蛋糕到生 乳捲的二十年品牌之路	吳宗恩◎著	380 元
JP0168	老鷹的羽毛——一個文化人類學者的靈性之旅	許麗玲◎著	380 元
JP0169	光之手 2：光之顯現——個人療癒之旅・ 來自人體能量場的核心訊息	芭芭拉・安・布藍能◎著	1200 元
JP0170	渴望的力量：成功者的致富金鑰・ 《思考致富》特別金賺祕訣	拿破崙・希爾◎著	350 元
JP0171	救命新 C 望：維生素 C 是最好的藥， 預防、治療與逆轉健康危機的秘密大公開！	丁陳漢蓀、阮建如◎著	450 元
JP0172	瑜伽中的能量精微體： 結合古老智慧與人體解剖、深度探索全身的奧秘潛能，喚醒靈性純粹光芒！	提亞斯・里托◎著	560 元
JP0173	咫尺到淨土： 狂智喇嘛督修・林巴尋訪聖境的真實故事	湯瑪士・K・修爾◎著	540 元
JP0174	請問財富・無極瑤池金母親傳財富心法： 為你解開貧窮困頓、喚醒靈魂的富足意識！	宇色 Osel ◎著	480 元
JP0175	歡迎光臨解憂咖啡店：大人系口味・ 三分鐘就讓您感到幸福的真實故事	西澤泰生◎著	350 元

NOTHING IS IMPOSSIBLE
IT DEPENDS ON YOU
DCI GLOBAL
MINING CLUB

眾生系列　JP0002Y

當和尚遇到鑽石（二十週年金典紀念版）：一個佛學博士如何在商場中實踐佛法

The Diamond Cutter: The Buddha on Managing Your Business and Your Life

作　　者／麥可．羅區格西（Geshe Michael Roach）
譯　　者／項慧齡、賴許刈
責任編輯／劉昱伶
封面設計／兩棵酸梅
內頁排版／歐陽碧智
業　　務／顏宏紋
印　　刷／中原造像股份有限公司

發 行 人／何飛鵬
事業群總經理／謝至平
總 編 輯／張嘉芳
出　　版／橡樹林文化
城邦文化事業股份有限公司
115 台北市南港區昆陽街 16 號 4 樓
電話：886-2-2500-0888　傳眞：886-2-2500-1951
發　　行／英屬蓋曼群島商家庭傳媒股份有限公司城邦分公司
115 台北市南港區昆陽街 16 號 8 樓
客服服務專線：(02)25007718；(02)25007719
24 小時傳眞專線：(02)25001990；(02)25001991
服務時間：週一至週五上午 09:30 ～ 12:00；下午 13:30 ～ 17:00
劃撥帳號：19863813　戶名：書虫股份有限公司
讀者服務信箱：service@readingclub.com.tw
城邦網址：http://www.cite.com.tw
香港發行所／城邦（香港）出版集團有限公司
香港九龍土瓜灣土瓜灣道 86 號順聯工業大廈 6 樓 A 室
電話：(852)25086231　傳眞：(852)25789337
Email: hkcite@biznetvigator.com
馬新發行所／城邦（馬新）出版集團【Cité (M) Sdn.Bhd. (458372 U)】
41, Jalan Radin Anum, Bandar Baru Sri Petaling,
57000 Kuala Lumpur, Malaysia.
電話：(603) 90563833　傳眞：(603) 90576622
Email：services@cite.my

初版 1 刷／2001 年 10 月
二版 1 刷／2009 年 11 月
三版 20 刷／2024 年 7 月
ISBN ／978-957-469-700-7　（紙本書）
ISBN ／4717702110253　(EPUB)
定價／380 元

國家圖書館出版品預行編目（CIP）資料

當和尚遇到鑽石 / 麥可 . 羅區格西 (Geshe Michael Roach) 著；項慧齡譯 . -- 初版 . -- 臺北市：橡樹林文化出版：城邦文化發行 , 2001[民 90]
面；　公分 . --（眾生系列；JP0002Y）
譯自：The diamond cutter : the Buddha on managing your business and your life
ISBN 978-957-469-700-7（平裝）

1. 企業管理　2. 修身　3. 佛教──修持

494　　90016380

115 台北市南港區昆陽街 16 號 4 樓

城邦文化事業股份有限公司
橡樹林出版事業部　收

請沿虛線剪下對折裝訂寄回，謝謝！

|橡|樹|林|

書名：當和尚遇到鑽石（二十週年金典紀念版）：
一個佛學博士如何在商場中實踐佛法

書號：JP0002Y

橡樹林文化

讀者回函卡

感謝您對橡樹林出版社之支持，請將您的建議提供給我們參考與改進；請別忘了給我們一些鼓勵，我們會更加努力，出版好書與您結緣。

姓名：＿＿＿＿＿＿＿＿＿＿ □女 □男 生日：西元＿＿＿＿＿＿年

Email：＿＿＿＿＿＿＿＿＿＿＿＿＿＿＿＿＿＿＿＿＿＿＿＿＿＿＿＿

● 您從何處知道此書？

□書店 □書訊 □書評 □報紙 □廣播 □網路 □廣告 DM

□親友介紹 □橡樹林電子報 □其他＿＿＿＿＿＿＿＿

● 您以何種方式購買本書？

□誠品書店 □誠品網路書店 □金石堂書店 □金石堂網路書店

□博客來網路書店 □其他＿＿＿＿＿＿＿＿

● 您希望我們未來出版哪一種主題的書？（可複選）

□佛法生活應用 □教理 □實修法門介紹 □大師開示 □大師傳記

□佛教圖解百科 □其他＿＿＿＿＿＿＿＿

● 您對本書的建議：

＿＿＿＿＿＿＿＿＿＿＿＿＿＿＿＿＿＿＿＿＿＿＿＿＿＿＿＿＿＿

＿＿＿＿＿＿＿＿＿＿＿＿＿＿＿＿＿＿＿＿＿＿＿＿＿＿＿＿＿＿

＿＿＿＿＿＿＿＿＿＿＿＿＿＿＿＿＿＿＿＿＿＿＿＿＿＿＿＿＿＿

我已經完全了解左述內容，並同意本人資料依上述範圍內使用。

＿＿＿＿＿＿＿＿＿＿＿＿（簽名）

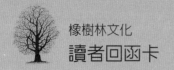